国家自然科学基金“接力创新的模型及实证应用研究：以生物制药为例”（71372121）
辽宁科技大学学术著作出版基金资助

新兴技术创新系列

XIANDAI SHENGWU JISHU
GUANLI DAOLUN

现代生物技术管理导论

李天柱 著

四川大学出版社

特约编辑：马　佳
责任编辑：蒋姗姗
责任校对：龚娇梅
封面设计：墨创文化
责任印制：王　炜

图书在版编目(CIP)数据

现代生物技术管理导论 / 李天柱著. 一成都：四川大学出版社，2018.12
ISBN 978-7-5690-1117-3

Ⅰ.①现…　Ⅱ.①李…　Ⅲ.①生物工程-技术管理　Ⅳ.①Q81

中国版本图书馆 CIP 数据核字（2019）第 008328 号

书名　**现代生物技术管理导论**

著　　者　李天柱
出　　版　四川大学出版社
地　　址　成都市一环路南一段 24 号 (610065)
发　　行　四川大学出版社
书　　号　ISBN 978-7-5690-1117-3
印　　刷　成都市金雅迪彩色印刷有限公司
成品尺寸　170 mm×240 mm
印　　张　19
字　　数　371 千字
版　　次　2019 年 1 月第 1 版
印　　次　2021 年 1 月第 2 次印刷
定　　价　78.00 元

◆读者邮购本书，请与本社发行科联系。
电话：(028)85408408/(028)85401670/
(028)85408023　邮政编码：610065
◆本社图书如有印装质量问题，请寄回出版社调换。
◆网址：http://press.scu.edu.cn

序

《现代生物技术管理导论》从2008年开始筹划、撰写至今付印出版，差不多过去了10年。事实上，这本书的初稿早在2011年前后已大体完成，之所以一再向后推迟出版，部分原因是我的拖沓，更重要的还是出于对研究稳健性的考证。毫无疑问，作为典型的新兴技术和重要的战略性新兴产业，现代生物技术及生物技术产业早已经引起社会各界的高度关注，但在最初决定撰写这本专著时，学术界对现代生物技术管理的研究还极其薄弱，即便在当前，专门针对现代生物技术的管理问题展开研究的学术著作仍很少见。从这个意义上说，《现代生物技术管理导论》这部书中的大部分研究内容都是原创性成果，加之现代生物技术及其管理表现出与其他新兴技术、战略性新兴产业明显不同的特征，因此，虽然本书中部分内容已经以学术论文的形式公开发表，但要形成一部系统性较强、经得起实践检验的学术著作，仍然需要借助时间的力量，通过现实的产业发展情况进行实证。令人欣慰的是，在过去的五六年，我和我的合作者一直保持着对现代生物技术及其产业发展的密切关注，在主观上我们认为本书的研究内容与现实的产业发展具有较高的符合度，对现实的产业发展具有较强的解释力。

在本书即将出版之际，我必须要对我的博士研究生导师，电子科技大学经济与管理学院的银路教授表示最衷心的感谢。银老师是我国新兴技术管理研究的开拓者，大概在2007年他提出要在新兴技术管理领域中专门开辟出现代生物技术管理这一子领域，并明确提出撰写一部关于现代生物技术管理的专著的思路。彼时我正在电子科技大学经济与管理学院攻读博士研究生，当时我研究的问题比较杂，对情景规划与新兴技术评估的关注较多。银老师在一次校园散步中和我谈到对现代生物技术管理研究的判断和规划后，我就被这一研究构想深深吸引，并下定决心将研究重点集中到现代生物技术管理领域。可以说，这次谈话改变了我的学术研究道路。如今，虽然我的研究已经逐步扩展到大数据、纳米等更多新兴技术领域，但现代生物技术一直是我的主要研究对象和研究的基本依托。从此历史渊源上说，银路教授才是《现代生物技术管理导论》这部书真正的原创者，并且这部书最初的思路脉络、框架结构、内容设计等都得到了银老师的悉心指导，同时银老师也对这部书的研究提供了很多具体指导和大量宝贵建议，甚至与本书相关的很多学术论文都是银老师亲自参与研究和修正的结果。

本书的结构安排如下：第一章对现代生物技术的概念进行严格界定，并针对技术的应用领域论述了现代生物技术的主要类型和研究现代生物技术管理的重大意义；第二章从技术、企业、创新、产业经济和管理等不同层面归纳现代生物技术的特征，并提出了现代生物技术创新创业所遵循的“科学商业”“接力创新”等特殊规律；第三章在分析生物技术企业区位选择的基础上，总结了生物技术企业的典型发展路径和关键成功要素；第四章从生态遗传学理论入手分析现代生物技术的物种起源和演化过程，在此基础上研究了企业对现代生物技术进行预见、评估和选择的思路与方法；第五章归纳现代生物技术研发的特点和一般过程，继而讨论了研发外包、研发联盟和并购研发三种被生物技术企业所广泛采用的研发模式，以及现代生物技术研发柔性的内涵及提高生物技术企业研发柔性的主要思路；第六章分析了现代生物技术的融资基础和生物技术企业的主要融资渠道，并重点研究了生物技术企业的主要融资策略以及为融投资活动提供重要支撑的技术评估思路；第七章分析了知识产权对生物技术企业的价值、生物技术企业知识产权保护的主要手段，在此基础上分析了生物技术企业的知识产权战略选择和知识产权战略的实施方式；第八章针对生物技术企业的集聚化发展特征，研究了生物技术产业集群生成和发展的基础条件、国外典型生物技术产业集群的经验，并重点研究了生物技术产业集群的动力机制及其演进过程，以及生物技术产业集群持续创新网络的结构和集群持续创新机制；第九章总结了发达国家生物技术产业发展的政策和经验，分别从企业和产业集聚两个层面分析了我国加速生物技术产业发展的主要思路和政策建议。

必须要声明的是，本书不是我个人的单独贡献，而是一个研究团队紧密合作的成果。除了银路教授的总体指导，下述学者分别为本书的完成做出了不可忽视的贡献，其中：第一章由李天柱与程跃（现任教于广西大学）共同撰写；第二章、第三章、第四章和第八章由李天柱撰写；第五章由李天柱和朱新财（现任教于盐城工学院）共同撰写；第六章由李天柱和高峻峰（现任教于四川师范大学）共同撰写；第七章由冯薇（现任教于电子科技大学）撰写；第九章由李天柱、石忠国（现任教于电子科技大学）和程跃共同撰写。李天柱负责完成了全书的统稿工作。

不能不提的是，本书的付印出版在很大程度上得益于四川大学出版社特约编辑马佳老师的推动，马佳老师也是我的合作研究者。同时，四川大学华西药学院的张志荣教授和蒋学华教授为本书提供了宝贵意见，两位生物技术领域著名专家的建议对提高本书质量具有不可忽视的作用。本书能够最终付印出版，还要感谢多方的支持和帮助。在本书写作和出版的过程中，我幸运地获得了国家自然科学基金（技术创新失败的挽救机制研究：以生物制药产业为例，71772082；接力创新的模型及实证应用研究：以生物制药为例，71372121）、教育部人文社科基金（生物技术产业集群创新支撑体系培育及其推广研究，12YJC630102）、中国博士后科学基金（我国战略性新兴产业集群培育研究——以生物技术产业为例，20110491702）、辽宁省社会科学基金（“科学商业-接力创新”架构中的政府作用机制及对我省的政策启示，L15BGL004）等一系列基金项目的支持，这些基金项目既是本书理论研究成果的拓展和应用，也是对本书研究结论的实证检验。辽宁科技大学学术专著出版基金为本书出版提供了必要的资金支持。

《现代生物技术管理导论》可作为高等院校企业管理、技术经济及管理，以及生物技术等专业本科生、研究生的教材，也可作为科技管理部门、高技术企业的管理人员和从业人员的培训教材，并适合对新兴技术、新兴产业感兴趣的企业管理者和普通读者阅读。由于作者水平有限，本书疏漏和谬误之处在所难免，其文责由我本人自负，与其他作者无关，并恳请各位专家和读者批评指正。

李天柱

2017 年 12 月 3 日

目　录

第一章 概 述

第一节 引 言

20 世纪是信息技术的世纪，21 世纪则将是生物技术的世纪！

自从 20 世纪 50 年代 DNA 双螺旋结构及其中心法则被发现以来，现代生命科学研究就吸引着全世界的目光，令无数科学家和企业家为之着迷。近年来，随着现代生命科学研究的一系列重大突破和应用，特别是人类基因组计划（Human Genome Project，HGP）的顺利实施，以及体细胞克隆、干细胞工程、基因治疗和生物芯片等关键技术的突破性进展，现代生物技术已引起世界各国的高度重视。很多政府和学者都把现代生物技术视为当代高科技的核心技术和关键技术，把生物技术产业视为 21 世纪的支柱产业和主导产业，并竞相投入大量的人力、财力和物力进行现代生物技术的开发和研究。现代生物技术已成为继信息技术之后各国参与国际竞争，争夺未来经济和技术制高点的新的战略领域。

现代生物技术是提高一个国家的综合实力，解决人类正在和将要面临的人口、食物、资源、能源和环境五大问题，促进全球经济发展的至关重要的关键性技术之一。学术界和产业界一致将生物技术产业认定为未来最大的产业，是真正的“永不日落的朝阳产业”。

生物技术的发展具有悠久的历史，从史前时代起，就一直为人们所开发利用，造福于人类。目前，生物技术已融入人类社会生活的方方面面，可以说生物技术的发展史是人类文明的发展史中不可或缺的一部分。根据生物技术的发展历史和各阶段的不同特点，我们可以把生物技术分为传统生物技术、近代生物技术和现代生物技术三个主要发展阶段：

第一阶段：传统生物技术。

传统生物技术以酿造技术（发酵技术）为基础，可以追溯到远古时代。埃及人利用酵母酿酒，并能对枣椰树进行交叉授粉以改善果实的质量。我国也早在石器时代后期就开始进行酒精发酵。公元前300年，我国人民能够制作豆腐，酿造酱油和醋。我国最早的诗歌总集《诗经》中也提到用厌氧菌浸渍处理亚麻。酿造技术给当时人们的生活带来了进步，促进了当时人类经济和文明的发展，而且一些基本技术也一直沿用至今。

第二阶段：近代生物技术。

近代生物技术以微生物发酵技术为标志。19世纪后期，法国生物学家巴斯德创立了微生物学，微生物发酵技术带来了发酵业的大发展和医学革命。人们利用微生物来生产各种所需要的产品，如采用传统的微生物发酵技术进行食品发酵。1929年抗生素的发现催生了生物化学工业，抗生素在第二次世界大战期间的大规模生产和应用挽救了无数人的生命。之后，微生物发酵被广泛用于氨基酸等物质的生产和动植物细胞的培养。

第三阶段：现代生物技术。

现代生物技术产生的标志是DNA重组技术的出现，但在这之前科学家已经开展了大量的基础科学研究工作。除微生物发酵技术外，1916年进行的固定化酶研究，为酶工程的大发展奠定了理论基础。到20世纪60年代末期，固定化酶技术得到完善，并被应用到半合成青霉素，以及玉米淀粉生产果糖浆等工业生产中。如今，酶制剂已广泛应用于食品、医药、造纸、纺织、清洁等生产和生活领域。20世纪70年代，细胞工程兴起，并被用于大规模动植物细胞培养、农业育种、药品生产、疫苗生产，使人类征服了几千年来深受其害的顽症。

1953年，DNA双螺旋结构的发现及中心法则的提出，以及遗传密码的破译奠定了基因工程的理论基础。1973年，DNA重组技术出现不但使原有的生物技术获得了巨大进步，而且产生了一大批新方法、新技术、新产品和新应用。生物技术从此进入现代生物技术时代，使生物技术以崭新的形式，更深地影响着人类经济、技术、社会、生活，乃至思想观念等各个方面。

本书针对现代生物技术的特点，沿着技术、企业、产业和宏观政策这一主线，对现代生物技术管理这一问题进行深入研究和探讨。

第二节 现代生物技术的概念

生物技术（biotechnology），也被称为生物工程，这一名词最初是由匈牙利工程师Karl Ereky于1917年提出的。当时Karl提出的生物技术主要指用甜菜作为饲料进行大规模的养猪，即利用生物体将原材料转变为产品（将植物纤维转变为蛋白质）。随着现代生物技术的发展和广泛应用，其定义的内涵和外延也已经远远超出了生物技术最初的定义范围。

经济合作与发展组织（Organization for Economic Co-operation and Development，OECD）对生物技术的定义为：生物技术是应用自然科学及工程学的原理，依靠微生物、动物、植物体作为反应器将物料进行加工以提供产品来为社会服务的技术。这一定义在总体上对什么是生物技术进行了阐述。但是，一些观点认为生物技术的定义应涵盖传统和现代两个发展阶段的生物技术，而另一些观点则认为现在所指的生物技术应主要指现代生物技术，所以在概念的表达上也应倾向于现代生物技术。通过对国内外学者关于生物技术方面的定义进行总结，我们认为生物技术应是一个比较宽泛的概念，它既应包括传统的生物技术，也应包括现代生物技术。因此，可以将生物技术概括为一种对有机体的操作技术，也就是利用生物体及其某些组成部分的生理特性，生产对人类有价值的产物或提供对人类有益的服务的技术。同时，考虑到现代生物技术在改造人类生活方面的重要作用，需要将现代生物技术的概念另外加以界定。

结合技术领域的主流观点，我们认为[1]，现代生物技术（modern biotechnology）是以现代生命科学为基础，以DNA重组技术为核心，结合工程技术手段和其他基础学科的科学原理，按照预先设计进行生物体改造或生物原料加工，为人类生产出某种产品或产生某种功能的多学科相互渗透的高技术综合体系。从狭义上看，现代生物技术是以基因工程为核心，包括细胞工程、酶工程、发酵工程和蛋白质工程在内的互相联系、互相渗透的高技术群；在广义上，现代生物技术还包括生物芯片技术、纳米生物技术、生物信息技术等外围技术群。

从发展阶段看，现代生物技术、传统生物技术、近代生物技术之间有着本质差别，因为后两者只是利用现有的生物或生物功能为人类服务，而前者的基本技术路线是按照人类的意愿和目的改造、修饰、重构生物的遗传特性和功能，即利用基因工程、细胞融合技术等来改造生命体，使其执行新的生物功能并产生地球上奇缺的物质。现代生物技术是所有自然科学领域中涵盖范围最广的学科之一。它建立在分子生物学的基础上，以细胞生物学、微生物学、免疫生物学、人体生理学、动物生理学、植物生理学、微生物生理学、生物化学、生物物理学、遗传学等几乎所有生命科学的次级学科为支撑，又结合了诸如化学、化学工程学、数学、微电子技术、计算机科学、纳米科学等生物学领域之外的基础学科，从而形成一门多学科互相渗透的综合性科学技术体系。

第三节　现代生物技术概述

现代生物技术是一个复杂的技术群，它广泛应用于农业、医疗、能源、环保等与人类生活息息相关的学科领域，现阶段它正不断向制造、服务等更多领域渗透和扩展。以下主要针对现代生物技术中所涉及的 DNA 技术（基因重组）、生物芯片技术、克隆技术、治疗性抗体等关键平台技术，及生物技术与其他领域交叉形成的生物医药、生物农业、生物能源、生物制造和生物环保等技术的技术原理和发展现状做简单介绍。

一、基因重组技术和转基因技术

孟德尔遗传定律及他提出的“遗传因子”，为人类研究和改造生物体的遗传特性奠定了基础。1909 年荷兰植物学家约翰森提出了“基因”一词来取代遗传因子；另一位美国遗传学家摩尔根和他的学生通过大量实验证明了细胞核内的染色体是遗传的主要物质基础，发现了基因的链锁和交换现象。这两位先驱科学家采用了统计方法与实验方法，为生物遗传学从描述性科学向精确性科学转变奠定了基础。与遗传学的发展相适应，传统生物化学对生物大分子化学结构的研究在 20 世纪初也取得进步。20 世纪 20 年代核酸被发现，并被区分出 RNA 和 DNA 两种形式，其化学组成也被初步证明。组成蛋白质的 20 种氨基酸于 1930 年被全部发现。基因即生物大分子 DNA，其物质构成、遗传功能和作用机制在 1952 年已基本明确。但这一切都发生在 DNA 这一“黑箱”之外。DNA 的空间结构究竟是什么样，它怎样储存和传递信息，信息通过什么机制“表达”到蛋白质合成之上？这些问题的解决将最终揭开生命之谜，成为现代生物技术产生与发展的导火索。揭开生命之谜，使人类能够真正按照实际需要，有目的、有计划地改造生物的遗传特征，主要依赖下述两个理论和技术方面的重大突破：

一是软件突破。1953 年，剑桥大学的 Watson 和 Crick 发现了 DNA（脱氧核糖核酸）的双螺旋结构模型，1953 年至 1955 年两人又提出基因自我复制和指导蛋白质合成的中心法则，为分子生物学的发展奠定了基础，从此打开了人类在分子水平上认识生命和遗传规律的新篇章。DNA 双螺旋结构模型的发现对现代生命科学发展起到了纲举目张的作用，此后分子生物学的发展便势如破竹。至 1969 年，64 种遗传密码全部被破译，揭示了生物大分子基础上的遗传机理。

二是硬件突破。DNA 双螺旋结构的发现以及分子生物学的发展为现代生物技术进步奠定了理论基础，但是理论向技术的转变则依赖硬件上的突破。1973 年，加利福尼亚大学旧金山分校的 Boyer 和斯坦福大学的 Cohen 完成了人类历史上第一次有目的的 DNA 体外重组试验，并在此基础上提出了“基因克隆”的思路。这一突破为人类有目的地操纵生命和遗传的过程提供了工具，标志着现代生物技术时代的到来！

那什么是基因、基因重组技术和转基因技术呢？基因是指带有遗传性状的 DNA 片段，每个基因具有自身的遗传密码。基因决定着蛋白质的合成，而蛋白质又决定代谢作用，代谢作用进而决定各种性状。基因重组技术指将不同种类的生物的基因通过对接和重新组合形成一个新的物质生命体，并一定要保持原有物质的特质和遗传基因解码，从而获得人类所需要的、大量的、可复制的原体物质。实际上基因重组在自然界和生物体内时时刻刻都在发生，但不是人为可控的，而这里强调的基因重组是人类可控的、按照特定目的而进行的活动。基因重组技术生产的产品有以下特性：（1）为了原体（目标体）的生产，必须将原体的基因携带体（如细胞）与另一种载体对接、粘合并培植成活；（2）基因重组获得的产品必须与原体（目标体）的遗传基因解码完全一致；（3）基因重组获得的产品是无性繁殖的产品，只携带原体的所有遗传基因，而不携带载体的任何遗传基因。

转基因技术（transgene technology）是将人工分离和修饰过的基因导入到生物体基因组中，导入基因的表达引起生物体性状的可遗传的修饰，从而使其在生物的性状、营养、品质等方面向人类需要的目标转变。人们常说的“遗传工程”“基因工程”等均可视为转基因的同义词。经转基因技术修饰的生物体常被称为“遗传修饰过的生物体”（Genetically Modified Organism, GMO）。经过人工分离和修饰过的基因被称为目的基因，它是将 DNA 进行分离、纯化、重组而得到的，是转基因技术的上游；将目的基因导入生物体的基因组中是转基因技术的中游；最终得到的转基因生物（包括微生物和动植物）为转基因技术的“下游”。目前转基因技术已在农业生产、动物饲养，以及医药研究和生产等诸多领域得到广泛应用。例如，转基因技术可以使农业生产更加高效、高质、环保，对于促进现有耕地的可持续发展、提高食品供应的数量和质量、改善食物的营养成分具有重要作用。例如，瑞士科学家曾经培育出富含胡萝卜素的水稻新品种——金米，可改善发展中国家维生素摄入量不足的状况。又如，在生物制药领域应用转基因技术生产药品，可以有效治疗人类的某些疑难疾病，给很多绝症患者带来了希望，也产生了巨大的市场价值。但与此同时，转基因技术给人类健康和环境所带来的威胁也引起了广泛重视。迄今为止，科学界乃至全社会仍存在究竟应继续大力发展还是避免使用转基因技术的分歧[2]。

二、生物芯片技术

生物芯片技术是利用分子间特异性相互作用的原理，在微加工工艺芯片上集成与生命相关的信息分子，从而实现对基因、配体、抗原等生物活性物质高效快捷测试和分析的技术。生物芯片是一个统称，可以分为基因芯片、蛋白质芯片、代谢芯片、细胞芯片和芯片实验室等很多大类。目前，最成功的生物芯片是以基因序列为分析对象的基因芯片（gene chip），也被称为 DNA 芯片（DNA chip）。生物芯片如同信息产业中的集成电路一样，拥有高通量、微型化和自动化等主要特点，它可以将成千上万的分子微阵列密集地排列在一个芯片上，便于人们在短时间内分析大量的生物分子，进而快速准确地获取样品中的生物信息，提高检测效率[3]。

生物芯片主要包括四个关键技术：芯片方阵构建、样品制备、生物分子反应和信号检测及分格。目前芯片的制备主要采用表面化学的方法或组合化学的方法来处理片芯（玻璃片或硅片），然后使 DNA 片段或蛋白质分子按顺序排列在芯片上。当前较为成熟的技术已经能将 40 万种不同的 DNA 分子放在 1 平方厘米的芯片上。在生物芯片制备的基础上要进行生物样品的制备，由于大多数的生物样品都是复杂的生物分子混合体，一般无法直接与芯片发生反应。因此需要将生物样品进行处理，获取其中的蛋白质、DNA 和 RNA，并加以标记，以提高芯片检测的灵敏度。而在芯片检测的过程中，对芯片上生物分子之间反应的检测是关键的一步，一般通过选择合适的反应条件使生物分子间反应处于最佳状况，减少生物分子之间的错配比率。然后将芯片置入芯片扫描仪中，通过采集各反应点的荧光位置、荧光强弱，再经相关软件分析图像，即可以获得有关的生物信息。

生物芯片是现代生物技术体系中关键的支撑平台技术之一，它的出现给生命科学、医学、化学、新药开发、司法鉴定、食品与环境监督等众多领域带来巨大的革新甚至革命。例如，生物芯片能为研究人类重大疾病的相关基因及作用机理等发挥巨大作用；而DNA芯片技术也可用于水稻抗病基因的分离与鉴定，从而更方便地获取抗病基因。此外，在新药设计、环境保护、农业等各个领域，生物芯片技术均有很多用武之地，成为人类造福自身的工具。因此美国等许多发达国家都投入了大量的人力和物力来推动此项研究工作。高密度基因芯片的设计、高密度芯片的批量制备技术和生物功能物质微阵列芯片的研制是该领域的研究重点。

三、克隆技术

克隆是一种人工诱导的无性生殖方式。克隆可以是自然克隆，但是我们通常所说的克隆是指通过有意识的设计来产生的完全一样的复制。克隆具有两个特征：其一，克隆产生的亲子代的遗传物质在理论上完全相同，即具有相同的基因型；其二，经过克隆可以产生大量具有相同基因型的个体，即可形成个体群或细胞群。

克隆技术也被称为生物放大技术，是利用生物技术由无性生殖产生的与原个体完全相同的基因组后代的过程。克隆本身的含义是无性繁殖，即由同一个祖先细胞分裂繁殖而形成的纯细胞系，该细胞系中每个细胞的基因彼此相同。克隆可以在多个层面上发生，包括：（1）细胞克隆，即用一个细胞很快复制出成千上万和它一模一样的细胞，形成一个细胞群；（2）基因克隆，即利用遗传基因——DNA进行克隆；（3）动物克隆，即由一个细胞克隆成一个动物，克隆绵羊“多利”就是由一头母羊的体细胞克隆而来，其使用的便是动物克隆技术。

哺乳动物的体细胞克隆代表了克隆技术发展的最高水平。在现代生物技术中，克隆通常应用在两个方面：克隆一个基因或是克隆一个物种。克隆一个基因是指从个体中获取一段基因（如通过PCR的方法），然后将其插入另外一个个体（通常是通过载体），再加以研究或利用；克隆一个生物体意味着创造一个与原先生物体具有完全相同遗传信息的新生物体。

克隆技术是现代生物技术研究领域的一项重大突破，它可以在攻克遗传性疾病、研制高水平新药等研究中发挥重要作用。但是由于克隆技术可应用于人类自身的繁殖，所以将对人类伦理、法律等方面形成巨大的压力和挑战。

四、治疗性抗体

哺乳动物有一套复杂的防御系统，保护自己不受有毒物质和病原体的侵害，其中一部分防御反应就是淋巴细胞经诱导产生特异的蛋白，这些蛋白可以在其他免疫系统蛋白的帮助下与外来物质结合，并抵消其生物学功能[4]。这些特异的蛋白，就是抗体（antibody）；相对于抗体，诱发产生抗体的外来物质即抗原（antigen）。人类对抗体的研究最早可以追溯到19世纪末，但对抗体结构的认识直到20世纪50年代后期才更为深入和透彻。抗体分子作为具有多种生物效应的蛋白质分子，在疾病的诊断和治疗方面具有重要意义，尤其是在疾病治疗方面具有巨大的应用前景，目前在临床上被成功应用于治疗肿瘤、自身免疫性疾病、感染性疾病及移植排斥反应等。治疗性抗体的发展经历了从多克隆抗体到单克隆抗体，进而到基因工程抗体3个阶段[5]。

由于一个抗原通常都有几个不同的抗原决定簇，而每个免疫淋巴细胞可能产生一种针对某一个抗原决定簇的抗体，因而由同一抗原而产生的不同的抗体统称为多克隆抗体。由于一个抗原中某些抗原决定簇是免疫反应的强激发剂，而有时又出现同一抗原上其他的抗原决定簇可激发更强烈的免疫反应的情况，因此多克隆抗体的效价都各不相同，这种效价的变化直接影响到了抗体检测的效果。于是人们认识到要把抗体应用于临床诊断或是治疗，必须要制备单一类型的只对某一特定抗原决定簇的抗体分子，也就是单克隆抗体。基因工程抗体是以基因工程为上游技术平台制备的治疗性抗体的总称。早期制备的抗体均为鼠源抗体，临床应用时对人是异种抗原，重复注射可使人产生抗鼠抗体，从而减弱或失去疗效，并增加了超敏反应发生的可能性。在20世纪80年代早期，人们开始利用基因工程制备抗体，以降低和消除鼠源抗体的免疫原性及其功能。目前多采用人抗体的部分氨基酸序列代替某些鼠源性抗体的序列，这种经修饰制备的基因工程抗体，称为第三代抗体，主要包括嵌合抗体、人源化抗体、完全人源抗体、单链抗体、双特异性抗体等[6]。

从美国FDA批准第一个治疗性抗体上市到今天，治疗性抗体年销售额突飞猛进，已经成为整个生物制药领域的生力军和中坚力量，得到了无数专家与企业的重视。治疗性抗体为人类与各种疾病进行抗争，不断提高健康水平和生活质量做出了突出的贡献。

五、生物医药

生物医药制品包括生化药物、生物技术药物（也被称为生物工程药物）和生物制品，狭义的生物药物仅指基因工程药物。现代生物技术中除了酶工程与生物医药产品直接关系较少外，其他均有密切联系，为了生产某种生物医药产品，常需要综合应用这些新技术，因此它们之间关系紧密，不可分割。基因工程和细胞工程可以提供具有医药意义的优良遗传性状（如重组细胞株和融合细胞株）；发酵工程则可使优良遗传性状得到充分表达；分离纯化是最后制备出合格的生物医药产品所必不可少的手段[7]。目前生物医药产品主要包括抗生素类药物、抗癌药物、免疫反应抑制剂、临床诊断试剂及诊断用品等。

随着现代生物技术的不断发展，生物医药产业正逐渐得到国内外生物技术学者的广泛重视。生物医药产业的概念可以分为广义和狭义两种：广义的生物医药产业是指将现代生物技术与新药研究、开发、生产以及各种疾病的诊断、防治和治疗相结合的产业；狭义的生物医药产业仅指生产基因工程药物的企业的集合体。现代生物技术特别是其关键技术的突破，极大地推动了生物医药产业的发展，目前一般将应用于产业发展的生物医药技术分为上游技术（发现与研发技术）和下游技术（产业化技术），上游技术包括基因重组技术、药物筛选与发现技术，下游技术包括微生物发酵、细胞培养、纯化、质量控制与分析、工艺开发与优化等技术[8]。

如果依据技术的应用领域，可以将生物医药产品分为：基因工程药物及疫苗、抗体工程与抗体药物、干细胞与组织工程、功能基因组与蛋白质组工程、酶工程与发酵工程、诊断试剂等。基因工程药物及疫苗、抗体工程与抗体药物、生物诊断技术领域是目前支撑生物医药产业的关键技术领域，通常人们所说的生物医药主要就是指这三种。而干细胞与组织工程是生物医药产业研究关注的热点，为人类健康和产业发展带来巨大的前景。功能基因组与蛋白质组是对生物医药研发产生巨大影响的上游平台技术，而酶工程与发酵工程是生物医药产业的下游关键技术[9]。

六、生物农业

农业生物技术是以农业为主要研究对象，以生物遗传改良为手段，以基因工程、细胞工程、发酵工程、蛋白质工程等现代生物技术为主体，以在农业生产领域应用为目的的综合性技术体系。农业生物技术主要包括遗传工程、生物催化技术、微生物工程、细胞工程等。农业生物技术定向地、有目的地进行农业生物遗传改良和创造，为农业生产提供新品种、新方法、新资源，并创造符合可持续发展的生态环境[10]。农业生物技术产业是指运用基因工程、发酵工程、酶工程以及分子育种等生物技术，为培育动植物新品种和生产生物农药、生物肥料、兽药及疫苗等形成的产业。

目前，现代生物技术已在农业生产的各个领域得到广泛应用：在农作物生产方面应用现代生物技术可以培育出优质、高产、抗病虫的农作物；在畜牧业方面，现代生物技术的应用一方面有助于提高畜禽的生命力以及消灭竞争者的能力，另一方面有助于提高畜牧业的生产力发展水平；在生态环境方面，利用现代生物技术可以提高现有农业生态系统的生产力。因此，农业生物技术有助于人类保存、保护地球自然生态系统及其资源，有助于人们未来再利用其中的基因资源开发新的产品，以解决能源短缺问题，扩大食物、饲料、药品等的来源满足人类日益增长的需要，进行无废物的良性循环，减少环境污染[11]。我国的农业生物技术产业已经初具规模，主要包括超级杂交水稻、植物组织培养、生物农药、饲料添加剂、兽用疫苗、生物肥料、生物农用材料等方面。

七、生物质能源

从广义上讲，生物质是指植物通过光合作用生成的有机物，它的能量最初来源于太阳能，所以生物质能也被视为太阳能的一种。生物质将所吸收的太阳能一部分转化为热能，一部分转化为生物质能。因此生物质能既不同于常规的矿物能源，又有别于其他新能源，兼有两者的特点和优势，是唯一可储存和可运输的可再生能源[12]。在现实生活中生物质的种类很多，植物类中最主要的有木材、农作物（如秸秆、稻草、麦秆、豆秆、棉花秆、谷壳）、杂草、藻类等，非植物类中主要有动物粪便、废水中的有机成分、垃圾中的有机成分等。

从生物的化学构成角度来看，生物质的组成是一种碳氢化合物，与常规的矿物燃料（如石油、煤炭）是同类。生物质是矿物燃料的始祖，被喻为即时利用的绿色煤炭。但与矿物燃料相比，生物质的挥发组分高，炭活性高，硫含量和灰分比煤低，因此，生物质利用过程中有毒物质排放量较少，造成空气污染和酸雨现象会明显降低[13]。从利用方式的角度来看，生物质能与煤、石油内部结构和特性相似，可以采用相同或相近的技术进行处理和利用，利用技术的开发与推广难度比较低。另外，生物质可以通过一定的先进技术进行转化，除了转化为电力外，还可生成油料、燃气或固体燃料，直接应用于汽车等运输机械或应用于柴油机、燃气轮机、锅炉等常规热力设备。生物质能可以应用于目前人类工业生产或社会生活的各个方面，因此，在所有新能源中，生物质能与现代工业化技术和社会生活具有更好的兼容性，其可以在不必对已有工业技术做任何改进的前提下就可以替代常规能源。

近些年来生物质能源的重要技术主要包括：生物柴油技术、燃料乙醇技术、生物制氢技术、燃料电池技术、高效生物质气化发电技术、高效厌氧处理及沼气回收技术、纤维素制取酒精技术、生物质裂解液化技术，以及能源植物培育及利用技术等。其中，燃料乙醇、生物柴油和生物制氢是极有前景的三种生物质能源。

八、生物制造

生物制造集合了信息科学、制造科学、材料科学、生命科学等多学科相关的科学和技术，是在生命科学和制造科学迅速发展与不断交叉的基础上形成和发展起来的。对于生物制造的概念，目前学术界主要有两种观点：一种观点认为，生物制造是在细胞和分子的层次上，通过受控组装完成器官、组织和仿生产品的制造，涵盖了体外模型、植入假体和活的组织器官的制造三个层次；另一种观点认为，生物制造是利用生物的机能进行制造（如基因复制、生物去除或生物生长）及制造类生物或生物体[14]。

生物制造的发展能够为人类生命质量和健康水平的提高服务，同时借鉴生物生长规律发展制造科学与技术，可能使制造科学发生新的革命。例如，利用生物制造可能有效取代同种和异种器官移植以及机电式人工器官的植入，极大地提高了器官移植手术的成功率。生物制造技术相关研究内容还涉及设计建模、使能技术和材料制备等方面。

九、生物环保

经济快速发展所引发的资源与环境问题已引起人们高度重视，实现资源的可持续发展、保护人类赖以生存的环境已成为全人类共同的愿望。近年来，现代生物技术的迅猛发展及其在资源环境领域的应用为解决这一问题提供了关键技术。

生物环保技术主要包括：（1）植物修复技术。它是利用绿色植物清除环境中的污染物，使其有害性降低或消失，修复的主要对象是环境中的有毒重金属和有机污染物。最著名的例子是植物体内合成的重金属络合物金属硫蛋白和植物络合素，这两种多肽分子能结合重金属从而降低其毒性，提高植物对重金属的抗性。植物分子生物学家已经克隆得到了金属硫蛋白基因以及植物络合素合成酶基因，希望通过基因工程培育表达这两种基因的转基因植物或工程藻，使之用于受污染的土壤或水中重金属的清除。（2）生物可降解塑料。生物可降解塑料是在土壤中微生物能分解的塑料，借助于细菌或其水解酶素将材料分解为二氧化碳、水、蜂巢状多孔材质和盐类。生物可降解塑料被分解后，成为水和二氧化碳，不会对环境产生危害，同时它还能够用来制作堆肥，作为肥料或土壤改良剂回归大自然。(3) 调节造纸用木材中木质素代谢，减少造纸工业废水排放的技术。例如，科学家们已开始利用基因工程抑制植物中不利于造纸的物质——木质素的生物合成，降低木质素含量或改变其组分，从源头上控制造纸过程中所排放的废物，减少对环境污染。

第四节 研究现代生物技术管理的意义

随着现代生物技术基础理论研究的不断突破，许多现代生物技术已逐渐进入了产业化阶段。与此同时，我们也注意到由于现代生物技术本身所具有的许多独有特征导致其在发展过程中将面临诸多特殊的管理问题。现代生物技术的发展，不仅是技术问题，还是管理问题。在生物技术产业迅猛发展的今天，深入研究有效管理现代生物技术的思路和方法，具有重要的现实意义和理论价值。

一、能够有效降低现代生物技术本身的不确定性

现代生物技术是一项典型的新兴技术（emerging technology），因此从技术本身来讲具有高度不确定性的突出特征，这主要是由于现代生物技术是一个复杂的技术群，它涵盖医药、农业、工业、材料、环境、能源等多个领域，与很多学科相互交叉和渗透，依赖于生命科学、数理、化学、信息和材料科学等学科提供的理论和技术，技术综合性很强，这些科学及技术领域中的一些小小的进步都可能会导致现代生物技术发生变革，同时某项现代生物技术的发展也会严重受到某个领域局部发展局限的阻碍。因此，现代生物技术在研发过程中会遇到巨大的不确定性。对未来现代生物技术发展状况的预测与评估、市场现有需求满足程度、潜在需求的发掘和预测将直接影响现代生物技术研发决策的选择。同时，在研发过程中一项现代生物技术能否研发成功、研发时间的长短在很大程度上影响技术本身的发展及其后期的产业化过程。因此，发展现代生物技术必须有效地管理现代生物技术，降低技术本身巨大的不确定性。

（一）现代生物技术的预测、评估与选择

研发一项技术在将来能否带来商业化的成功在很大程度上取决于前期的预

测、评估和选择，这些过程可以极大地降低技术发展过程中的风险，而这种风险首先体现在研发项目的选择上。现代生物技术本身的特点决定了其研发风险是非常大的，在某种程度上也说明了对现代生物技术进行前期预测、评估与选择的重要性。通过划定范围、研究寻找、评价、付诸实施四个相互关联的技术评估环节，从管理的角度通过对市场需求、技术源、外界信息的监督和预测而更准确地了解技术发展的趋势、机会和威胁，从而有效地筛选技术；经过筛选的技术再根据企业的技术力量、目标市场、竞争机会、环境资源等加以评价；随着前景的逐渐明朗和信息的逐渐充分，企业最终确定要研究开发的一项或几项现代生物技术并付诸实施。通过这样的预测评估过程企业可以最大程度地减少研发过程中的风险和不确定性，使企业以更小的研发投入获得最终更大的投资回报。

（二）创意及研发管理

创意是创新的前端，所有的创新都来自创造性的主意。对于现代生物技术的创新过程而言，更多关注的是研发过程或是工艺改进，但有了良好的创意，才能形成清晰的产品概念而进入产品研发，最后达到商业化的成功。因此，从现代生物技术产品创新的类型来看，进行创意管理及研发管理都是极为必要的。同时我们也注意到，现代生物技术创新的成功率是极低的。例如，一个新的生物药品的成功获利，有时需要 3000 个原始设想，这 3000 个原始设想中有 300 个提交讨论，125 个形成小的项目，9 个形成大的开发项目，4 个形成重大开发项目，最后只有 1.7 个被市场接受，1 个在经济上获得成功。那么，提高创新成功率的关键需要从最初的创意管理和研发管理入手。在开展一项新的生物技术产品研发之前，应该进行有效的创意管理，包括创意的获取，对顾客需求的认识以及对市场发展趋势进行预测等，这样可以筛选出商业化前景比较好的创意进入研发阶段。在研发阶段通过采取自主研发、合作研发、研发外包、建立联盟等不同的研发模式，从研发项目立项、小型试验到中型试验或大规模试验等的过程中进行有效的过程管理，这样可以有效降低技术研发本身的不确定性，使更多的研发项目具有获得最终商业化成功的潜力。

二、能够有效降低现代生物技术产业发展过程中的不确定性

现代生物技术产品在其产业化过程中存在着巨大的不确定性，这主要是由于现代生物技术产品从研发到产业化的整个过程中，除了要经过如 IT 技术等一般高技术产品所要经历的基础研究、应用研究、试验室研究和中试外，还要

经过动物试验、临床试验、规模化生产、市场检验等许多环节，时间跨度很长，一般需要几年甚至十几年。企业也相应要经历种子期、创业期、扩展期和成熟期四个发展阶段。在如此长的发展周期里，诸如技术、市场、社会、法律等很多因素都有可能发生根本性的变化，从而使现代生物技术企业和产业发展的不确定性大大增加。采取有效的管理措施降低现代生物技术产业化过程中的不确定性，提高其商业化的成功率就显得非常必要了。

（一）现代生物技术的融投资评价

现代生物技术从研发到产业化的整个过程中所需要的资金量是巨大的。例如，一项农业生物技术从研究到商业化生产，在发达国家平均需要 2 亿美元的资金支持，而且资金用量随着进程的推进是逐渐增加的。根据相关研究数据，一项生物技术从基础研究到产业化的整个过程中，前、中、后期的资金需求比例分别为 1∶10∶100。如此巨大的资金需求一般的生物技术企业是无法承担的。因此，一方面需要在其发展的过程中适时地引入风险投资、银行贷款等多种形式的资金支持；另一方面，由于生物技术的高风险、高不确定性的特点又往往使一些投资机构或个人对其望而却步。这就需要我们对现代生物技术进行投融资评价，解决双方信息不对称的问题，以达到一个双赢的发展局面。

现代生物技术的融投资评价一方面可以从投资的效益出发，通过融投资评价了解技术项目的经济效益情况，从而挑选出经济效益比较好的生物技术（项目）进行投资，但这样的评价一般比较适用于已进入大规模商业化的技术项目。另一方面我们可以从投资风险的角度来考虑和评估投资项目的风险情况，风险值越大，越不适宜进行投资。同时，随着实物期权思想和方法在现代生物技术融投资评价中的应用越来越广泛，对生物技术的投资价值进行评估，认为其所面临的风险中存在着潜在的、随时可能变成现实的获利机会，这构成了投资价值的源泉。那么很显然如果从风险的角度来考虑现代生物技术的融投资评价，就不只限于大规模商业化阶段了。但是无论从哪个方面来对现代生物技术进行融投资评价都会一定程度解决生物技术发展过程中资金短缺的问题，同时它自身所具有的高收益特征又会给投资者带来可观的投资回报预期。这种双赢的局面有利于缩短现代生物技术的产业化进程，从而带动我国的现代生物技术产业迅速发展。

（二）生物技术企业的集聚与产业集群

产业集群是一种提升产业竞争力的产业组织形式，而生物技术产业发展的主要特征之一是集聚化发展，这已经被美国等发达国家的生物技术产业发展历程所证明。

我国的生物技术产业目前还处于发展的初期阶段，产业规划和政策机制还很不成熟。一些地区在认识到生物技术产业的潜力及其集聚化发展的特征后，竞相建立生物技术园区，但这些园区往往只是一些生物技术企业在相近地理区域上的简单相加，没有形成真正的集群优势，彼此之间相互依存和配合的创新网络和产学研的合作机制尚未形成，因而不但没有达到提高我国生物技术产业竞争力的目的，反而一定程度造成了资源、人才、技术、资金等的浪费和产业规模效益的分散和弱化。为使我国的生物技术产业能够得到迅速而健康的发展，更好地发挥产业集聚效应，必须对生物技术产业集群发展进行有效的规划和管理。由于生物技术产业本身具有高技术、高投入、高风险、高附加价值等特征，从而导致生物技术产业的集聚与传统的产业集聚有所不同。例如，现代生物技术产业的高技术特性导致生物技术产业集群并不简单地追求本地物质联系所带来的节约成本的经济效益，而更多是为了更便捷地获取外部技术、加速知识和信息的流动，以及共享高端智力等。生物技术产业高投入、高风险、高附加价值等特征又决定了其集群的产生和发展对风险投资等金融支持的要求会更高。这些都需要我们针对生物技术产业这类特殊集群进行专门研究，并在发展过程中不断探索和研究，不断丰富这类特殊集群的理论，为我国生物技术产业发展提供理论指导。

（三）知识产权管理

知识产权管理是科技创新和促进科技发展的重要组成部分。加强知识产权管理，能够极大地提升我国科技创新层次，增强我国科技与经济的竞争力。近年来，随着现代生物技术领域发展中一系列问题的重大突破，世界各国都加强了对生物技术知识产权的制度建设及相关战略的推行，极大地提高了这些国家生物技术产业的创新能力，促使这些国家在国际技术交流和经济贸易中受益。我国必须重视生物技术知识产权的管理，积极研究和探索适应我国经济发展水平，并符合国际通行体系的生物技术知识产权保护制度并加强相关管理，以提高我国生物技术产业的创新能力，抢占生物经济时代国际产业竞争的制高点。

知识产权管理策略是生物技术企业获得创新收益的一种有效方式，有关统计表明，基因治疗、基因组研究方面很多发明与技术已经得到了保护。但是我们注意到生物技术产业的知识产权管理存在特殊性：首先，由于现代生物技术需要较长的开发周期，这大大消耗了其专利的保护期。例如，有很多生物技术虽然拥有了专利的保护，但由于在研发和中试等过程中消耗了大量的时间，因此等到大规模商业化的时候，很多产品涉及的专利的保护期已经所剩无几，甚至已经过期。其次，现代生物技术领域有时还要存在一些“公共技术”，这些技术是无法被专利所保护的，为全人类所共有，如人类基因组序列。最后，有的生物技术虽然是可以申请专利的，但由于在申请专利的时候需要公布产品的配方、制作工艺、技术原理等，因此专利保护对于某些现代生物技术来说并不适用。那么，生物技术企业必须谨慎对待专利保护的问题，必要的时候可以结合技术保密或补充性资产等方法来对企业的科研成果和无形资产进行保护。加强知识产权管理，根据现代生物技术和其产业的特点采取适宜的知识产权战略可以使生物技术企业迅速地将研发成果转化为新产品，并获得尽可能多的创新收益，促进我国生物技术产业的发展和壮大。

三、研究现代生物技术管理能够有效地解决一系列现实问题

（一）环境生态问题

技术是一把双刃剑，现代生物技术自然也不例外。以基因工程为代表的现代生物技术在解决人类所面对的资源短缺和环境恶化问题的同时，也在很大程度上对环境安全和人类可持续发展产生巨大威胁和挑战，并开始渗透到经济、文化等各个领域。对这种危害性认识的不足或对现代生物技术人为的滥用，所造成的后果是严重的，甚至有时是灾难性的。这主要是由于生物技术直接以包括人体在内的生物体或生物物质为应用对象，特别是转基因技术，更是深入生物体的遗传本质。很多生物技术产品可以繁殖、突变、迁移，一旦释放出去，就不可能收回。因此，对生态环境所造成的破坏也常常是不可逆转的。因此，建立生物基因资源管理体系，开展风险评估或风险管理，使生物技术在为人类带来福音的同时尽量减少对环境生态带来的不利影响，对于可持续发展是至关重要的[15]。

（二）健康安全问题

世界各国对转基因食品或其他对人类健康产生威胁的现代生物技术产品一般采取谨慎态度。利用现代生物技术所生产的生物武器还可能会引发战争和灾害，给人类的安全带来极大的威胁。目前虽然人类还难以完全准确地预测生物技术产品给人类健康和安全所带来的潜在威胁，但是可以采取一系列严格措施，建立现代生物技术产品的安全评估标准，对其安全性进行评价和监控管理，才能在发展现代生物技术的同时保障人类的健康和安全。

（三）伦理道德问题

现代生物技术正在逐渐改变着人类的生存和发展历程，对人类生活的改变

已渗透到各个方面，与此同时也挑战了人类的伦理道德底线。例如，如果将基因克隆技术应用到人类身上，使无性繁殖成为可能，将会打破以往的生育模式，打破对父母、家庭、辈分等概念界定的方式，人类现有的意识形态、宗教信仰、伦理道德和法律制度等对其无所适从。转基因食品也存在一些伦理方面的隐患。例如，将动物基因转入到其他动物或植物中，可能会遭到某些宗教人士或某些素食主义者的反对。这类问题都说明了应该把生物伦理道德的管理问题的重要性。虽然各国在文化、经济、宗教信仰等方面存在一定的差异，但在一些基本问题上达成共识是总的发展趋势，我们应该不断地吸取其他国家生物资源管理方面的经验和教训，对现有的法律法规进行不断地修改和完善，并根据实际情况制定新的法律法规，从而在使生物技术得到发展的同时很好地保护人民的健康和所生存的环境。

现代生物技术除了对人类的生态环境、健康安全和伦理道德造成影响以外，还可能引起诸如侵犯人类的隐私权、导致种族歧视和影响社会公正等问题。这些问题的存在一方面要引起政府部门的高度重视，在法律法规、审批程序和监督监测等方面对其进行有效干预，另一方面生物技术企业在技术研发和产业化发展过程中也要对这些问题保持谨慎态度，采取专门的风险评估和风险管理手段，从而避免问题发生。

本章参考文献

[1] 李天柱，银路．现代生物技术的管理特征及我国企业现阶段的发展思路［J］．科学学与科学技术管理，2009，30（06）：130－134.

[2] 陈海琦．转基因技术的专利保护［D］．北京：中国政法大学，2005.

[3] 姜广奋，郭晓雨．基因技术：解密生命天书［M］．北京：中国广播电视出版社，2001.

[4] 瞿礼嘉．现代生物技术［M］．北京：高等教育出版社，2004.

[5] 王双，孙志伟，俞炜源．治疗性抗体研究进展［J］．生物技术产业，2007，（04）：15－37.

[6] http：//baike．baidu．com/view/396658．html.

[7] 姜源．现代生物技术与医药［M］．北京：科学普及出版社，1991.

[8] Dan J，Robert D．制药生物技术［M］．北京：化学工业出版社，2005.

[9] 吴曙霞．提升北京生物医药产业国际竞争力的技术预见研究［D］．北京：中国人民解放军军事医学科学院．2007.

[10] 技术预测与国家关键技术选究组．中国技术前瞻报告一信息、生物和新材料［M］．北京：科学技术文献出版社，2004.

[11] 张银定．我国现代农业生物技术的发展和政策取向研究［D］．郑州：河南农业大

学. 2001.

[12] Adam K. Research into Biodiesel－Kinetics and Catalyst Development [D]. Australia: University of Queenland, 2002.

[13] 袁振宏，吴创之. 生物质能利用原理与技术 [M]. 北京：化学工业出版社，2004.

[14] 陈晨. 生物制造：器官移植供体来源的“潜力股”[Z]. 科学时报. 2008 年 4 月 28 日第 A04 版.

[15] 张立新. 现代生物技术管理的若干问题 [J]. 科学与管理，1999 (4)：24－25.

第二章　现代生物技术的特征

作为一项典型的新兴技术，现代生物技术不仅与传统技术有着显著的区别，与信息技术、航空航天技术等其他高技术相比也表现出突出的特征。深刻理解这些特征对于不断探索现代生物技术的管理规律和促进我国生物技术产业发展具有重要意义。本章首先对现代生物技术的内涵与外延进行剖析，在此基础上重点研究现代生物技术的技术特征、企业特征与创新特征，并分析其产业经济特征，进而归纳总结其管理特征。本章研究内容将是本书后续研究的分析基础和理论依据。

第一节　现代生物技术的内涵与外延

现代生物技术是以现代生命科学为基础，以DNA重组技术为核心，结合先进工程技术手段和其他基础学科的科学原理，按照预先设计改造生物体或加工生物原料，为人类生产出所需产品或产生某种功能的多学科相互渗透的高技术综合体系。这一概念包含的要点如下：

（1）现代生物技术所运用的科学规律来自分子生物学层面，其涉及细胞生物学、微生物学、免疫生物学、人体生理学、动物生理学、植物生理学、微生物生理学、生物化学、生物物理学、遗传学等现代生命科学体系中的众多学科。特别是以DNA双螺旋结构模型为基础的分子生物学使人类对生命奥秘的探索深入到分子水平，通过对生命基本物质DNA的活动方式的研究，从本质上揭示生命活动的规律。基因组学、蛋白质组学等研究成果则进一步深化了该科学体系。

（2）现代生物技术的标志是DNA体外重组技术（以下简称DNA重组或基因重组）。DNA重组通过对生命基本物质DNA进行有目的操作，使人类梦想已久的主动设计和控制生命活动进程变成现实，这是现代生物技术与传统生物技术（以酿造技术为标志）、近代生物技术（以微生物发酵技术为标志）的本质区别。在DNA重组技术产生以前，人们虽然也努力对生命活动进行干预，但是停留在染色体、细胞、组织和生物个体等水平上，因而不能从本源上实现对生命和遗传的操控。

（3）先进工程技术是指基因工程、蛋白质工程、细胞工程、酶工程和发酵工程这五大主体技术群，是应用于改造生物体或加工生物原料的技术手段。其中心是由围绕DNA重组技术发展起来的各种基因操作技术所组成的基因工程，基因工程不仅可将其中一些技术直接付诸商用（如采用基因扩增的PCR技术进行医学诊断），还催生了崭新的蛋白质工程，其与传统的细胞工程、酶工程和发酵工程等的结合，也促进了这些技术产生质的飞跃。

（4）其他基础学科指生命科学之外的诸如化学、化学工程学、数学、计算机科学、信息学、材料科学等，上述五大工程借助这些基础学科的原理并融合这些科学领域的技术，使现代生物技术的外延不断扩展，生物芯片、纳米生物技术、生物信息技术等外围技术群得以产生和不断发展，并日益在现代生物技术中扮演重要角色。

（5）改造生物体或加工生物原料是指现代生物技术造福人类的方式。改造生物体是指获得品质优良的动、植物或微生物品系；加工生物原料则指生物体的一部分或生物生长过程中产生的能利用的物质，如淀粉、纤维素、蛋白质等有机物，也包括一些无机化学品甚至矿石。

（6）为人类生产出所需产品或产生某种功能是现代生物技术造福人类的途径，也指明了现代生物技术的应用领域。生物技术产品包括粮食、药品、食品、化工原料、能源等各种产品；产生的某种功能则包括现代生物技术可用于疾病的预防、诊断与治疗，高端制造，食品安全检验，司法鉴定和刑侦，环境污染的监测和治理等。

第二节　现代生物技术的技术特征

根据上述对现代生物技术内涵与外延的分析，参考现代生物技术自身发展的进程与现状，我们将现代生物技术的技术特征归纳为以下几点。

一、庞大、复杂的高技术综合体系

信息技术是一个庞大的高技术群，但现代生物技术则是一个庞大的高技术综合体系。这个体系目前至少包括了前述的基因工程、蛋白质工程等五大主体技术群以及生物芯片、生物信息技术、纳米生物技术、生物技术服务等外围技术群，各技术群之间存在错综复杂的联系，是互相支撑、互相渗透的。例如，细胞工程和发酵工程可以看成是基因工程的产业化工程，通过基因工程获得的“工程细胞”和“工程菌”都必须通过细胞工程或发酵工程才能大规模产业化；基因工程催生了蛋白质工程，但反过来蛋白质工程又可以提高DNA重组的水平和针对性[①]；基因工程、发酵工程和蛋白质工程使一些原来很难提取的酶可以大批量生产并可大幅提高酶的稳定性和催化效率；生物芯片[②]在检测等方面为其他现代生物技术提供全方位的帮助，但它自身还依赖于生物信息技术、纳米生物技术等的支撑；等等。

同时，现代生物技术这个高技术综合体系中的每个技术群又都是由大量高技术组成的。仅以基因工程为例，除了包括DNA重组这一核心技术外，还包括转基因、直接酶切、PCR扩增、基因组文库、CDNA文库、DNA人工合成、DNA芯片等众多技术，使基因工程自身就成为一个复杂的技术体系。

二、技术通用性强、互相依赖

现代生物技术领域内存在许多通用性很强的关键共性技术，在不同的动、植物与微生物方面或在不同的技术领域内往往是通用的。现代生物技术体系虽然复杂，但起骨架作用的主要就是这类关键共性技术。例如，DNA重组是整个现代生物技术的上游技术平台，体细胞克隆技术是动物反应器、干细胞工程等必备的关键技术，生物信息学技术为所有现代生物技术提供基础数据支撑，等等。这类通用技术一旦开发成功，就可能促成多个领域内相关技术的集群式爆发，如果这类技术缺失，大规模发展现代生物技术就变成了一句空话。从国家层面来说，发展现代生物技术就是要在这些关键的共性技术上形成重点突破，以带动整个技术领域的发展。而对于企业来说，优先研发这类通用性强的

---

① 从技术原理看，蛋白质工程可以看成是基因工程的反向工程。其基本技术路径是从蛋白质的预期功能出发，设计期望的结构，合成目的基因且有效克隆表达或通过诱变、定向修饰和改造等一系列工序，合成新型优良蛋白质。

② 狭义的生物芯片是指包埋在固相载体（如硅片、玻璃和塑料等）上的高密度DNA、蛋白质、细胞等微阵列芯片，本研究中多次提及的DNA芯片就是生物芯片的一种。这些微阵列由生物活性物质以点阵的形式有序地固定在固相载体上形成，在一定的条件下进行生化反应，将反应结果用化学荧光法、酶标法、电化学法显示，然后用专用的生物芯片扫描仪或电子信号检测仪采集数据，最后通过专门的计算机软件进行数据分析。广义的生物芯片是指任何能对生物分子进行快速并行处理和分析的微型固体薄型器件。

关键共性技术，则可以在未来技术商业化的过程中保留广阔的选择空间，有利于提高研发柔性。

同时，现代生物技术体系内的各项技术之间是互相支撑、互相依赖的，绝大多数技术都必须与其他上下游相关技术结合才能实现最终的产品化（PCR技术等是特例）。以治疗性抗体技术为例，其上游需要DNA重组以获取抗体基因、需要基因芯片完成检测，中游需要细胞融合技术获得杂交瘤细胞、细胞筛选技术获得单克隆抗体细胞，下游还需要动物细胞大规模培养技术以大批量生产高质量抗体，任何一个环节的缺失都会限制技术的发展。又如，生物信息学技术与生物芯片技术之间就是互相促进的。

三、应用与理论几乎同步，科学与技术高度融合

科学理论转化为实际应用的步伐正在迅速加快，这一趋势在现代生物技术中表现得尤为明显，几乎现代生命科学领域内的每一项新的科学理论被提出或者某个科学规律被发现以后，都会被尝试付诸应用。例如，当1973年Boyer和Cohen完成人类历史上的第一次有目的的基因重组试验并提出“基因克隆”的思路后，人们就敏感地认识到对DNA进行重组的技术和基因克隆策略的重大作用和深远意义，并迅速在科学研究和基因工程中广泛应用；而在1997年，人的胚胎干细胞被首次培养成功，科学家提出“定制器官”救助生命的干细胞工程原理后，人们立刻将其应用于科研活动并取得了很多重要的研究成果，虽存在法律和政策等方面的约束，但看起来关于干细胞工程的研究和应用并没有出现步伐减缓的趋势，干细胞工程的发展表现出强劲的持续增长势头。类似案例在现代生物技术发展过程中不胜枚举，表现出显著的应用与理论同步的态势。

现代生物技术在理论向应用转化的过程中所表现出的另一个特征是，科学研究方法与技术出现高度融合。现代生命科学的很多科学原理可以被直接当作基本的工艺技术使用，特别是大量的实验室研究和操作方法被略加修正或原封不动地就能转化为生产技术，目前使用的转基因方法、DNA重组方法、动物克隆方法等实质上就是以前的实验室技术，这是现代生物技术的显著特征，预示着发展现代生物技术要从科学入手，要高度重视基础理论研究和实验室研究方法。而信息技术等其他技术领域内的技术路线是在科学原理的基础上开发出来的，实验室的操作技术与生产所需的技术之间一般都存在较大差异。

四、存在高度的资源依赖性，但对基础资源的需求量很小

DNA 重组和基因工程操作的主要对象是 DNA，这就决定了现代生物技术对基因资源存在高度依赖，如果缺乏所需的目的基因（确切地说是基因所携带的信息）就无法展开相关研究，控制了某种基因资源就相当于从源头上掌握了某一类技术和产品的开发。基因是从现有的生物体中“发现”而不是“创造”的，因此，理论上谁拥有生物资源，谁就有发展现代生物技术的基础。全球基因资源的分布是极不平衡的，生物多样性强的南半球发展中国家（还包括中国等北半球国家）拥有丰富的基因资源，在资金和技术方面占有优势的发达国家为了获得宝贵的基因资源不惜采取“基因偷猎”等手段，在全球范围内掀起了“基因争夺战”。

但单从理论的角度讲，开展现代生命科学研究和发展现代生物技术对某种特定基因的需求量却是非常小的，只要获得很少甚至只需 1 个目的基因，就可以通过基因克隆而获得无限多的相同基因并通过遗传长期拥有。这使得从技术层面防止基因偷猎变得非常困难，偷猎者以科学研究等合法途径为借口，只要获得少量目的基因即可达到拥有基因资源的目的。

五、发展阶段多、开发周期长

由于与人类的安全和健康密切相关，现代生物技术一般都要通过众多的发展阶段对技术产品的安全性和稳定性进行验证，技术在每个阶段都要严格达到一定的技术指标，这需要消耗相当长的时间，有些发展阶段的时间周期是很难因为技术的进步而缩短的（如在现有政府规制下的药品或疫苗的临床试验周期），从而使得现代生物技术的开发周期很长，技术向产品转化的速度很慢。以基因工程制药为例，要依次经历基因工程细胞（细菌）的构建、实验室小量生产、中试生产、临床前安全研究、申请和进行新药临床研究、获“新药证书”以及正式生产等多个阶段，而且其中的每个阶段还都可以细分为更多阶段，最后才能推出产品。技术的开发周期长达 8～15 年。如果开发新型酶制剂，由于必须要预先进行微生物安全性与毒性的评价，以获得法定机构认可，整个过程十分费时费事，开发周期会更漫长。即使开发生物芯片、基因测序等技术，也要经历很长的开发周期[1]。

六、发展空间巨大，并呈现长期加速发展的趋势

现代生物技术经历了惊人的高速发展过程，但其未来还有更广阔的发展空间，并呈现出长期加速发展的趋势，主要表现为：

首先，虽然自 1953 年 DNA 双螺旋结构模型被提出后，以分子生物学为代表的现代生命科学经历了突飞猛进的发展，但由于生命活动是如此神秘，生命科学还存在巨大的未知领域等待我们去探索。即使是目前发展得较成熟的基因组学，现在也只是初步完成了结构基因组学研究，意义更加重大的功能基因组学和比较基因组学等后续研究正在紧锣密鼓地进行，而对潜力更为巨大、数据更为丰富、结果更为复杂的蛋白质组学和代谢组学的研究还处在初期阶段。更多生命规律的揭示，将为现代生物技术的发展提供更多的科学支撑，极大地扩展技术的发展空间。

其次，前已论述，基因工程具有创造全新物种的能力，如果政府的法律和法规的限制被放松，社会文化系统的障碍被逾越，现代生物技术的发展重点可能转移到按照人类需要创造新物种上，创造出现代生物技术发展的全新空间。这个空间有多大，恐怕只能用无穷来回答。

再次，近年来现代生物技术与其他新兴技术领域融合的步伐明显加快，例如，与大数据（big data）、智能制造等领域的结合，大大拓展了技术的发展空间，也推动现代生物技术自身的加速发展。

最后，2000 年 6 月人类基因组计划（HGP）的基因测序基本完成以后，随着基因组学、蛋白质组学及干细胞研究的逐步深入，加之世界各国的高度重视，现代生物技术本身表现出强劲的加速发展势头，重大技术成果的推出数量和速度明显增加和加快，技术的深度和广度都获得了空前的拓展。可以预测，现代生物技术保持加速发展的趋势不会改变，必将促使现代生物技术在未来很长时间内都保持快速发展。

七、对社会影响深远

现代生物技术的根本技术路线是有目的的操纵生命活动进程，人为影响物种与遗传，因此现代生命科学和现代生物技术的飞速进步和其不断被拓展的应用，正在引发越来越多的法律、政治、经济、社会及伦理道德等方面的激烈争论。例如，基因克隆是否会危及人类的进化，是否应当鼓励人类胚胎干细胞研究，基因治疗是否可以授予专利，如何防止动物克隆技术的滥用，HGP 完成

后怎样对待可能出现的基因歧视和隐私保护，转基因食品是否安全，人为干预物种进化会不会影响生态平衡和造成环境污染，等等。随着现代生物技术的发展，在一段时间内类似争议只会越来越多。同时，现代生物技术的应用领域异常广泛，渗透到人类生活的方方面面，将从根本上改变传统的生产与消费、环境与发展、健康与长寿，甚至人与自然的关系等一系列观念。例如，转基因作物为世界范围内的温饱问题提供了根本性的解决方案；生物能源的开发将有希望解决日益严重的能源危机；以基因工程为主导的环境生物技术可以使人类在保持经济快速发展的同时与自然和谐相处；基因工程将彻底改变传统的药物蛋白与疫苗的生产方式，并带来疾病诊断与治疗的革命。而人类基因组计划的实现，有望攻克许多疑难病症的治疗难关，使人类的寿命大幅度提高，其规模和意义已远超曼哈顿原子弹计划和阿波罗登月计划。或许未来某一天，现代生命科学将最终揭开人类认知、思维与思想的奥秘，使人与自然真正融为一体。

总之，信息技术带来了人类信息沟通的革命，现代生物技术则可能从根本上改变人类的命运。

第三节　生物技术企业的特征

由于现代生物技术自身所具有的特征，生物技术企业也表现出与传统企业及信息技术企业等其他高技术企业明显不同的特征。需要指出，本书中的生物技术企业是特指那些从现代生物技术产品的研发和生产起步，专门致力于发展现代生物技术的一类特殊企业，而其他传统企业或高技术企业向现代生物技术领域渗透的过程中，其所表现出来的企业特征也可在一定程度上或相当程度上符合本节提到的生物技术企业的特征。必须承认的是，生物技术企业已经成为高技术产业中一道亮丽的风景线。例如，安进、基因泰克、昂飞、塞雷拉等公司，从无到有，在短短十数年内，就创造了不亚于网络神话的商业奇迹，我国的华大基因、百济神州等企业也正在创造着类似奇迹。但生物技术企业的发展有其自身的特殊规律，研究生物技术企业的特征，将为进一步研究生物技术企业发展、生物技术产业集群、产业的创新模式和创新网络等方面的问题奠定理论基础。通过对大量生物技术企业进行分析，笔者认为，生物技术企业具有如下突出特征。

一、"科学家+风险资本"模式起步

现实的产业发展情况显示，绝大多数生物技术公司都是由顶尖科学家利用其科研成果，借助风险投资创办的。从技术的角度看，这符合本书中所述的现代生物技术"科学和技术融合，应用与理论同步"的特征。顶尖科学家的研究成果是企业未来进行技术研发的坚实基础和最初的技术来源，科学家的学术素养和实验研究能力保证了企业研发活动能够顺利进行。而如果缺乏科学家的支撑，企业最初的研发活动将难以展开。笔者将这种现象定义为"科学家+风险资本"模式，将这种模式带来的创业活动称为"科学商业"[2]，而将由这种创业模式所衍生出来的企业称为"科学型企业"[3]。

美国的生物技术企业大都由科学家和风险资本联合创办。例如，基因泰克是由DNA重组技术的发现者之一、诺贝尔奖得主博耶和风险投资家斯旺森联手创建的；安进是由加利福尼亚大学旧金山分校的三位生物学家及风险投资家共同创办的；生物基因公司（Biogen）则是由诺贝尔奖得主吉尔伯特借助风险投资创办；等等。我国国内的生物技术企业的创建也同样遵循这一模式，如北大未名集团、深圳科兴生物制品有限公司的创办都离不开陈章良的学术地位，而百济神州的创始人王晓东是美国科学院院士、中国科学院外籍院士，联合创始人欧雷强（John Oyler）则是著名的创业家。

二、研发活动密集

虽然少数生物技术公司最终会发展壮大成集研发、生产和市场营销于一身的一体化公司，但事实上绝大多数生物技术公司穷其一生，其主要的任务就是不断研发创新性的技术和产品，因而生物技术企业研发活动非常密集，使得很多生物技术公司在其发展的中、前期，整个业务重点和运行模式非常接近大学和研究院所中的科研小组。生物技术企业研发活动密集这一特征，可以从企业的研发投入规模中略窥一斑：为了在现代生物技术竞争中保持领先优势，以及应对现代生物技术研发高失败率的风险，生物技术企业必须把大量的资金投入到基础研究领域和技术研发环节。例如，在美国等发达国家，生物技术企业研发上投入可以达到销售额的12%～15%，著名生物技术公司的研发投入占销售额的比重则在20%以上，对于纯粹的以研发为主的公司，研发投入比重就更大。例如，表2-1中所示的2005年全球排名前四位的生物技术制药公司中，虽然它们均已发展成大型的一体化核心制药公司，但其研发投入依然惊人，每年的研发投入都高达数亿美元甚至数十亿美元，研发投入占销售额的比重接近甚至超过 20%，其中生物基因公司的研发投入甚至达到其销售额的 46.1%。事实上，生物技术企业研发活动密集、研发强度高这一特征近年来愈加突出，如 2016 年的公开数据显示，百济神州每年运营费用中有超过 85%被投向了研发。

表 2-1 2005 年全球生物制药企业前四强销售收入

公司	销售收入（百万美元）	R&D 投入（百万美元）	R&D/销售收入（%）
安进（Amgen）	12020	2320	19.2
基因泰克（Genentech）	5490	1261	23
健赞（Genzyme）	2410	503	20.9
生物基因公司（Biogen）	1620	747	46.1

三、对高层次研发人才需求强烈、围绕科研机构聚集

由于研发活动密集，因而生物技术企业对研发人才需求十分强烈。美国生物技术产业的发展历程显示，只有拥有充裕的生命科学领域的博士、博士后、专家、教授等高层次研发人才方能满足企业研发的需要。这类人才是生物技术公司最宝贵的财富，也成为各公司竞相争夺的稀缺资源。例如，在著名的基因泰克公司内部，科学家被赋予无比崇高的地位，以支撑研发为王的公司战略，顶级科学家享有特殊待遇：薪水和副总裁一样高，但不用承担任何管理职能；他们的办公条件比公司总裁更好；工作方式和工作时间高度自由。又如，截至 2017 年 4 月，百济神州的 310 名员工中超过 200 名为科学家及临床医学专家。

对高层次研发人才的迫切需求，对科学研究的高度依赖，以及对基础理论研究成果进展的极端敏感，使得生物技术公司形成了围绕高水平科研机构集聚的特性，这有利于他们获得宝贵的研发人才和科学信息，密切与学术研究之间的交流，培养企业的技术能力。例如，旧金山“生物技术湾”、波士顿“基因城”、瑞士 Bioalps、德国 Bioriver 等地都是生物技术公司聚集的地方，而这些地区都拥有全球领先的大学和生命科学研究机构。特别是旧金山和波士顿，由加利福尼亚大学、斯坦福大学、加州理工学院、哈佛大学、麻省理工学院、波士顿大学、Mass 综合医院、Beth Israel Deaconess 医学中心、新英格兰医学中心等组成的学术研究圈孕育和吸引了上千家生物科技术公司。我国的北京、上

海等地，也是因为存在北京大学、复旦大学等著名的高等学府、高水平的医院和科研机构，从而衍生和吸引了我国大多数生物技术公司。

四、主要资产为智力资产

生物技术公司的实物资产（如厂房、生产线等）很少，企业拥有的资产主要是智力资产，而这恰恰又是由生物技术公司研发活动密集的特征所决定的。一般而言，生物技术公司的智力资产主要体现在四个方面：一是正在研究中的新知识和新技术；二是已经研发成功并获得的知识产权，主要是发明专利；三是公司所拥有的宝贵的高层研发人才；四是这类公司与大学、科研院所等纯学术研究机构在科学研究方面的紧密联系，这也成为他们克服研发过程中的困难和不确定性的有力保障，成为企业核心竞争优势、战略柔性和研发柔性的来源之一。

五、资金需求巨大

现代生物技术研发需要充足的资金投入作为保证。仅以生物技术制药为例，平均而言，研发一种生物技术药品需要投入的资金高达数亿美元，甚至十数亿美元。如果开展基因测序、功能基因组研究、蛋白质组研究等就更需要巨额资金投入。同时，除了研发过程所必需的资金投入外，生物技术公司还需要投入大量资金用于保护研发过程中所形成的专利等知识产权成果，这也是一笔不小的开支。例如，一家从事基因测序研究，拥有数千条基因专利的生物技术企业，其每年在世界各地申请专利和维持其专利权的支出就将是非常惊人的。这些特点决定了生物技术企业对资金的需求巨大，在企业发展的各个阶段都必须要充裕的资金来保证企业的生存和发展，并且随着企业的成长，资金需求也被迅速放大。笔者以生物技术制药企业为例归纳了其典型发展阶段和资金需求情况（如表 2-2 所示），以此说明生物技术企业的资金需求特点。

表 2-2　生物制药企业典型的发展阶段及资金

	初创期	发展初期	加速发展期	扩张期
发展周期	第 0-2 年	第 3-5 年	第 6-15 年	第 16 年后
业务重点	研究目标筛选，基础研究，新药成分的初期发现	首个新药的发现和开发	新药临床、审批及上市销售，生产设施与营销网络建设	持续研发起新药，进一步完善生产设施和营销网络，兼并扩张，业务领域扩展

续表

	初创期	发展初期	加速发展期	扩张期
资金需求量（每年）	100 万～200 万美元	500 万～1000 万美元	以亿美元计算	依公司发展战略而定，但至少以亿美元计算

注：表 2-2 中仅表示了生物技术制药企业典型的发展阶段、各阶段耗费的时间、业务重点及资金需求量的大概范围，不同的企业可能存在差异。

六、盈利模式存在特殊性

虽然会有少数生物技术公司发展壮大，最终将自己研发的技术产品推向商业化，但绝大多数生物技术企业的活动集中在研发环节，企业本身一般也不具备完善的生产设施和营销网络，因此主要是采取多种特殊的盈利手段来保证股东获得高额收益。笔者通过对国内外大量生物技术企业发展案例的研究和归纳，认为其常见的盈利模式主要包括：

（一）授权许可

将自己拥有的技术专利向外授权许可，以获得可观的授权许可费。例如，基因泰克在创建初期曾将其技术专利分别许可给礼来、霍夫曼-罗氏、国际矿产品和化学品公司、孟山都公司等多家企业使用，到 1978 年，仅 α 干扰素和胰岛素的许可权就各能为公司带来每年 500 万美元的收入。又如，生物基因公司创建初期通过将“干扰素”免疫系统蛋白质等技术许可给默克、史克、雅培、礼来等企业使用，获得的发展资金更多。

（二）里程金形式

利用自身的研究能力为其他企业承担合同研究，借以获得里程金形式的丰厚回报，还可能获得后续从其他企业生产销售的产品中分红的机会。比如，诺华（Novartis）公司与德国 Morphosys 公司于 2006 年签订十年合作协议，诺华将逐步支付给 Morphosys 公司总计 6 亿美元的里程金，Morphosys 公司还可以获得技术的特许权使用费和未来技术产品的销售分红。又如，Astex 公司与强生公司（Johnson & Johnson）于 2008 年共同研发纤维细胞生长因子受体（FGFR）抑制剂计划下抗癌新药，强生总计将支付给 Astex 公司 5 亿美元以上的里程金，同时双方将共有基于 FGFR 开发出的抗癌药品的美国市场销售权。

（三）技术转让

有些生物技术公司将自己研发成功的技术以一定的价格转让给其他公司，这种盈利模式比较简单，不再详述。

（四）企业溢价出售

大多数生物技术公司除了综合利用技术许可授权、合同研究、技术转让等途径获利外，通常在发展到一定阶段，在某些特定产品的研发上取得了较为显著的成果后，就将公司以较高的溢价出售获利，这已经成为生物技术公司比较通用的一种盈利模式，典型案例不计其数。比如，默克公司于 2006 年收购了位于旧金山的小型生物技术公司 Sirna，该公司仅有不到四年的发展历史，但由于它拥有基于 2006 年诺贝尔奖“RNA 干扰”理论的新药研究成果，这次收购金额达到 11 亿美元。又如，阿斯利康（Astrazeneca）于 2007 年并购了仅有两年发展历史的 Arrow 公司，虽然该公司一共只有不到 20 名员工，但由于拥有抗感染治疗技术，及 HC 和 RSV 两个处在临床阶段的候选药物，这次并购金额高达 1.5 亿美元。

第四节　现代生物技术的创新特征

现代生物技术在创新方面同样存在突出特征，而且这种特点与其他高技术产业的创新均不相同，归纳和挖掘这一特征对进一步分析现代生物技术管理的相关规律具有直接指导意义。总体来看，现代生物技术创新是专家型公司与核心公司共同驱动的，这两类公司具有明显不同的特征，我们将这种模式称为“接力创新”[4]。由于现代生物技术体系庞大而复杂，本节我们主要基于当前发展的最为成熟的生物制药技术，分析现代生物技术的“接力创新”模式。

一、专家型公司与核心公司

（一）专家型公司

专家型公司是建立在科学研究的基础上，专注于分子生物学研究和现代生物技术研发前端的小型生物技术企业。专家型公司是典型的科学型企业，更严格地说，应该属于典型的完全科学型企业。“专家”一词在这里有双重含义：一是指这类公司大都由纯科学工作者创办，是“科学家和风险资本结合的产物[5]”；二是指这类公司专门从事生物制药创新前端的基础研究和实验室研究工作，从业务重点和运行模式看，非常类似于大学和科研院所里的科研小组。

专家型公司主要有三个来源：一是大学和公共研究机构的科学家利用其研究成果借助风险投资创办的；二是大型生物技术企业内的杰出人士自主创业的结果，美国生物制药巨头安进公司（Amgen）的一个创始人离开安进后就先后创办了两家公司，全球第一家生物制药公司——基因泰克（Genentech）的科学家也创办了很多小型生物技术公司；三是孵化（spin-off）的结果，即大型生物技术公司针对特定技术领域构建的子公司，如著名的健赞公司（Genzyme）就孵化了很多与基因工程制药有关的企业。后两类公司一般也要邀请著名科学家加盟，以吸引风险投资。一般而言，专家型公司普遍具有如下鲜明特征：

（1）基础研究能力出众，与大学、研究院所等纯学术机构联系密切、风格相近，代表和反映了科学和技术发展的新方向，也造成了他们围绕学术研究机构集聚的特性。

（2）规模小（甚至只有几个人），组织结构和思维灵活，在创造性、敏捷性和成长性方面具有突出优势，是现代生物技术创新所需的新知识、新技术的主要来源。

（3）一般而言，除研发能力外，其他方面的企业能力存在不足，如有的小型生物技术公司甚至没有专门的财务部门。

（4）通常不具备将新技术推向产品化的能力，盈利模式主要是将研究成果向外转让或授权许可，或为其他公司承担合同研究，或者在合适时机将公司溢价出售。

需要指出，专家型公司通常强调自己是“生物技术研究公司”，而非“生物制药公司”。现代生物技术的通用性很强，越接近基础研究越具有平台技术的性质[6]。专家型公司定位于现代生物技术研发前端的基础研究，可以“充分利用平台技术应用广泛的特点，很好地应对技术创新过程中的高度不确定性”。

（二）核心公司

核心公司是在新药的研发、生产、营销等方面具备综合组织能力的大型一体化公司，主要有两种类型：一类是向生物制药转型或渗透的传统制药公司，如礼来（Eli Lilly）、辉瑞（Pfizer）、雅培（Abbott Laboratories）、罗氏（Roching Holding）等医药巨头；另一类是纯粹的生物制药公司，即少数专家型公司由于具有更强的融资能力、更高的管理水平以及采取了“研－产－销”一体化发展战略，成长为大型的一体化核心公司，安进公司就是这方面的代表。归纳起来，核心公司普遍具有如下特征：

（1）在资金、研发、生产、营销和管理等方面具备综合能力，主要依靠将新技术推向商品化而赢利。

（2）熟悉新药开发管理全过程，在大规模临床试验、从政府主管部门获得审批许可的经验等方面具有突出的能力和优势。

（3）规模庞大，灵活性和创造性相对于专家型公司较差，容易犯“大企业病”，其内部环境对于不断探索新知识和产生新的研发创意可能会有局限作用，其中的传统制药公司在分子生物学知识方面存在明显不足。

三、生物制药产业中两类公司的“接力创新”

大量实际案例显示，生物制药创新是专家型公司与核心公司合作的结果，但这种合作不是简单的合作创新，而具有突出的“接力”性质。专家型公司一般完成生物技术药品研发前端的初期发现、实验室研究和中试等环节，而核心公司“接力”承担后端的生产、营销等商业化任务，至于新药的临床前研究、临床试验和审批等环节具体由哪类公司承担，要依据实际情况而定。我们将这种独特模式称为生物制药产业中的“接力创新”。

成功的生物技术药品大都是专家型公司与核心公司“接力创新”的结果，近年来大型制药公司与小型生物技术公司之间汹涌的并购和结盟浪潮就是这种模式的真实写照。例如，默克（Merck）以 11 亿美元收购小型生物技术公司 SIRNA，目的是为从该公司得到基于“RNA 干扰”理论的新药研究成果；罗氏以 1.55 亿美元收购只有两年历史的 454 公司，是为获得下一代基因测序技术；阿斯利康（Astrazeneca）以 1.5 亿美元并购只有数十人的 Arrow 公司，是为获得抗感染治疗技术及 HC 和 RSV 两个处在临床阶段的候选药物；安进以 3 亿美元和 4.2 亿美元收购 Alatos 公司和 Ilypsa 公司，则是为获得治疗 II 型糖尿病的一个候选新药与骨性关节炎的药物平台，以及治疗高磷血症的一个候选新药；诺华（Novartis）逐步支付 6 亿美元里程金与 Morphosys 公司签订十年合作协议，目的是针对多种靶标研制及优化抗体，诺华获得潜在产品的开发权；葛兰素史克（GSK）逐步支付 17.7 亿美元里程金与 Mpex 公司就处于研究阶段的 EPI 药物及创新疗法签订合作协议，Mpex 承担候选药物开发，完成联合用药的临床研究，GSK 则获得相关产品的独家开发权和全球销售权。如此案例，不胜枚举。

我们将结合图 2-1 中归纳的生物制药创新过程分析“接力创新”的原因。

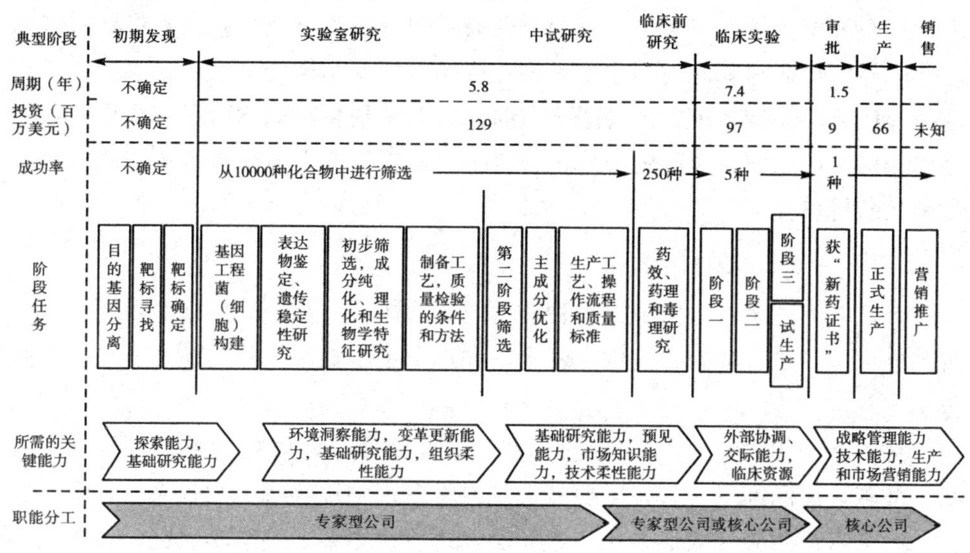

图 2—1　生物制药创新的典型发展阶段与“接力创新”

（一）风险、速度和效率的要求

生物制药创新面临极高不确定性，越接近创新链前端，不确定性越高。平均而言，开发一项生物技术药品，在实验室研究和中试阶段需要筛选超过10000种化合物，其中只有大约250种能够进入临床前研究，之后能够进入临床试验的仅有5种，最终能够通过审批“幸存”下来进入商业化的则仅有一种，至于初期发现阶段的成功率则根本是不确定的。与这种高失败率相伴的却是惊人的投资和漫长的开发周期，即使不考虑投资和时间完全不确定的初期发现阶段，整个开发周期也将长达8～15年，投资以亿美元为单位计算，而这还不包括为建造高标准的GMP车间及营销网络的投资。任何一家企业独自承担生物制药创新全过程的任务，其难度都是很高的，一旦在某个环节失败，前期的巨大投入就可能付诸东流。退一步说，由于初期发现阶段要对海量的目的基因和药物靶标进行筛选、确认，实验室研究和中试还要对上万种化合物进行优选，即使一家企业能够独立完成整个过程，其速度和效率也将是极低的。

“接力创新”则可以很好应对上述问题：其一，前端的初期发现和实验室研究是很多专家型公司以并行工程的方式共同完成的，这就分摊了高额投入，并将个别公司研究失败对整个创新活动成功的影响降至最低，整体上提高了创新成功率；其二，分工使专家型公司在知识和技能上更加专业化（如专门从事目的基因分离、高通量筛选等），显著提高创新速度和创新资源配置效率；其三，核心公司从较多专家型公司的研究成果中选择最合适的新技术将其付诸商业化，可以将资源和能力集中于不确定性相对较低、但资金投入较大的生产和营销等环节，使创新风险大为降低，而专家型公司将有前途的研究成果向核心公司转移，可以取得较高的溢价，获得丰厚回报，符合风险投资追求高风险和高利润的特点。

（二）企业能力的约束

企业能力理论认为企业是各种能力的集合体。生物制药创新对企业能力的苛刻要求是“接力创新”的内在动力，并划定了专家型公司与核心公司的职能分工。

从图 2-1 可见，生物制药创新是一个行动目标从模糊到具体、行动范围从发散到聚焦的渐进过程，需要从大量科学发现中逐步排查和筛选，最终形成具体的技术产品并完成商业化。在初期发现阶段主要是纯科学研究，力图从海量基因中发现目的基因和药物靶标，为发展新产品奠定基础，关键需要“探索能力[7]”和基础研究能力；实验室研究阶段主攻方向有所明确，开始根据目的靶标寻找备选化合物，但该阶段仍以基础研究为主，并针对研究进展对研发决策和组织进行灵活调整，因此环境洞察能力、变革更新能力、组织柔性能力、基础研究能力是所需关键能力；在中试和临床前研究阶段，逐步向具体的产品过渡，开始同市场联系起来，但仍需根据环境变化和中试进展对技术进行筛选和调整，因此需要“预见能力、市场知识能力[8]”、技术柔性能力和基础研究能力；进入临床研究后，虽然还要从多个产品中筛选，但技术已经定型，市场主攻方向明确，关键是如何组织临床并通过主管部门的审批，特别需要临床资源网络以及与药品监督管理部门协调的能力；而在最终的生产和营销环节，技术产品及其市场定位已经无法变动，需要运营能力将新药顺利推向市场，完成创新的实现过程，因此这一阶段主要需要战略管理能力、技术能力、生产能力和市场营销能力。

一家公司很难拥有开发生物技术药品所必需的全部能力，但专家型公司与核心公司二者所拥有的优势能力具有明显的异质性和互补性。专家型公司专注于科学研究，规模小、组织灵活，在探索能力、基础研究能力、环境洞察能力、变革更新能力、组织柔性能力以及技术柔性能力（由其开发的平台技术特征所决定）等方面具有明显优势；核心公司的资金实力和运营能力强大，管理水平高，在市场预见、临床、外部协调交际、战略管理、生产以及营销等方面能力突出，两类公司结合可以很好满足生物制药创新对企业能力的要求。

（三）两类公司的接力模式

生物制药创新依赖于专家型公司与核心公司接力合作，而由于公司的战略目标不同，“接力”的时机和方式也不尽相同，从专家型公司的角度归纳起来主要包括如下典型模式。

1. 平台技术转让

这种接力模式主要发生在实验室研究或中试阶段。这时专家型公司已经在基础研究上取得了一定成果，但其主要是平台技术，市场应用方向还不明确。购买平台技术的主要是渴望提高基础研究能力的传统制药公司，对平台技术进一步开发，还可能开发出多种有前途的新药产品。购买平台技术代价高昂，并且由于自身能力的局限，对平台技术进一步开发能否成功对传统制药公司来说依然是不确定的。这种合作方式在生物制药产业发展初期很常见，基因泰克、奇龙（Chiron）、生物基因公司（Biogen）等著名生物制药企业在发展初期都大举开发平台技术，然后向传统制药公司授权或转让，而礼来、默克、雅培等公司确实利用这些平台技术获得了成功。

2. 整体出售

专家型公司的整体出售一般发生在临床前研究到临床阶段，这时专家型公司已经在特定药品的研究上取得了明确的阶段性成果，研发失败的风险大幅降低，但资金需求急剧放大，仅凭专家型公司自身已经无力为继，因此通常将公司整体高价出售给核心公司。并且专家型公司的投资者，尤其是风险投资乐于促成这样的双赢交易，获取高额利润。核心公司也可以获得更多好处：一是可以填补公司的新产品研发管道的空缺；二是可以将专家型公司的研究团队和开发平台一起购买过来，有利于提高自身的基础研究能力。前述的生物制药产业内的并购案例已经证明了这一点，不再例举。

3. 合同研究

核心公司以合同形式委托专家型公司为其完成药品的定向开发，并根据研究进展过程中各关键阶段的研究成果向专家型公司支付里程金，有时在合同完成后再支付一笔技术许可费，而专家型公司除了获得里程金，通常还可以获得在未来依据产品的销售额或利润提成的权利。这种模式在实验室研究、中试、临床前研究等阶段都得到了广泛应用，它可以很好地弥补传统制药公司在分子生物学知识方面的不足，也可以帮助生物制药公司跨越不同领域的知识壁垒。由于是以分阶段的里程金形式支付研发投入，也有利于核心公司规避研发失败的风险，而专家型公司则获得了宝贵的发展资金。合同研究在生物制药创新中应用广泛，除前述举例外，世界上第一种基因工程疫苗就是奇龙公司早期为默克公司合同研究的，默克公司完成了临床、审批和商业化。

4. 市场共同开发

这种方式发生在新药顺利通过了临床试验后的商业化阶段。特别是一些新药获得了罕用药品授权。罕用药品地位的获得会激发专家型公司的雄心壮志并提升其影响力，吸引大量资金注入，因此他们一般不会轻易将技术或公司出售，而是努力将技术推向商业化。专家型公司通常会寻求与核心公司合作，以克服生产和营销能力不足的障碍。由于新药证书是制药企业的生命线，因此这时专家型公司具有较强的谈判能力，在具体的合作过程中，可以综合运用授权许可、组建合资公司等多种手段。例如，安进在商品化促红细胞生长素（EPO）时，与麒麟啤酒株式会社（Kirin Breway）共同投资组建合资企业，授权强生在美国针对与血液透析不相关的贫血症、在欧洲针对其所有用途销售EPO；在商品化重组粒细胞集落刺激因子（G-CSF）时，安进将日本和中国的生产销售权授权给麒麟啤酒，又将欧洲大多数国家的销售权（不包括生产）整体许可给罗氏公司等就属于这种情况。

能够采用市场共同开发这种合作方式的专家型公司只占少数，而且已经不是严格意义上的“专家型公司”，因为通过前期的发展，他们已经形成了一定的综合组织能力，如果能顺利完成新药商品化，就将成长为成功的一体化核心公司。安进、基因泰克等生物制药巨头都是通过将新药推向商品化完成了从专家型公司向核心公司的蜕变。

第五节　现代生物技术的产业经济特征

在现代生物技术的推动下，生物技术产业也表现出与信息技术等其他高技术产业明显不同的特征，主要包括如下方面。

一、高技术、高投入、高风险和高收益并存

高技术主要表现为不仅对生产设备、生产环境的要求高，其产业化所需的技术水平也高，还表现为对参与者的素质要求非常高。现代生物产业是典型的智力密集型产业，需要大量同时具备深厚理论基础和扎实实验室操作技能的研发人才，一般只有研究生毕业且具有至少5年以上实验室工作经验才能胜任某项现代生物技术的某个环节的技术研发工作。

高投入主要表现在三个方面：一是现代生物技术产品前期的研究开发周期

长、阶段多、每一阶段所需的研究开发费用都很惊人，如开发一项基因工程药物的开发费用将高达 5～10 亿美元甚至更多；二是现代生物产业的研发投入比例远高于信息技术产业等其他产业。为了在现代生物技术竞争中保持领先优势，以及应对现代生物技术研发高失败率的风险，企业必须把大量的资金投入到基础领域研究和技术研发环节，在美国等发达国家，现代生物技术企业在研发上的投入可以达到销售额的 12%～15%，著名生物技术公司的研发投入占销售额的比重则在 20%以上，对于纯粹的以研发为主的公司，研发投入比重更大；三是为了生产需要，还必须投入相当大的资金建造满足 GMP 要求与生物制品安全规范的洁净厂房及其他生产设施，这也是一笔很高的沉淀成本。

高风险主要来自两个方面，一是研发失败的风险，即在现代生物技术研发的过程中，每个环节的成功率都很低，一旦在某个环节失败，之前的巨额投入很可能就将全部付之东流，从而带来很高的沉淀成本风险；二是市场风险，即开发出来的现代生物技术产品或者是适应面不够广泛、市场容量太小，或者产品寿命周期太短，导致投资难以收回，或者是受到公众抵制或法律的限制，或者是由其他原因而导致其市场无法被迅速打开。

高收益主要表现为生物技术产业是一个高利润高回报的产业，虽然面临着高投入和高风险，但现代生物产业的行业利润率却是惊人的。据有关测算，生物技术产业的投资利润率可达到 17.6%，是信息产业的 8.1%的两倍，也远高于 7%的计算机制造业，是附加值最高的高技术产业。对企业而言，现代生物技术产品一旦开发成功将会给企业带来高额利润，如美国马萨诸塞州一家基因治疗公司，将它开发的幽门螺杆菌的基因序列图卖给瑞典制药大王阿斯特拉公司，售价高达 2200 万美元，这个交易价格在生物技术产业内算是较低的，与人类基因组计划相关的每项基因功能专利，价值都需要以亿美元为单位计算。

二、具有很强的资源依赖性和很高的产业集中度

在现代生物技术的技术特征中已经论述，现代生物技术具有极强的基因资源依赖性，如果不能获得所需的目的基因就无法展开相关研究，自然也就无法形成产品和产业，同时很多现代生物技术的应用还受到地域和地理等方面因素的限制，没有相关的资源，技术就没有用武之地，这些原因使得生物技术产业也具有极强的资源依赖性，这为生物资源特别丰富、技术和经济基础相对较差的发展中国家或地区带来了机遇。以色列、巴西、古巴等少数生物技术实力并不很强的国家，集中力量优先发展某些优势现代生物技术产业，取得了成功。

同时生物技术产业还呈现很高的产业集中度，主要表现为：

一是少数发达国家在全球生物技术产品市场中占有绝对比重，处于产业主导地位。2002年，全球生物技术公司总数已达4362家，销售总额约为413亿美元，其中生物技术公司主要集中在欧美，占全球总数的76%，欧美公司的销售额占全球生物技术公司销售额的93%，而亚太地区的销售额仅占全球的3%左右。虽然近年来以中国、印度等为代表的发展中国家生物技术产业发展迅猛，但少数发达国家占据生物技术产业主体的局面并未得到明显改观。美国是生物技术产业的龙头，遥遥领先其他国家，美国生物技术企业开发的产品和市场销售额均占全球的70%以上。

二是生物技术产业具有很强的产业聚集性，主要集中于生物资源丰富、科技人才聚集和产业基础、创业环境较好的地区，这与现代生物技术具有资源依赖性强、高技术、高投入、高风险并存等特征是密不可分的。在生物技术产业迅猛发展的浪潮推动下，经过多年的发展和市场竞争，加上政府不失时机地加以引导，许多发达国家在技术、人才、资金密集的区域，已逐步形成了生物产业聚集区，美国已形成了旧金山、波士顿、华盛顿、北卡、圣迭戈等五大生物技术产业区，其中硅谷生物技术产业从业人员占美国生物技术产业从业人员的一半以上，销售收入占美国生物产业的57%，R&D投入占59%，其销售额每年以近40%的速度增长；除美国外，英国的剑桥基因组园、法国巴黎南郊的基因谷、德国的生物技术示范区、印度班加罗尔生物园等，聚集了包括生物技术公司、研究机构、技术转移中心、银行、投资、服务等在内的大量机构，提供了大量的就业机会和大部分产值。这些生物技术产业集群已在这些国家和地区产业结构中崭露头角，对扩大产业规模、增强产业竞争力做出了重要贡献。同样，在我国现代生物技术产业则主要集中于上海、广东和北京等地，三省市现代生物技术企业总数占全国的50%以上，呈现很高的产业集中度。进一步分析发现，由于现代生物技术产业对科学研究的依赖性，引致现代生物技术企业与科技园区、大学之间距离相近的特征。事实上，我国近年来迅速崛起的众多生物技术企业，主要诞生和分布于高新技术产业开发区，或由大学科技园区孵化而成。

三、单个产品的垄断性很强，但是垄断整个产业很难

总体来说，信息技术产业由于技术标准效应的存在，已经被各大主导的大型企业或企业联盟所瓜分和垄断，行业外企业或后发国家理论上还存在进行技术追赶或实现技术超越的可能，但由于森严的技术标准壁垒的存在，实际难度非常大。而生物技术产业则不同。从技术角度看，现代生物技术具有高度的基

因资源依赖性，而发展现代生物技术所必需的基础基因资源具有不可再生性，因为全世界的动植物、微生物基因资源的总量是恒定的，因此，只要从源头上控制了某种基因，实际上就是控制了与该基因相关的技术和产品的开发，这时候关于基因功能的知识产权保护已经显得不是那么重要了。即使不能控制基因资源，现代生物技术产品一般都是针对特定细分市场开发的（如基因工程药品一般都专门针对特定的疾病，被称为“药物导弹”），产品的替代性较差，竞争技术和竞争产品的开发也需要较长的周期，这些技术特点使得在生物技术企业容易形成对某种产品的长期垄断，很多小企业就是利用一种性能独特的产品在生物技术产业内站稳脚跟的。

但是像信息技术产业那样，由少数几家大企业或企业联盟垄断整个产业的状况在生物技术产业内很难出现，网络产业“赢者通吃”的现象不会出现，因为一家企业不可能垄断与某一产业相关的所有基因资源。以人类基因组计划为例，与基因药物和治疗诊断相关的数以万计的大量基因广泛地分布在世界各地，没有企业乃至国家能够将它们完全拥有。同时，在现代生物技术领域内关于基因功能的研究还处在起步阶段，基因的全部功能以及由基因所编码的蛋白质的功能的研究还很不充分，目前还不存在哪家企业能够将基因错综复杂的功能全部掌握，这就为后来者留下了发展的巨大空间。另外，现代生物技术的领域十分宽泛，并且其边际还处在动态扩展的过程之中，产品的多样性很强，因而在现代生物技术的某个产业建立垄断优势，如垄断整个生物芯片产业、垄断整个乳腺动物反应器产业等，简直是天方夜谭。生物技术产业的这个特征为产业后来者与后发国家留下了广阔的发展空间。

四、产业覆盖面极其广泛，发展速度惊人，将长期加速发展

现代生物技术的应用覆盖医药卫生、医疗诊断、食品与包装、种植业与畜牧业、能源工业、化学工业、冶金工业、环境保护、海洋生物等诸多方面，几乎涉及人类生活的方方面面。当前现代生物产业主要集中于生物技术制药和生物技术农业，随着现代生物技术的外延不断扩展，产业的覆盖面还会不断扩大。同时，现代生物产业经历了惊人的高速发展过程，其发展速度之快让人惊讶。正如业界的观点认为，建筑、汽车、化工等传统产业呈等差增长，信息产业呈等比增长，而现代生物产业则呈指数增长。人类基因组技术被开发后，由于现代生物技术自身正在呈现加速发展的趋势，加之世界各国纷纷将发展现代生物技术产业提升到国家战略高度，对其投以巨资，促使生物技术产业呈现加速发展的趋势。在风险资本市场上，自 21 世纪开始，随着网络泡沫泛起以及

现代生物技术自身趋于成熟，在生物技术产业领域出现了金融资本的回归。安进等生物技术公司进入美国《财富》杂志500强大公司，标志着现代生物技术产业迅猛发展的开始。可以预见的是，在科学突破、技术发展和大量投资的推动下，生物技术产业必将保持长期加速发展的趋势，而且很有可能随着技术的发展，发展的加速度会越来越快。

五、盈利主要来自产品的高额利润

互联网造就了许许多多的商业神话，类似于亚马孙、思科、谷歌、Facebook之类短时间内迅速崛起的企业层出不穷，但客观地说，很多在信息技术领域内闻名遐迩的企业其本身是亏损的，很多互联网技术公司依靠的是资本运作。然而，生物技术产业却不然，它不会出现一夜暴富的现象。虽然也曾经出现过像基因治疗公司因绘制出了一组人类染色体基因组蛋白相互作用图谱而股价大升，在几个月内股价从5美元升至179美元这样的神话，但生物技术公司主要是靠其产品产生的高额利润来获取盈利。而在所有产业中，生物技术产业的利润率是最高的。曾有资料显示，在2006年世界500强企业中排名前十位的制药公司的总利润，相当于其他490家企业的利润总和。

六、催生了全新的产业格局和企业形式

传统产业的格局是由少数大型跨国公司主导的，如汽车工业、化学工业等就是如此，主导信息产业发展的也是大型企业或企业联盟的，如微软与英特尔的联盟几乎垄断了计算机业，高通、GSM联盟等左右着移动通信产业的发展。在生物技术产业中，大型跨国公司虽然依然在产业化的过程中扮演重要角色，但整个产业的技术发展方向却是由新兴的小型研发企业所主导的（我们前述所称的专家型公司）。专家型公司致力于研发，是生物技术产业的主要技术来源。例如，在生物制药的发展早期，奇龙公司、基因泰克公司等就为默克、诺华、辉瑞等大型制药企业提供了必要的产业化技术，而这些专家型公司自身也在不断发展壮大，并日渐成为生物技术产业发展的主力。

生物技术产业的这种产业格局催生了很多新型的企业形式。开发型的生物技术公司猛增，“委托研究机构”（CRO）在生物技术产业的技术发展中开始扮演重要角色，形成了“研发外包”的产业形式。专门在各国大医药和化学公司、大学和研究机构之间进行新成果转让的技术转让经营公司也逐渐兴起，还出现了一些新成立的专门利用现代生物技术生产某些专门产品的小公司，并且

这些小公司之间越来越走向互相依赖与合作。

七、具有突出的规模经济性与范围经济性

生物技术产业具有突出的规模经济性与范围经济性特征，这点在目前发展得最成熟的生物制药行业表现得最为明显。为了分摊技术研发的巨大投入，为了建立全球性的生产与销售网络、最大限度降低成本，也为了获取新药或是直接掌握新技术，生物技术公司之间、生物技术公司与大型制药企业之间在全球范围内的兼并重组非常活跃，以此追求生产上的规模经济和地理与技术方面的范围经济来获取高额利润。例如，英国葛兰素威康公司和史克必成公司于2000年合并成立葛兰素－史克公司，美国华纳朗勃特公司和Agouron制药公司、强生公司和Centocor公司并购案，等等。又如，葛兰素－史克公司于2007年完成对Reliant药业公司的收购，收购价为16.5亿美元，瑞士制药巨头罗氏公司于2008年以437亿美元实现了对基因泰克的全部收购。全球范围内生物医药行业的并购和重组热潮，大大提高了发达国家及跨国公司抢占市场、垄断技术、获取超额利润的能力。

八、战略性技术联盟成为生物技术产业发展的成功模式

由于现代生物技术高投入、高风险以及技术体系复杂、技术发展变化快的特点，运用战略性的技术联盟和创新合作网络成为生物技术产业发展的成功模式。目前这种趋势主要体现在生物技术制药方面。新药发现是一项整合分子生物学、基因组学、蛋白质组学、系统生物学知识和技术的复杂的系统工程，前期投资巨大，风险也很大，需要跨国制药巨头公司之间、生物技术公司和制药公司之间结盟并联合进行投资。据资料反映，2000年被批准的生物技术药物中有一半是通过合作的方式研制成功的。这种加强合作的趋势主要表现在：一是战略同盟促成现代生物技术向产业化转化。由于大部分现代生物技术产品及生产技术掌握在新兴的专家型公司手中，为保持新药开发的持续性，几乎所有的制药企业都与专家型公司结成战略联盟，由这些技术力量雄厚的专家型小生物技术公司进行技术开发与创新，通过合作开发，获得生物技术药品的生产技术或生产权，这种模式成功促进了生物医药产业的良性发展。二是创新药品开发采用委托外包策略。为了缩短创新药品开发时间，近几年许多生物技术公司和制药公司开始和一些小型的专业研发公司结成技术联盟，将技术性强的研究开发内容，分包给具有研究实力的小型公司完成。据Center Watch公司统计，

目前CRO公司已承担了美国市场将近1/3的新型药物开发的组织工作。CRO已经成为制药企业产业链的重要一环，正以其低成本、专业化和高效率的运作方式，受到生物技术及制药公司的高度重视。

第六节　现代生物技术的管理特征

现代生物技术产业被称为永远不落的“朝阳产业”，是整个生物技术领域最前沿、最活跃、发展最快的部分。但是，为发展现代生物技术所做的努力能否带来最终的成功却面临着诸多不确定性，它不单纯是技术问题，同样还有管理问题。但从文献检索结果看，现代生物技术在管理上具有哪些明显的特点，目前系统性的总结还不多，它与信息技术在管理上有哪些明显差异，尚无专门的研究。而管理现代生物技术所需的思维、方法与技巧，恰恰建立在对其所具备的管理特征的深刻理解上，因此，研究现代生物技术的管理特征对于现代生物技术管理来说是一个基础性问题，对我国加快发展现代生物技术具有重要意义。通过对主流现代生物技术的深入分析，并与信息技术、航天航空技术等其他高技术相比较，我们将现代生物技术的管理特征归纳如下。

一、高度的不确定性

现代生物技术具有高度不确定性的本质特征，其不确定性主要包括：

（一）科学基础存在巨大的不确定性与高度的复杂性

现代生物技术建立在以分子生物学为核心的现代生命科学体系之上[9]，同时，还充分吸收、借助了化学、化学工程学、数学、计算机学、信息学、材料学等其他基础学科的科学原理和技术，并越来越依赖于这些学科提供的支撑。由于涉及众多基础学科和应用学科最新科学发展的支撑，就大大增加了技术上的不确定性。以生物芯片技术为例，它融合了核酸化学、蛋白质化学、生物信息学、微机电技术以及光化学、电化学等多种学科和技术，技术难度大，要求的技术水平也很高。尽管生物芯片是21世纪最令人兴奋的高技术领域之一，但其广泛应用还须解决一系列不确定性极高的技术问题[10]。DNA诊断、基因治疗等其他现代生物技术也同样具有这样的明显特征。

（二）开发国外市场面临特殊困难

DNA重组打破了物种之间的界限，可以使原核生物与真核生物之间、动物与植物之间的遗传信息进行相互重组和表达，因而受不同国家的法律、观念、舆论、心理、伦理、宗教和消费习惯等多种因素的影响，现代生物技术产品在研制成功后很难在全球市场迅速展开，而且在没有当地政府或企业帮助的情况下，有些产品甚至很难进入某些特定市场。

（三）宏观环境不确定性高

现代生物技术的研究与应用直接与包括人类在内的所有生物的安全、遗传和进化相关，同时它又是一个相对较新的技术领域，现代生物技术产品被采用之后到底会对人类自身和社会产生什么样的影响，目前的科学技术水平还难以完全准确地对其预测。因此，现代生物技术在发展中遭遇的宏观环境不确定性要比其他高技术大得多，社会观念、伦理道德、法律法规等因素都在影响着现代生物技术的发展。以动物克隆技术为例，虽然克隆动物、器官从技术角度看潜力巨大，可行性也已经很高，但在各国法律法规放开以前，相关产品进入市场的可能性几乎为零。

值得注意的是，与信息技术等相比，现代生物技术的发展周期特别长，在技术发展过程中相关不确定因素可能会发生变化，这大大增加了决策的难度，一项看似没有前途的技术，可能不久又会面临峰回路转的机会，如试管婴儿技术最初也面临着法律和伦理道德的限制，经过了很长时间后其限制却得到了意想不到的解除，从而蓬勃发展起来。

二、发展阶段多、开发周期长

前以论述，现代生物技术一般要通过较多的发展阶段对技术产品的安全性和稳定性进行验证，在每个阶段都要严格达到一定的技术指标，这需要消耗相当长的时间，有些发展阶段的时间周期是很难因为技术进步而缩短的（如在现有政府规制下药品和疫苗的临床试验周期），从而使得现代生物技术表现出开发周期特别长的显著特征。

这一特征需要引起管理者的密切关注，发展阶段多意味着在发展现代生物技术的过程中，企业掌握了大量的实物期权，而开发周期长，则意味着现代生物技术研发面临着更大的环境不确定性，因为在研发过程中，外部环境有可能发生变化，而这是难以预测的，也是一家企业所不能主导的。这一特征决定了在现代生物技术管理中，对期权思维和实物期权方法、情景规划等未来环境的预见和分析方法的应用必须高度重视。

三、高投入、高风险与高回报并存

现代生物技术在研发初期就需要巨额资金，其后的每一个环节都需要雄厚的资金作保证。以生物技术制药为例，美国一项统计表明，平均而言，研制一种新药，发现和开发阶段需要1.29亿美元，临床试验需要9700万美元，接着还需要900万美元用于药品审批[2]。

同时，现代生物技术的成功概率却很低，风险很大。据统计，美国国家卫生研究院及美国制药界每年投入近600亿美元用于现代生物技术的研发，而成功率却只有4%左右。美国药物研究与制造业协会的评估结果显示，每5000个新发现并经动物实验验证（临床前实验）的化合物当中，仅有大约5个能够顺利进入人体试验，而其中仅有1个能够最终获准上市[11]。在众多风险中，除了明显的技术风险与市场风险之外，现代生物技术还面临很高的政策风险和伦理风险，因为各国政府对现代生物技术的研究和应用都严格控制，所以技术的前景不仅要符合市场规律，还要受到相关政策的影响和伦理道德的约束。

但现代生物技术一旦成功，却可以给企业带来惊人回报：第一，现代生物技术产品商业化成功后可以带来巨大的市场价值和商业利润。例如，Amgen公司的促红细胞生长素（EPO），从1989年投入市场以来，已经为公司带来了超过100亿美元的利润，也使Amgen一跃成为全美最大的生物技术公司。即使不发展产品，仅进行前端的新基因鉴定和分离，也可以创造巨大价值，一个新的有开发潜力的人类基因被发现后，仅转让费用就可以高达数千万至数亿美元。第二，可以为企业建立长久而强大的市场地位。现代生物技术产品开发成功后，被替代或更新换代的周期相对较长，可长期占领甚至垄断市场，如生物技术药品的市场寿命一般可达10～30年，因为竞争产品或替代产品也同样要经历复杂、漫长的研发过程和市场接受过程。第三，也是最重要的一点，投资现代生物技术可以创建高价值的期权，开辟更广阔的发展空间。以人类基因组计划（HGP）为例，据估计在人类3～4万个基因中，有巨大开发潜力的有用基因占1%左右。早在1998年，世界各大生物技术公司如Merck、Eli Lilly、Monsanto等，就纷纷投资HGP，其中最大的一宗早期产品合作协议是Amgen以5亿美元买下Guilford的FKBP小分子神经营养剂的世界销售权。人类基因组计划究竟具有多大潜力，美国科学家、基因专家文特尔（Venter）说：“现在回答这一问题，就如同刚发明电的时候让人们想象个人电脑一样困难。”

四、知识产权管理存在特殊性

现代生物技术需要较长的开发周期，这将大大消耗专利的保护期，往往等到大规模商业化开始时，产品中所涉及的很多专利的保护期已经所剩无几甚至已经过期。例如，目前FDA批准上市的重组蛋白生物技术药物中，除新一代突变体产品（如胰岛素突变体、EPO突变体等）外，几乎所有药物的基因序列和蛋白质序列都已过专利保护期。同时，现代生物技术领域存在一些“公共技术”，这些技术知识不允许被申请专利，为全人类所共享。最典型的例子是HGP，依照国际协议，HGP完成之后人类基因序列将全部输入到公共基因数据库，世界各国均可免费使用。2004年，美国Celera公司也承诺将其在百慕大海域发现的海洋微生物基因信息输入公共数据库。现代生物技术在知识产权方面的这些特点，为后发国家发展现代生物技术产业提供了良机，必须充分认识和利用。

五、高度的资源依赖性和产业聚集性

前已论述，现代生物技术产业具有高度的资源依赖性和产业集中度，这一特征在现代生物技术管理实践中具有重要指导意义。生物资源发达的国家具有发展现代生物技术的先天优势，而企业同样可以利用现代生物技术资源依赖性强的特征大力发展那些有利于提高自身竞争力的技术。

现代生物技术产业集聚性强的特征同样具有重要管理意义，生物技术企业在选择区位时应该优先选择那些科学研究水平高、风险投资发达、创业环境好的地区，以便利用集群优势促进自身发展。而地方政府和国家主管部门也应该主要以产业集群模式来大力发展生物技术产业。例如，美国生物技术产业主要集中在波士顿、旧金山等九大集聚区，除了美国卫生科学研究院（NIH）的资助外，九大集聚区生物技术产业相关活动的平均水平至少都是其他地区的10倍以上，从而为生物技术企业的发展提供了肥沃的土壤。

六、顾客转换成本低、网络外部性不明显

现代生物技术主要提供给人们食物、药品、疾病诊断之类的产品，人们对这些产品没有明显的依赖性，放弃原有的产品而去消费更好的产品并不需要付出过高代价，顾客的转换成本较低，因而一旦有性能更优异的产品产生，人们就会去追求消费更好的产品。同时，生物技术产业也不存在明显的网络外部

性，增加一个人去消费某种产品，并不会显著增加这种产品原有消费者的价值，即麦特卡尔弗定理（Metcalfe's Law）在生物技术产业内并不成立。这些特征使得一些在IT业内被证明可行的竞争手段在现代生物技术产业内是否同样适用就需要认真商榷。例如，在通信等行业内被广泛采用的，通过控制行业技术标准来排斥竞争对手的竞争手段在现代生物技术产业内恐怕就难以取得显著效果。

七、市场受经济周期波动影响小

虽然生物技术产业的历史较短，但其市场发展已经显示出对经济周期波动的强大抵抗力。20世纪80年代后期到90年代中后期，主要工业化国家正处在从全球能源危机中挣扎回升的阶段[12、13]，同期生物技术制药产业却以每年近30%的惊人速度增长[14]。近10年来，全球生物产业（主要是现代生物技术）的产值每5年翻一番，许多国家生物技术产业年均增长速度甚至超过了30%，是世界经济增长速度的10倍[15]。

经济周期波动短期内很难对现代生物技术市场产生较大影响，主要因为：一是现代生物技术提供给人们的主要是食品、某类特殊药品之类的产品，它们的需求潜力大，替代弹性小，不论经济状况如何，人们都需要消费它们；二是现代生物技术产业正处在蓬勃发展的初期，存在着巨大的发展空间；三是随着经济的发展和人们对生活质量要求的提高，对这类技术或产品的需求也会增加。

八、对研发人才有特殊要求

现代生命科学（特别是分子生物学）是一门以实验为基础的学科，现代生物技术的核心基因工程直接建立在分子生物学的基础之上，这决定了现代生物技术领域的研发人才除了具有高智力和创新精神外，还必须具有丰富的实际操作技能和实验室工作经验，一般只有在研究生毕业后，至少有5年以上实验室工作经验才能独立完成一个产品中某个环节的研究开发工作。而美国生物技术企业的发展经验进一步显示，只有拥有大量的博士和博士后人才，才能真正满足企业研发现代生物技术的需要。

本章参考文献

[1] 李天柱，银路. 现代生物技术的管理特征及我国企业现阶段的发展思路 [J]. 科学学

与科学技术管理，2009，30（06）：130－134.

[2] 李天柱，马佳，侯锡林，冯薇. 科学商业的范式分析及其创新轨道——以生物制药为例 [J]. 科学学与科学技术管理，2014，35（11）：13－27.

[3] 李天柱，马佳，刘小琴，吕明月. 科学型企业的若干基本问题研究 [J]. 中国科技论坛，2014，（10）：99－105.

[4] 李天柱，银路，石忠国等. 生物制药创新中的专家型公司与核心公司研究——兼论我国生物制药区域产业创新平台建设 [J]. 中国软科学，2011，（11）：108－116.

[5] 李天柱，银路，程跃. 美国生物制药企业的发展路径研究及其启示 [J]. 中国软科学，2010，（05）：136－142，181.

[6] 李天柱，银路，程跃. 现代生物技术研发柔性研究 [J]. 科学学研究，2010，28（02）：189－194.

[7] 赵文虹，李桓. 企业家导向与创新选择 [J]. 科学学研究，2008，（02）：401－407.

[8] 王明华，王长征. 市场知识能力与企业竞争优势 [J]. 中国软科学，2004，（10）：88－92.

[9] 宋思扬，楼士林. 生物技术概论（第三版）[M]. 北京：科学出版社，2007.

[10] 陈小琼. 实物期权在新兴生物技术管理中的应用 [D]. 电子科技大学硕士论文，2006.

[11] 辛西娅·罗宾斯罗思. 生物技术企业资本运营 [M]. 周平坤等，译. 机械工业出版社，2001.

[12] 保罗·萨缪尔森，威廉·诺德豪斯. 经济学（第 16 版）[M]. 萧琛，译. 北京：华夏出版社，1999.

[13] 罗伯特·巴罗，哈维尔·萨拉伊马丁. 经济增长 [M]. 何辉，刘明兴，译. 北京：中国社会科学出版社，2000.

[14] 参考网址：http://blog.bioon.cn/user1/8431/archives/2006/87532.shtml.

[15] Dematteis B. From Patent to Profit Secrets and Strategies for the Successful Inventor [J]. Square One Publishers，Inc，2004.

第三章　生物技术企业的发展策略

大力发展现代生物技术及产业是我国重要的国家战略，而培育和壮大一批具有国际竞争力的生物技术企业已经成为当前我国生物技术产业发展的紧迫任务之一。生物技术企业有其自身的特征，因而管理生物技术企业必然也需要特殊的思路和技巧。根据笔者的研究，生物技术企业发展过程中需要正确选择区位，以满足企业生存和发展所需的基本条件，同时企业发展过程中还需要遵循特定的发展路径，获取（或培育）特定的关键成功要素，等等。

考虑到目前我国生物技术产业还处于起步阶段，生物技术企业数量少、规模小，并且大都处于创业和发展初期，相关经验较为缺乏，从我国生物技术企业的发展历程中抽象出对生物技术企业发展具有普适意义的规律，条件显然还不具备。但是，在过去三十年，以美国为代表的发达国家的生物技术企业已经创造了一个又一个商业奇迹，一些生物技术企业从众多新兴生物技术企业中脱颖而出，成长为世界级的成功企业。因此，研究发达国家生物技术企业的发展规律，对于我国生物技术企业的创业和发展无疑具有借鉴意义。

本章将采取多案例研究方法，以当前生物技术产业中发展得最成熟的生物制药产业为背景，分别讨论生物技术制药企业的区位选择、典型发展路径和关键成功要素。由于生物技术制药是当前整个生物技术产业中最具代表性的部分，因此研究结论对其他类型的生物技术企业同样具有借鉴意义和指导价值。

第一节　生物技术企业的区位选择

经济区位理论认为，在那些成功发展壮大的公司中，公司最初的区位发挥了重要作用[1]。具体到生物技术企业，文献［2、3］等指出，区位对于生物制药公司的创建和起步具有关键意义。我们的研究则进一步发现，区位优势是生物制药企业的成功要素之一[4]。根据已有研究可以判断，区位是生物制药企业发展过程中一个不容忽视的问题，研究生物技术企业的区位选择，对分析生物技术企业的管理问题具有直接意义。虽然已有文献一致认为生物技术企业倾向于聚集在科研机构密集、风险投资发达的区域[5,6]，但并未对生物技术企业选择区位的内在机理进行深入分析。与传统企业及其他高技术企业相比，生物技术企业在区位条件上有何特殊需求，其区位因子、区位指向等具有哪些不同的特点等具体问题都未得到很好的回答。本节拟在前期研究的基础上，通过对美国典型生物制药企业的多案例研究，归纳分析生物技术企业在区位方面的特点，为企业区位选择提供指导。

一、研究设计

（一）研究边界定义

1. 生物制药企业

生物制药是指运用现代生物技术进行医药产品的开发，主要包括生物技术药物、新型疫苗、诊断试剂等类型的产品[7]。如本书第二章中所分析的，从事生物制药的企业主要有两类：第一类是从分子生物学研究起步，专门致力于生物制药的企业；第二类是向生物制药转型或渗透的传统制药企业，在这类企业中，生物制药一般作为独立的业务部门存在。本节主要针对第一类企业，它们是生物制药创新的源泉，代表了生物制药技术和产业的发展方向。

2. 区位及区位选择

在区位理论中，区位（location）是人类活动（人类行为）所占有的场所。区位理论主要探索人类活动的一般空间法则，它有两层基本内涵。一层是在区位主体已知的条件下，从区位主体本身的固有特征出发，分析适合该区位主体的可能空间，然后从中优选最佳区位；另一层与前者正好相反，即空间区位已知，根据该空间的地理特性、经济和社会状况等因素，研究区位主体即人类活动的最佳组合方式和空间形态。本节研究针对区位理论的前一层含义，即企业的区位选择，主要包括区位条件、区位因子、区位指向等基本问题。

（二）案例选取

案例研究里案例的选取要求具有较大的典型性和极端情形，同时还要具有独特的研究价值[8]。美国是生物制药产业的发源地，又是现代生物技术最发达的国家，拥有全球最多的生物制药企业、专利及全球最大的生物技术药品市场[9]。因此，以美国的典型生物制药企业为研究对象是符合研究目的的。在对国内外大量文献研读的基础上，我们选择 Amgen、Genentech、Genzyme、

Biogen、Chiron 五家公司为研究对象，它们是全球最早的一批生物制药公司中的杰出代表，最初从现代生物技术研究起步，现已发展成全球瞩目的制药公司。比如，Amgen 公司的历史仅 30 余年，但在 2008 年初其市值就已经超过 500 亿美元，销售额和利润一直雄踞全球生物制药企业第一位；而 Chiron 公司则长期在疫苗、检测试剂等领域领导全球的发展方向。

（三）案例简介

为分析之方便，我们将五家公司在区位方面的基本情况归纳如表 3－1 所示。

表 3－1　五家公司在区位方面的基本情况

公司	Genzyme	Biogen	Amgen	Genentech	Chiron
自然条件与交通	位于波士顿，气候宜人，自然环境优越；毗邻著名的 128 号公路，北美最重要的交通枢纽之一		地处或接近“硅谷”，美国西海岸最美丽的城市，风景优美，气候极佳；交通便利，航空业发达		
社会环境	全美医疗服务最发达的地区；人居环境优良、社交生活丰富多彩		服务业、商业和金融业发达，有浓厚的创业冒险传统；居住环境优良，休闲生活突出		
科研与人才来源	邻近哈佛、MIT、波士顿大学等 100 余所大学；Mass 综合医院、新英格兰医学中心等著名现代生命科学研究机构		邻近斯坦福大学、加州理工学院、加利福尼亚大学伯克利分校与旧金山分校等众多名校；Beth Israel Deaconess 医学中心等著名研究机构		
金融环境	全球顶级金融城市，美洲银行、王者银行等著名银行的总部		Sand Hill 路两侧数量众多的风险投资公司及 40 余家著名银行		
区域产业环境	州政府构建生物技术网络组织，建设生物技术人才库，行使人才储备、技术交流等职能；明确发展重点领域，制定科学的生物技术产业发展战略规划，涉足公共技术研究；建设专门的生物技术孵化器和大型综合孵化器，政府支持的生物协会、专利机构等专业服务机构和中介机构；地方政府的财政支持、税收优惠政策、对基础研究的巨额投入		州政府制定科学的生物技术产业发展战略和产业技术路线图，大力支持共性技术研发；拥有多个专门的大型生物技术公司孵化器，政府引导的发达的中介机构系统；建设生物技术人才库和贸易型网络组织，行使人才储备、技术交流、帮助生物技术企业融资等职能；地方政府的强大财政支持以及对基础研究的巨额投入、地方税收优惠政策，政府对民间资本、社会资本投入的引导		

续表

公司	Genzyme	Biogen	Amgen	Genentech	Chiron
政策法律环境	针对现代生物技术发展的需要，美国多次修改《史蒂文森一怀德勒技术创新法》《贝赫一多尔专利和商标修正法》等法律；建立了专门的处方药使用者付费法案、食品与药物现代化法案、孤儿药品法案等法规；出台了《合作研究法》《技术转移法》《技术扩散法》《专利法》《知识产权法》《商标法》等一系列法律，形成了对知识产权、技术转让、技术扩散等强有力的法律保护体系；对食品和药物管理局（FDA）的规章进行改革，简化新药审批手续，加快新药上市速度，不再要求新建生物技术产品制造厂申请特别许可证，新药申报表由原来的21种简化为1种；由联邦政府、州政府、企业、科研机构和大学构成的联合研究开发生产机制				

注：①资料来源主要参考Amgen、Genentech、Genzyme、Biogen、Chiron等公司网站信息，以及文献［10、11、12］等整理。②五家公司在美国不同地区及世界各地均有大量分支机构，同时Genentech和Chiron两家公司近年已经分别被瑞士的罗氏制药和诺华制药以天价收购，成为其独立的生物制药研究部门（但这种所有权的变化并不影响本书的研究结论），故本研究主要是考察五家公司最初的总部区位。

二、生物制药企业的区位选择分析

通过对五家典型企业的区位情况进行分析，我们发现，与传统工业企业及其他高技术企业相比，生物制药企业在区位条件、区位因子及区位指向等方面都具有突出的特征。

（一）区位条件

区位条件是区位（场所）所持有的属性或资质，区位主体不同，其区位条件也存在差异。一般工业企业所倚重的原料、能源、运输、劳动力等条件对生物制药企业几乎没有影响，同时由于大多数生物制药产品都是针对特殊疑难病症的特定细分市场，替代性较差，因而市场条件对生物制药企业的影响也不是很显著。归纳起来，生物制药企业的主要区位条件包括：

1. 基础研究成果供给

生物制药是强烈依赖于科学研究的，原因主要三：一是现代生物技术直接建立在现代生命科学研究的基础之上；二是生物制药遵循“科学+风险资本”的创业模式，通常是携带学术研究成果的杰出科学家与风险资本结合的产物[13]；三是生物制药企业在整个生命周期中需要不断吸收最新的科研成果，以保证不断推出具有创新意义的产品，维持其竞争力。故而，充裕的现代生命科学基础研究成果供给是生物制药企业对区位的基本要求。虽然企业可以从全球范围内吸收科研成果，但在获取信息的及时性、交易谈判、合作研究、建立和维护网络等方面的便捷性则会由于地理上的接近而产生难以替代的优势。本研究中的五家公司所在的地区都聚集了众多的著名大学和高水平研究机构，基因重组、PCR扩增等划时代的科学突破都产生于此，为企业源源不断地提供所必须的基础研究成果。

2. 高级研发人才供给

生物制药企业研发活动密集，对研发人才又有特殊需求，除了具有高智力和创新精神外，还必须具有丰富的实际操作技能和实验室工作经验，一般只有拥有大量的博士和博士后人才，才能真正满足企业研发的需要。显然，高级研发人才供给是又一重要的区位条件。正如我们在第二章的研究中就已指出，美国的科研机构和生物技术企业培养和雇用了全球75%以上的生命科学领域的博士[14]，其中相当大的一部分都集中在本研究中的五家公司所在的加州和波士顿地区[15]。

3. 金融水平

发展生物制药所需资金惊人，生物制药企业整个生命周期都在融资，充裕的资金供给是生物制药企业发展的关键，这已得到公认。不过已有研究关注的重点是区域的风险投资水平，毫无疑问，在“科学+风险投资”的创业模式下，发达的风险投资是生物制药创业的决定性因素之一。但生物制药企业的长远发展还需要更全面的金融支撑，主要包括来自政府、银行、传统大型公司、战略投资者、天使投资者、股票市场等多种融资渠道的资金，以满足企业在不同阶段的资金需求[16]。所以必须强调，生物制药企业所需要的是一种发育全面的金融体系，而非简单的风险投资。本研究选择的五家公司的区位情况很好地佐证了这一点，在波士顿和加州“硅谷”不仅拥有丰富的风险投资，还拥有数量众多的大型银行、活跃的民间资本、政府的资金投入，政府对各种社会资金投向生物技术产业建立了引导机制，这些主体共同构成区域发达的金融环境。

4. 产业环境

生物制药企业在发展过程中面临着科学基础、市场、宏观环境等诸多方面的高度不确定性和巨大风险，完善的产业环境将为生物制药企业的发展提供坚实基础。根据本研究的归纳分析，生物制药企业在产业环境方面的需求主要包括：地方政府的产业规划和引导为企业发展指明方向和重点；发达的网络组织、行业协会和中介系统为企业提供人才储备、技术交流、融资等方面的便利；政府对基础研究和共性技术研发的大力投入为企业发展提供科技支撑；专门的生物技术孵化器帮助企业克服创业障碍；地方政府的财政支持、税收优惠对民间资本、社会资本投入的引导等为企业提升区域金融水平。

5. 社会环境

从美国典型企业的发展经验看，社会环境对生物制药企业的发展产生重要影响，主要体现在：第一，良好的社会环境，特别是人居环境和生活社交环境，是吸引高层次人才的重要因素；第二，尊重失败、崇尚冒险和乐于合作的社会文化氛围，也在无形地激励着生物制药企业创业发展，并引导社会资金投向这类高风险和高回报并存的企业[17]。

6. 自然条件与交通

与社会环境类似，优良的自然条件和发达的交通同样是生物制药企业发展的有力推手。一是宜人的气候、优美的风景、清洁的环境将成为吸引高级人才的有力手段。仅以 Genentech 为例，公司面对加州最美丽的阳光海滩，而公司给予研发人员最高的地位和特权，研发人员可以通过办公室的落地窗直接观赏美丽的海景，也可以在工作之余自由地在海滩散步、休闲、游泳，使得在这里工作的人心旷神怡、自豪不已；二是由于现代生命科学和生物技术产业的高速发展，频繁的学术交流与商业往来成为生物制药公司必须面对的问题，而优美的自然环境和便利的交通（特别是航空交通）有利于公司举办或参加各种学术会议和商业交流。

需要指出，在以往对生物制药企业的研究中，社会环境、自然条件以及航空交通水平这些重要的区位条件被忽视了，我们认为，这些条件必须得到应有的重视。

7. 政策法律环境

宏观的政策法律在一国之内通常是相同的，但当我们将目光置于全球尺度时，不同国家所具有的不同的政策法律环境则对生物制药企业的发展产生显著影响。本研究选择的样本企业显示，美国为生物技术产业所构建的独特的政策法律环境包括（具体做法请见本研究的案例简介部分）：一是针对现代生物技术在知识产权、伦理道德等方面所面临的一些特殊困难，通过修改或建立相关法律，形成对知识产权、技术转让、技术扩散等强有力的保护，有效激励企业创新；二是通过建立罕用药品法案等法规、改革 FDA 规章，为生物制药企业打开市场、铺平发展道路；三是通过政策导向构建“官产学研金”合作创新体制，较好应对了生物制药创新的高度不确定性和巨大风险，加速企业的创新和创业过程。必须明确，政策法律环境给生物制药企业发展带来的帮助是十分重要的，而实践证明，这些帮助极大地促进了美国生物制药产业的发展。

（二）区位因子与区位指向

生物制药企业所需的区位条件与一般工业企业及其他高技术企业明显不同，而造成这种不同的内在原因则是由于生物制药企业在选择区位时所追求的利益不同，即区位因子不同。区位因子是对于区位主体而言，由于场所不同表现出其生产费用或利益的差异。通过对本研究选择的典型企业的分析，我们发现对生物制药这类研发和创新活动密集的企业而言，起关键作用的主要是科研、社会资源、产业环境等非经济因子，以及金融、集聚等经济因子；而运费因子等传统工业企业的主要区位因子对生物制药企业而言却是次要的区位因子。

1. 科研因子

科学研究是生物制药企业发展的基石之一。发达的科研会产生丰富的现代生命科学基础研究成果、充足的高层次研发人才，并吸引金融资本加入区域生物制药创新活动。这是生物制药企业最为看重的利益之一，毫无疑问这是一个区位因子，我们将这一因子称为科研因子。

2. 社会资源因子

良好的自然条件、优良的社会环境，尊重失败、崇尚冒险和乐于合作的社会文化等对于吸引高级研发人才、风险投资等金融资本，促进生物制药科研活动展开等具有积极作用。企业、大学和科研院所、投资机构、政府等创新主体之间的密切联系和良性互动也有利于生物制药企业克服发展过程中的技术、资金、市场等方面的障碍。上述因素已经超过了简单的社会环境的含义，我们称之为社会资源。社会资源在不同区域内存在差异，也对生物制药企业的发展带来影响，为区别于区位理论中的社会因子，我们称之为社会资源因子。

3. 产业环境因子

区位理论已经指出，产业环境是一个重要的区位因子。但生物制药企业所重视的产业环境因子在内涵上与传统区位理论不同，它更关注针对现代生物技术发展所带来的新现象、新问题来制定和完善法律法规（如美国修改《史蒂文森一怀德勒技术创新法》），为促进企业发展而改革相关规章制度（如 FDA 修改规则），建设共性技术研发平台、孵化器等基础设施，完善中介组织、行业协会等软环境，加大财政投入、税收优惠、引导民间资本的力度，等等。类似做法对生物制药企业发展具有强大促进作用。

4. 金融因子和集聚因子

包括风险投资在内的金融资本是生物制药企业发展的另一基石，不同区域金融水平的差异对生物制药企业影响是非常显著的，因而金融是一个重要的区位因子。相对于一般的企业而言，生物制药企业对金融因子的依赖程度非常之高。同其他高技术企业一样，集聚也是生物制药企业的一个区位因子，但是生物制药企业集聚主要是追求对高水平科研成果、高级研发人才、新知识和新技术的信息等方面的共享以及合作研发的便利，而非运费的节约等经济因素，这可以解释为何生物制药产业具有明显的围绕大学和科研院所集聚的特征[8]。

生物制药企业具有独特的区位因子，因而在进行选择区位时的区位指向也与一般企业不同。我们认为，生物制药企业的区位指向是在多个区位因子的共同作用下确定的，过程如下：第一步，科研指向。企业首先会选择接近高水平科研机构的地点，本研究中的五家公司最初都是围绕波士顿和加州的著名高校建立的。第二步，金融指向。在保证与科研机构联系的前提下，生物制药企业会优先选择风险投资发展、金融水平较高的地点，使企业区位发生第一次偏移。第三步，社会资源和产业环境指向。拥有了科学研究和金融资本这两大基石以后，生物制药企业就会进一步优选社会资源丰富、产业环境优良的地区，从而使企业的区位发生第二次偏移。经过这三个步骤，生物制药企业的区位最终将指向集聚在符合前述区位条件的地区，就如本研究中的五家公司所在的波士顿和加州一样。

第二节　生物技术企业的典型发展路径[18]

一、研究设计

（一）研究对象选择

由于企业发展路径是与时间高度相关的事件，具有很强的纵向性，如果采取统计抽样的方法是很难对生物制药企业动态变化的过程进行准确描述的，相比之下案例研究更适合本节内容的研究目的和研究对象。在大量文献阅读的基础上，我们筛选安进、基因泰克、健赞和生物基因公司等四家企业作为研究对象，原因在于：从 1976 年全球第一家生物技术企业基因泰克公司成立到 1984 年初，美国有大约 150～200 家新兴的小型生物制药公司。到 1994 年，表 3－2 中的 10 家公司成为当时公认的成功企业，在 1994 年前后的数年里，他们逐步成功发展为主导产业发展方向的一体化核心公司①（core companies）。到 2005 年，这些企业中有些最终淡出人们的视线（如 Gensia Pharmaceuticals），有的则被其他企业所兼并，如伊芒内克斯被安进所收购、遗传学研究所被美国家用产品公司所兼并。而表 3－3 中的安进等四家企业却一直在稳步发展壮大，2005 年他们全部进入全球医药企业 50 强，并牢牢保持全球生物制药企业前四强的地位，其中安进公司 2006 年的销售额高达 145 亿美元，位居全球医药企业第六位。因此，可以说这些企业是真正成功的生物制药企业②。

表 3－2　1994 年美国领先的 10 家生物制药公司基本情况

公司	销售收入（百万美元）	净利润（百万美元）	收入利润率（%）
安进（Amgen）	1647.9	436	26.5
基因泰克（Genentech）	795.4	124.4	15.6
奇龙（Chiron）	454	32	7
健赞（Genzyme）	310.7	32	9.7
生物基因公司（Biogen）	149.8	－10.6	赤字
伊芒内克斯（Immunex）	144.3	－33.1	赤字
遗传学研究所（Genetics Institute）	130.9	－18.9	赤字
Gensia Pharmaceuticals	71.8	－50.1	赤字
森托科（Centocor）	67.2	－63.5	赤字
Scios Nova	53.7	－28	赤字

表 3－3　2005 年全球生物制药企业前四强销售收入

公司	销售收入（百万美元）	R&D 投入（百万美元）	R&D/销售收入（%）
安进（Amgen）	12020	2320	19.2
基因泰克（Genentech）	5490	1261	23

① 钱德勒将高技术产业的初始创建者称为产业的第一推动者（First Movers），第一推动者和那些迅速跟随他们进入产业的企业就成为该产业的核心企业。

② 事实上，从 20 世纪 80 年代后期开始，一些传统大型医药企业（如辉瑞、默克等）也开始进入生物制药领域，但他们的业绩是与企业原有的业务一起核算的，故而难以分离，本研究筛选的领先的生物制药公司是特指专门致力于发展生物制药的企业。

续表

公司	销售收入（百万美元）	R&D投入（百万美元）	R&D/销售收入（%）
健赞（Genzyme）	2410	503	20.9
生物基因公司（Biogen）	1620	747	46.1

（二）变量定义

对企业发展阶段的划分主要是根据企业生命周期理论。伊查克·麦迪思将企业生命周期根据企业的灵活性和可控性划分为成长阶段、盛年阶段和老化阶段；王养成和张俊杰进一步将企业生命周期划分初创、成长、成熟和老化四个阶段。虽然相关研究还有很多，但划分的基本思路都是将一个企业从创立到消失为止所经历的自然时间作为纵坐标，界定各发展阶段的标准主要是在不同阶段企业所具有的某些特征。本书遵循同样的思路划分生物制药企业的发展阶段。考虑到生物技术产业正处于加速发展阶段，我们选择的四家样本企业至今还处在发展过程中，因此笔者将生物制药企业的发展划分为初创期、发展初期、加速发展期和扩张期四个典型阶段，同时在归纳了企业在各阶段的特点，如表3－4所示。

本书所指的企业发展路径就是指生物技术企业在从创立，发展直到成长为大型一体化核心公司所经过的历程和纵向路径。

表3－4 生物制药企业典型的发展阶段

	初创期	发展初期	加速发展期	扩张期
发展周期	第0－2年	第3－5年	第6－15年	第16年后
业务重点	研究目标筛选，基础研究，新药的初期发现	首个新药的发现和开发	新药临床、审批及上市销售，生产设施与营销网络建设	持续研发起新药，进一步完善生产设施和营销网络，兼并扩张，业务领域扩展
资金需求量（每年）	100万～200万美元	500万～1000万美元	以亿美元计算	依公司发展战略而定，但至少以亿美元计算

二、案例介绍

（一）基因泰克

1976年，凭借冒险精神和敏锐的商业头脑，DNA重组技术的发现者之

一、诺贝尔奖得主赫伯特·博耶和拥有麻省理工学院（MIT）化学学位和商学学位的风险投资家罗伯特·斯旺森在美国旧金山联手创建了基因泰克公司，公司最初的起步资金是斯旺森本人的 2.6 万美元私人积蓄以及募集到的 10 万美元风险投资。这是全球第一家明确致力于发展现代生物技术的企业，基因泰克（Genentech）这个名字就是“基因技术”的意思。

在创建初期，除了一栋小型办公楼和 5 名员工之外，基因泰克所拥有的全部财富就是正在实验室内研发的新技术，人们对这家新型公司能否取得成功普遍持怀疑态度，因为在那时候，产业界一致认为基因工程距离大规模产业化至少还需要 10 年以上的时间。但基因泰克用实际行动回击了这些质疑。1977 年，基因泰克公司成功合成了一种脑激素——生长抑制素，这一重大突破令科学界和产业界对基因泰克刮目相看，也吸引了风险投资的青睐，无数风险投资基金竞相入主基因泰克。但直到 1978 年，基因泰克其实一直是一家壳公司，并没有正式的业务。在 1978 年 8 月和 9 月，基因泰克签订了首批研究合同，其中最重要的两个分别为：一是为礼来公司研发的利用大肠杆菌生产人胰岛素的技术，二是为瑞典凯比公司（Kabi）研发人体生长激素（HGH）的生产技术。其中与礼来公司的研究协议很快为基因泰克创造了公司发展所需的现金流。随着基因泰克及其合作伙伴将力量集中于研发人体生长激素，它们不断推出和向外许可授权新技术，包括为霍夫曼罗氏公司开发的干扰素（α 和 β），为国际矿产品和化学品公司开发的用于防治口蹄疫的一种疫苗，以及为孟山都公司开发的用于牛的一种生长素等，其中最成功的是被罗氏公司以“露华浓”为商标生产和推向市场的 α-干扰素。

虽然在创建初期基因泰克自身并没有任何产品上市销售，但通过吸引风险投资、承担合同研究以及将初期的研究成果向其他企业进行授权许可，基因泰克获得了初期发展所必需的资金，α-干扰素和礼来公司胰岛素的许可权各自能为基因泰克带来每年 500 万美元的收入，而公司的市值在短短两年内从 40 万美元上升到 1100 万美元。

有了充裕的资金支持，基因泰克进入快速发展阶段，研发捷报频传：1978 年下半年胰岛素克隆成功、1979 年生长激素克隆成功，多项研究成果由研发进入审批阶段并准备投入生产。但基因泰克的目标绝不仅在于获得这些许可授权的收入，它的最终目的是成为一家在研发、生产和销售等环节全面发展的大型核心公司，向传统制药巨头发出强劲挑战。这可不是一个简单的任务，为了应对建立营销网络和生产系统的挑战，董事会聘请了原雅培公司的经验丰富的高级管理者柯克·拉布担任基因泰克公司的 CEO。基因泰克自己推出的第一种重要的产品是人体生长激素普兰品（Protropin），1985年，美国联邦食品和药品管理局（FDA）批准了其罕用药品的地位，并大获成功，成为全球第一种年销售额达到1亿美元的生物技术药品。1987年底，公司的另一重磅药品重组阿替普酶（Activase）也获得了罕用药品地位，定价为每剂2200美元，成为当时最昂贵的特效药品。基因泰克初期的发展是令人振奋的，公司1985年的销售额为9000万美元，到1989年，销售额达到了4.01亿美元。

但由于研发投入巨大，基因泰克实际上在大部分时间里处于亏损状态，1986年的亏损为3.53亿美元，这个数字与公司从1978年到1985年的总利润1100万美元形成了强烈反差，到1990年依然亏损9800万美元，特别是在20世纪80年代末，由于大举投资研发Activase，基因泰克的现金流十分紧张，甚至一度出现了"身无分文"的窘况。1990年，拉布做出了"没有任何人可以独自运营"的判断，董事会以21亿美元的价格将公司60%的股份出售给对基因泰克垂涎已久的霍夫曼罗氏公司，其中包括5亿美元的现金，以支持基因泰克的长期研发工作。得到罗氏公司的资金、生产能力和遍布全球的营销网络的支持后，基因泰克迅速发展成为一体化核心公司，创新产品源源不断，1993年推出了专用抗感染药Actimrine，1994年推出了用于治疗囊性纤维化病的Prulmozyme，同年，普兰品的后续产品生长激素粉针剂Nutropin问世，同样大获成功，同时期，公司还有多种产品处于临床试验阶段。随着公司的不断发展壮大，基因泰克先后参股和收购了IDEC医药公司等其他新兴生物制药企业。到2008年初，基因泰克的市值超过740亿美元，成为世界第一大生物技术公司。2008年7月，基因泰克最终以437亿美元的价格被罗氏完全收购（成为罗氏的独立运营部门和研发核心），据估算，按此收购价格计算，当时基因泰克市值超过1200亿美元。

（二）安进

安进是在1980年由加利福尼亚大学旧金山分校的生物学家小组及风险投资家在洛杉矶共同创办的（后来安进转到了波士顿发展），起步资金是5万美元的风险投资。1981年公司正式开始运作，由风险投资商和另两家主要投资公司共筹集1900万美元作为启动资金，并分别聘请原雅培公司的高级执行官乔治·拉思曼和原福特（Ford）汽车公司的一名高级主管戈登·宾德为公司的CEO和CFO（1988年宾德接替拉思曼成为CEO），同年，来自中国台湾地区的林福坤博士（Fu Kuen Lin）也加入了安进。安进在创建之初是极其艰难的，公司一直没有产品上市，研发进展也比较缓慢，在1982年，初期的风险投资已经被消耗殆尽，公司剩余的资金仅能维持6个月的运营，时刻面临着现金链中断的危险。但是依靠杰出的资本运作能力和顶级的管理团队，安进公司在1983年采取发行股票等多种融资手段从金融市场募集到了进一步发展所必需的资金，顺利度过了困难期。

到1985年时，在安进公司内部，林福坤和他的研究团队共有5种生物技术药品处于人体临床试验阶段，其中最有前途的药品有两种，分别为用于治疗贫血的促红细胞生长素（Erythropoieten，EPO）和用于减轻由放疗和化疗所引起的副作用的重组粒细胞集落刺激因子（Granulocyte-Colony Stimulating Factor，G-CSF）。但早在1989年这两种药品获得FDA批准认证以前，宾德就已经开始建造自己的生产设施。同时，为了发展这些有前途的新产品，拉思曼和宾德实施了一种令人印象深刻的战略：在全球广泛与其他制药企业展开合作。1984年，安进与日本麒麟啤酒株式会社（Kirin Breway）共同投资1200万美元组建合资企业，在美国、欧洲和日本等地开发和销售EPO，此后又授权强生公司（Johnson & Johnson）在美国针对与血液透析不相关的贫血症、在欧洲针对其所有用途销售EPO，而安进自己则保留在美国市场针对依靠肾透析维持生命的肾病患者使用EPO的权利。对强生公司的授权迫使安进放弃了EPO在欧洲等地的巨大市场，但换取了对公司进一步发展至关重要的数百万美元资金，以及日后从强生公司销售的EPO中获得销售分红的权利。在商品化G-CSF时，安进采取了与EPO类似的战略，保留了在美国、加拿大和澳大利亚等市场的销售权，而将在日本和中国的生产销售权授权给麒麟啤酒，1988年，又将G-CSF在欧洲大多数国家的销售权（不包括生产）整体许可给罗氏公司。

1991年，安进在与遗传学研究所的专利诉讼中获胜，逐步获得了EPO和G-CSF的罕用药品地位，这两种重磅药物的成功，使公司走上了快速发展的道路。EPO的开发大获成功，成为有史以来全球最畅销的生物技术药品，每年都可为安进公司带来数十亿美元的利润。到1992年，安进首次跻身世界财富500强，成为全球首家销售额达到10亿美元的生物制药企业；1996年，公司收入为24亿美元，此时安进公司已经毫无疑问地“实现了既定目标”，成为一家财务上成功的一体化核心制药企业；2000年世界财富500强排名，安进公司排在第455位，在全球医药企业50强中排在第21位，已经具备了与传统大型制药企业分庭抗礼的实力。此后，安进开始大规模并购其他企业以保证持续推出创新产品，最大的一笔收购是2002年斥资160亿美元收购了1994年排名美国生物制药公司第六位的伊芒内克斯公司，将产品扩展到了肿瘤和抗炎药物领域。2004年，安进以价值13亿美元的股票收购杜拉瑞克公司（Tularik）

80%的股份，杜拉瑞克当时并无产品上市，但这家总部设在南旧金山的公司因开发治疗食道癌、炎症、糖尿病以及肥胖症等的药品而颇受重视。通过上述发展历程，安进成为全球最成功的生物技术公司，2008 年初市值超过 500 亿美元，虽然总市值低于基因泰克，但其销售额和利润额却长期雄踞全球生物制药企业第一位。

（三）生物基因公司

生物基因公司的发展类似基因泰克和安进的综合体，但更接近于安进。相对于基因泰克不得不接受传统大型制药企业的支持而继续发展而言，生物基因公司在经历了初期的辉煌以及后来一段极为艰难的时期后，最终通过自主发展获得了成功。

1978 年，诺贝尔奖得主、哈佛大学的沃尔特·吉尔伯特借助风险投资创办了生物基因公司。公司创办初期能够生存下来，主要依靠专利使用费获得收入。不过依赖于其杰出的研发能力，生物基因公司初期的发展是极其成功的。公司成立之初，通过将“干扰素”免疫系统蛋白质等技术许可给其他公司使用获得了充裕的发展资金。默克公司和史克公司（Smith Kline）利用这种技术开发出了乙型肝炎疫苗，雅培公司利用该技术开发了乙型肝炎诊断产品，礼来公司则利用这项技术开发人体胰岛素。此外，由先灵葆雅公司（Schering-Plough）提供的 800 万美元投资帮助生物基因公司顺利成为 A－干扰素的领导者。

但在生物基因公司早期的光辉岁月里，科学家出身的吉尔伯特迷恋于在美国疯狂扩展研究机构，而并未制订由自己的公司推出技术产品的长远战略规划。他在瑞士、比利时和德国等国家大量建立实验室和办事处，使公司很快出现了现金流短缺，到 1985 年已经难以维系，被迫出售了公司所拥有的 90%的专利。到这时，生物基因公司已经岌岌可危。1985 年后，大失所望的董事会以原雅培公司的成熟干练的执行官詹姆斯·文森特取代了吉尔伯特，担任生物基因公司新的 CEO。文森特走马上任后，马上着手重组研发业务，持续改善公司“研、产、销”各环节，同时逐渐着手建立起完善的生产制造设施和市场营销组织，而且通过与先灵公司、默克公司等其他企业的合作和融资逐步使公司走向正轨。文森特上任不久，就先后关闭了多家位于欧洲的没有前途的研发机构，如将在瑞士的经营设施出售给葛兰素公司（Glaxo Holding），将比利时的经营设施出售给罗氏公司，关闭了生物基因公司在苏黎世的实验室（Zurich），停止了在德国的其他业务，从而使公司的业务更为集中，资金消耗大幅降低。从 1986 年下半年到整个 1987 年，文森特就吉尔伯特原有的专利协议与其他公司重新展开了艰苦谈判，新的专利使用协议不久就开始为公司提供现金流，从 1986 年的 170 万美元迅速增长至 1996 年的 1.5 亿美元。

依靠逐步建设完善的生产制造设施和市场营销组织，生物基因公司对两种有前途的药品实现了商品化，一种是防治心脏病患者血栓的水蛭素衍生物（Hirulog），另一种是用于治疗肝炎的β干扰素分子。虽然 1994 年的临床试验表明 Hirulog 相对于其所替代的药品并没有明显的优势，但生物基因公司迅速将这种药品出售掉。最终在 1997 年，生物基因公司通过对β—干扰素这一罕用药品的成功商业化，一举扭亏为盈，最终在公司成立近 20 年后才实现了成为一家盈利的一体化核心公司的目标。此后，与安进公司一样，生物基因公司沿着兼并、收购其他新兴生物制药企业的路径继续发展，如在 2005 年和 2007 年分别出资 1.5 亿美元和 1.2 亿美元收购了 Conforma、Syntonix 等新兴生物制药公司，将其业务延伸到了治疗癌症等药物领域。生物基因公司 2008 年初的市值也超过了 200 亿美元。

（四）健赞

健赞公司于 1981 年在波士顿创建，聘请了原百特医疗器械公司（Baxter Travenol）的执行副总裁亨利·特默尔为 CEO。作为老练的管理能手，特默尔一开始就将建设生产设施和营销网络作为工作重点，并从相对容易制造和销售的产品入手，走出了一条独具特色的自主发展道路。健赞公司首先在市场上销售一种胆固醇测试中需要的酶，接着转向自己建造测试设施，然后在位于美国马萨诸塞州剑桥的一个小的经营部门里开始生产在这些测试设施中使用的透明质酸，最终深入到取材于透明质酸的基因工程药品的生产。

1988 年，健赞公司迈出了其向大型核心制药企业发展的最后、也是最关键的一步，公司收购了生产诊断产品和诊断测试产品的综合基因公司（Integrated Genetics），通过公开发行股票，健赞公司募集资金 8000 多万美元，为推动阿糖苷酶（Ceredase）的商品化奠定了基础。1991 年，取材于透明质酸的基因工程药品阿糖苷酶被 FDA 批准为罕用药品，这是第一种能够有效治疗遗传疾病的药品，是当时市场上最昂贵的畅销药品，为公司赚取了大量利润——虽然患者群总量不到万人，但平均每位患者每年要为使用这种药品付出近 15 万美元！1991 年，健赞公司在波士顿的查尔斯河畔建立了自己的工厂和总部，1992 年，健赞公司收购了坚科国际有限公司（Gencor International），得以进入海外市场并扩大自身的诊断业务。此后，健赞相继成功完成了对阿糖苷酶的升级，开发出伊米苷酶（Cerezym），并实现其他四种罕用药品的商品化，同样获得了丰厚的回报。

健赞公司发展的一大特点是，在发展过程中的每一阶段，始终坚持制造和销售自己的产品，由于并非直接跨入生物新药的生产销售，对资金的需求相对较小，很少遇到资金压力，公司的独立性一直牢牢掌握在自己手里，而对于其成为一体化核心公司所必需的生产和营销网络，也随着产品的延伸而被逐步建设起来。当发展到一定规模，具备足够的生产能力和完善的营销网络后，对其他新兴生物制药公司进行并购以拓展技术和产品，促进公司进一步加速发展，也成为健赞公司进一步发展的选择。但健赞公司的并购活动十分谨慎，主要是并购与原有业务相关的公司，如吸收一些小公司加入健赞已有的诊断和测试产品系列中，并逐步进入诸如人体组织修复及基因工程药学等新领域。近年来健赞公司的并购规模有所扩大，2008 年以 19 亿美元并购了全球领先的反义药物企业——ISIS 公司，但与当前生物技术产业内动辄几十亿、上百亿美元的并购相比，仍属谨慎。尽管没有安进和基因泰克那样引人注目，但健赞却是生物制药领域内发展得最稳健的一家成功的核心公司。到 1995 年时，健赞已经发展成为一家成熟的生物制药核心公司，2008 年初市值达到了 210 亿美元。

三、生物制药企业的典型发展路径

生物技术企业创业的基本模式是“科学家＋风险资本”，顶尖科学家与风险投资是生物制药企业初创阶段的两大关键要素。美国的生物制药企业在其初创阶段大都也是沿着“科学家＋风险资本”的模式起步，独立自主地发展。但在后续发展过程中，为了应对企业发展所面临的巨大资金需求，不同的企业则分别沿着图 3－1 所示的三条典型路径向前发展。

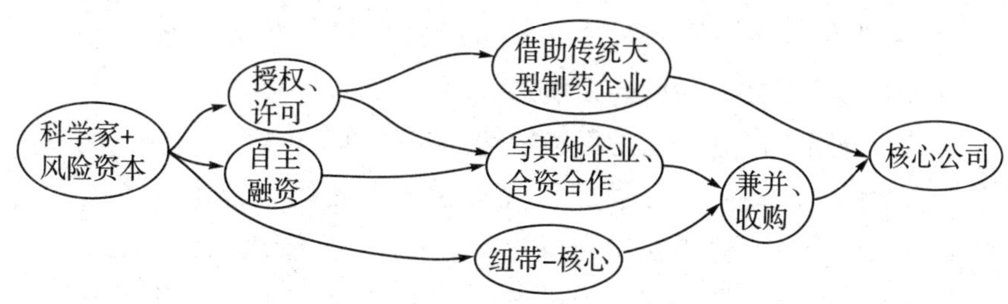

图 3－1　生物制药企业的典型发展路径

（一）基因泰克——“独立一借助传统大型企业”发展模式

在发展初期，基因泰克一直保持着独立发展的状态，通过将企业创始人所拥有的专利及初期研究成果向其他企业进行授权许可获得发展所需的资金，推动企业向加速发展期过渡。例如，基因泰克曾将其利用大肠杆菌生产人胰岛素、干扰素（α和β）、口蹄疫疫苗及牛生长素等技术分别许可给礼来、霍夫曼罗氏、国际矿产品和化学品公司、孟山都公司等企业使用，到1978年，α干扰素和胰岛素的许可权各自能为公司带来每年500万美元的收入，从而充分保证了公司发展的独立性和自主性。

进入加速发展期后，基因泰克在研发方面投入巨大，给公司带来了严峻的资金压力。虽然公司第一种重要的产品人体生长激素普兰品在1985年获得了美国联邦食品和药品管理局授予的罕用药品地位，而Activase也于1987年底获得了罕用药品地位，到1989年公司的营业额达到了4.01亿美元。但这些收入仍远不能满足持续开发新药、建设生产设施和全球营销网络等需求，因而基因泰克在加速发展期的大部分时间里处于亏损状态。这时，CEO拉布做出了“没有任何人可以独自运营”的判断，董事会以21亿美元的价格将公司60%的股份出售给罗氏公司，其中包括5亿美元的现金，以支持基因泰克的长期研发工作。并购使基因泰克失去了独立地位（但运营依然是独立的），却获得了继续发展所必需的资金，并可以借助传统大型制药企业的生产能力和遍布全球的营销网络，促进公司迅速发展成为一体化核心生物制药公司，创新产品源源不断，并先后参股和收购了IDEC医药公司等其他新兴生物制药企业。

到2008年初，基因泰克的市值超过740亿美元，超过了全球绝大多数传统大型制药企业，成为世界第一大生物技术公司。虽然在2008年7月，基因泰克最终被罗氏公司完全收购，但基因泰克这种“独立-借助传统大型企业发展”的模式后来被众多新兴生物技术企业广泛借鉴，成为现代生物技术创业发展的经典范式。

（二）安进和生物基因公司——“自主-合作”发展模式

安进和生物基因公司初期的发展路径略有不同，但最终都走上了“自主-合作”发展的道路。成立之初的那段短暂的时间里，生物基因公司的发展非常类似于基因泰克，通过将“干扰素”免疫系统蛋白质等技术许可给默克、史克、雅培、礼来等企业使用获得充裕的发展资金。而安进在创建之初是极其艰难的，但公司采取发行股票等多种融资手段顺利度过了困难期。虽然方式不同，但这些融资策略都保证了这两家公司独立自主地向加速发展期过渡。

进入加速发展阶段，由于资金需求的巨大压力，完全依靠自身能力发展已经变得不可能，两家公司除了进一步综合运用各种融资手段获取资金外，还在全球广泛采取与其他制药企业合资或合作的方式，以跨越资金不足、营销网络不健全的障碍，并在与其他企业合作的过程中学习，不断提高自身的生产和市场营销能力，向一体化核心公司全面、健康的发展。安进的战略最为深刻：1984 年与麒麟啤酒株式会社共同投资 1200 万美元组建合资企业，在美国、欧洲和日本等地生产和销售 EPO，此后又授权强生公司在美国针对与血液透析不相关的贫血症、在欧洲针对其所有用途销售 EPO，而安进自己则保留在美国市场针对依靠肾透析维持生命的肾病患者使用 EPO 的权利，以维持其罕用药品地位；在商品化 G-CSF 时，安进保留了在美国、加拿大和澳大利亚等市场的销售权，而将在日本和中国的生产销售权授权给麒麟啤酒，1988 年，又将 G-CSF 在欧洲大多数国家的销售权（不包括生产）整体许可给罗氏公司。

通过与其他企业的合资或合作推动公司逐步发展壮大后，安进和生物基因公司都沿着大规模兼并、收购其他新兴生物技术企业的扩张路径继续发展，并购可以扩展公司的技术领域、推动新产品持续研发上市，进而保持公司长久发展的活力。例如，安进于 2002 年收购伊芒内克斯公司；生物基因公司于 2005 年和 2007 年分别收购 Conforma、Syntonix 等新兴生物技术制药公司。类似并购案例都是为了扩展公司技术领域、持续推出创新产品，以保持公司长期竞争力所做的选择。通过上述发展过程，安进成为全球最成功的生物技术公司，其销售额和利润额却长期雄踞全球生物制药企业第一位；生物基因公司 2008 年初市值也超过 200 亿美元，虽然 2007 年 10 月董事会已授权管理层出售公司，但不能否认，生物基因公司的发展同样成功。

（三）健赞——“纽带一核心”渐进式自主发展模式

与上述企业不同，健赞一开始的收入就几乎全部来自对自己产品的销售，而不是将产品授权许可给其他企业经营，走出了一条完全独立自主的发展路径。

20 世纪 80 年代至 90 年代初，健赞沿着“生产胆固醇测试中需要的一种酶，接着转向自己建造测试基地，进而生产胆固醇测试所需的透明质酸，最终深入到取材于透明质酸的基因工程药品的生产”这一路径稳步发展。1991 年，取材于透明质酸的基因工程药品阿糖苷酶被 FDA 批准为罕用药品，成为当时市场上最昂贵的畅销药品，为公司赚取了大量利润，此后，公司还相继成功完成了伊米苷酶等多种罕用药品的商品化。在这一发展历程中的每一阶段，健赞始终坚持制造和销售自己的产品，我们称之为“纽带一核心”的渐进式自主发展路径，即先生产销售生物制药产业的纽带产品，再逐步深入到生产销售核心药品。由于并非直接一步跨入新药的生产销售，因而这种发展路径对资金和营销网络的需求相对较小，在发展过程中很少遇到资金压力，公司的独立性一直牢牢掌握在自己手里，而对于成为一体化核心公司所必需的生产和营销网络，也可以随着产品的延伸而逐步建设起来。

当发展到一定规模，具备足够的生产能力和完善的营销网络后，对其他新兴生物技术公司进行并购以拓展技术领域和加速创新产品推出，也成为健赞公司进一步发展的选择。只不过健赞始终坚持谨慎的并购策略，主要是并购与原有业务相关的公司。需要指出的是，健赞这种“纽带-核心”的发展战略，使它成为生物制药领域内公认的、发展得最稳健的一家成功的核心公司。

四、资金——影响企业发展路径选择的根本因素

是什么原因决定了不同企业会选择不同的发展路径？我们认为根本原因是资金。如本书中多次强调的那样，生物制药企业资金胃口巨大，在不同的发展阶段都有不同的资金需求特点和业务重点，但在获“新药证书”之前的漫长发展过程中，企业无法通过销售新产品而获得收入，而这段时间却正是企业迫切需要资金的时期，因此，不同的企业就会寻求通过不同的途径来跨越资金障碍，融资能力和融资手段的不同决定了企业不同的发展路径。

在初创期，企业对资金的需要量相对较小，风险投资基本可以满足短期发展的需求，一般情况下在这个阶段新兴的生物制药公司都能保持独立经营的地位，顺利向发展初期过渡。

在发展初期，随着新药研发的开始和逐步深入，企业的资金需求量被迅速放大，而有限的风险投资已经无法满足继续发展的需要，这时对资金的需求非常迫切，不同的企业就开始采用不同的融资渠道，从而走向不同的发展路径。基因泰克、生物基因公司等研究能力出众，创建之初就拥有先进的技术专利，并通过初期研发进一步获得技术专利，因此通过向其他公司进行专利许可授权以获得企业进一步发展所必需的资金，就成为企业最直接的选择。而安进成立之初并不拥有技术专利，但公司擅长资本运作（公司两任 CEO 拉思曼和宾德即拥有丰富的传统行业管理经验，又是公认的金融奇才），当在 1982 年剩下的初始投资仅能维持 6 个月的情况下，依靠其擅长的资本运营能力，于 1983 年通过成功公开发行股票融资也解决了发展初期的资金瓶颈。

进入加速发展阶段后，由于新药开发不断深入，企业对研发资金的需求激增，同时还需要为建设生产设施和全球营销网络进行大量投资，因而这时企业在资金的需求和供给之间的矛盾更加突出。基因泰克虽然技术能力过人，但研发投入巨大，在加速发展期，通过专利授权许可等融资途径获得的现金流仍不足以支撑公司的发展，选择了转向借助于传统大型制药企业控股支持；而安进与生物基因公司具有一流的资本运作能力，可以在没有任何新产品上市销售的

情况下，通过综合运用公开发行股票等融资途径获取一部分资金，依靠自身的努力克服资金压力，独立自主地发展。例如，安进继1983年成功公开发行股票后，先后于1986年和1987年两次成功公开发行股票筹集资金，才能保证顺利开发出EPO等成功的生物技术药品，并一举奠定其生物技术产业霸主的地位。更重要的是安进和生物基因公司也擅长在世界范围内与其他企业进行广泛的合资或合作，从而可以借用其他企业的资源和营销网络发展自己的产品，不仅直接降低了资金压力，也有利于其创新产品在世界范围内的快速推广。

健赞公司之所以走出一条完全自主的发展路径，根本原因在于不仅其资本运作能力突出，更主要是因为初期生产纽带产品，不需要像生产生物技术药品那样要经历漫长的开发周期和繁琐的药品审批程序，公司面对的客户也很集中、明确，对营销网络的要求不高，可以迅速将产品转化为营业收入，从而支持公司的初创和发展。在加速发展时期，公司发展稳健，在每一阶段，销售产品的收入都可以满足未来发展需要，因而使公司走出了一条与众不同的、完全独立自主的发展道路。

当成功跨越加速发展期的资金障碍而进入扩张期后，新药成功上市一般可以为生物制药公司提供源源不断的现金流和惊人的利润，公司自身具备了强大的造血机能，这些领先的生物技术制药公司事实上已经能够在研发、生产、营销等环节均衡发展，成为成熟的一体化核心公司。在后续的扩张阶段中，公司的发展路径就不完全是由资金所决定的，而是公司为了扩展技术领域、推动新产品持续研发上市，进而长期保持公司活力，并进一步通过规模经济和范围经济强化其竞争优势所做的选择。这时候对于大部分生物技术企业来说，对其他新兴的生物技术企业进行并购就成为其最佳选择，如同安进、生物基因公司和健赞所做的那样。基因泰克虽然自身的研究能力出色，主要通过内部研发不断获得新药产品上市，但通过并购活动推动公司发展仍然是其发展战略之一（相对于其他企业少一些），如对IDEC等公司的并购。

第三节　生物技术企业的关键成功要素[19]

企业的成功需要以特定的关键成功要素为基础，对生物技术企业同样不能例外。但从文献检索结果看，生物技术企业应该具备哪些关键成功要素，在企业的不同发展阶段具体需要哪些要素作为支撑，各要素又是如何发挥作用的，对这些问题还罕有研究。Stanley等认为，关键成功要素（Critical Success

Factors，CSF）是那些能确保企业竞争能力的有限领域，是为了保证企业的发展壮大而必须良好运作的少数关键领域，这些领域所创造的让企业满意的结果确保了企业的竞争力。可见，关键成功要素不同于一般意义上的企业要素，它是企业要素的一个子集，但却是企业成功发展的必要条件，如果这类要素缺失，企业就将面临失败的危险。关键成功要素是针对特定的企业类型来说的，一类企业的关键成功要素对另一类企业来说可能只是一般意义上的企业要素。同时，关键成功要素又与企业的战略密切相关，企业的战略目标决定企业的关键成功要素，而关键成功要素又成为设计管理系统及其发挥作用的基础，在企业发展的不同阶段，为了实现战略目标，所需要的关键成功要素也可以是有差异的。综合已有文献的观点，可以认为，企业的关键成功要素是指企业经营成功所必须具备的主要要素，他们可以是企业拥有的资源也可以是企业所具备的能力。

综上所述，本节同样将采取多案例研究方法，同样以安进、基因泰克等四家典型企业为主要研究对象，结合其他同类型企业的发展历程，抽象归纳生物制药企业的关键成功要素，即企业发展过程中这些要素的演进过程。

一、七个关键成功要素

通过对安进、基因泰克等四个样本企业的发展历程进行深入研究，我们认为它们之所以能够成功地发展为今天引领产业发展方向的大型核心生物制药公司，除了一般意义上的企业要素之外，主要原因是它们同时具备了如下关键成功要素：

（一）综合组织能力

综合组织能力是指企业在研发、生产、营销等方面所具备的全面、均衡的能力。新兴的生物制药公司一般都具有较强的研发能力，但成功的公司却是以完善的综合组织能力作为保障，他们在创立之初不仅重视研发，同时还将建立生产设施、营销网络等作为公司的基本任务，以达到逐步培育综合组织能力的目的。正如基因泰克的创建者之一斯旺森所总结的，“公司的战略从一开始就是要能够生产和销售自己的产品，因此，不仅要创造产品，而且需要制造产品并建立营销组织”。在 1994 年前后，安进、基因泰克和健赞都已经通过在研发、生产与营销等环节的一体化发展成功地建立起了综合组织能力，而生物基因公司创建之初由于热衷于扩张研发机构，忽略了创建综合组织能力的重要性，成为 1994 年四家公司中唯一亏损的企业。到 1986 以后，生物基因公司运作的重点转移到建立和完善生产部门及营销网络，才开始逐步形成综合组织能力，到1997年，在创建之后20年，生物基因公司才最终成为一家盈利的公司。

综合组织能力对生物制药企业的重要性在于，它是企业迅速响应技术和市场变化的基础，可以帮助企业在产品的研发、生产、营销等方面持续改进，是新技术商业化过程中最基础、最宝贵也是最廉价的长期资本来源。综合组织能力一旦建立起来，就将随着企业的发展不断自我强化，成为企业巩固市场地位，阻挡竞争对手，建立持久竞争优势的基础。安进、基因泰克等公司由于拥有完善的综合组织能力，虽然几十年来有大量的生物制药企业产生，但却没有一家企业有能力对他们的强大竞争地位提出真正的挑战。

（二）聚焦专业化市场，善用政策法规

成功的生物制药企业在其发展初期普遍采取了聚焦于高度专业化市场的策略，以赢得培育综合组织能力所必需的时间，这主要归功于他们善于利用政策法规。美国在1983年通过了罕用药品①（Orphan Drugs）法案②，规定被认定的罕用药品在FDA批准上市后，开发商享有7年的市场垄断期（这时有没有知识产权保护已经显得不是那么重要了），还对罕用药品的临床研究费用给予税务优惠。新兴的生物制药公司将产品聚焦于高价位、小规模人群市场，专门开发生产用以治疗相对罕见、危及生命的药品，可以利用罕用药品法案赋予的垄断权利为发展综合组织能力赢得时间。因为罕用药品所面对的市场规模小、目标顾客明确，对生产能力和营销网络的要求较低，而罕用药品创造的收益可以作为企业发展综合组织能力所必需的资金来源。当综合组织能力一旦建立起来，新兴的生物制药公司就可能跨过罕用药品，进入其他领域和更广阔的市场。

基因泰克在创建之初就依靠对Protropin和Activase两种罕用药品的商业化获得了收益；历史上最成功的生物技术药品，安进公司的EPO最初也是借助罕用药品的地位才大获成功；健赞公司更是实行了一整套“罕用药品战略”，对包括Ceredase等在内的一系列罕用药品实施商品化；而生物基因公司在1997年通过对β-干扰素这一罕用药品的成功商业化，才一举扭亏为盈。

---

① 在我国医药界，有时也称其为“孤少药品”。

② 美国罕用药品法案（Orphan Drug Act）最早将罕用药品定义为“少见的疾病”，直到1994年才将“罕见”这个术语添加进去。“少见的疾病”是指：在美国影响人数少于20万人的任何疾病；在美国影响人数多于20万人的疾病，但治疗这类疾病的药品不可能凭借上市销售所得而回收其研发成本。

（三）融资能力

如本章第二节的研究所揭示的那样，资金是影响生物制药企业发展路径的关键因素。生物技术制药对资金需求巨大，除了初期建设综合组织能力外，持续开发创新产品也需要巨额资金支持，企业在不同发展阶段有不同的资金需求特点。通常生物技术药品的开发周期长达 8～15 年，开发一种主要的新药需要耗资数亿美元，但在获“新药证书”之前，企业无法通过销售新产品而获得收入，而这段时间却正是企业迫切需要资金的时期，因此，融资能力的强弱就成为新兴生物制药企业能否顺利发展壮大的关键因素之一。

本书选择的四家公司在发展过程中所采取的融资手段虽各不相同，但都反映了他们一流的融资能力。在初创期，风险投资是生物制药企业最普遍的融资手段。进入发展初期，资金需求急剧放大，风险投资已无法满足公司继续发展的需要，这时不同的企业就开始采用不同的融资手段：基因泰克和生物基因公司通过将其拥有的专利向其他公司进行许可授权进行融资。例如，基因泰克将其利用大肠杆菌生产人胰岛素、干扰素（α 和 β）、口蹄疫疫苗及牛生长素等的技术分别许可给礼来、霍夫曼罗氏、国际矿产品和化学品公司、孟山都公司等企业使用；而安进擅长资本运作，当在 1982 年剩下的初始投资仅能维持 6 个月的情况下，于 1983 通过成功公开发行股票融资也解决了发展初期的资金瓶颈。

进入加速发展阶段，资金的需求和供给之间的矛盾更加突出。由于研发项目多，研发投入巨大，仅靠专利授权许可、股票融资等融资途径获得的现金流不足以支撑公司的发展，基因泰克转向借助传统大型制药企业控股支持的方式解决资金难题（将公司的股份出售给霍夫曼罗氏公司）；安进与生物基因公司一方面对研发活动的规模控制较为得当，同时拥有杰出的资本运作能力，通过公开发行股票、以股票作担保等融资途径获取一部分资金，更重要的是，他们还善于在世界范围内与其他企业进行广泛合作，借用外部资源和营销网络发展自己的产品，不仅直接降低了资金压力，也加速了新产品的推广。例如，安进为开发 EPO 与麒麟啤酒株式会社共同投资组建合资企业，授权强生公司销售 EPO 既加快了市场开发进程又获得了新的资金注入；在开发 G-CSF 时，将在日本和中国的生产销售权授权给麒麟啤酒，将欧洲大多数国家的销售权许可给罗氏公司等都达到了这样的目的。

而健赞公司则另辟蹊径，避开了资金难题。健赞以生产生物制药产业内的纽带产品为开端，把发展综合组织能力建立在不断深化和扩展产品系列的过程中。初期生产纽带产品，不需要像生产生物技术药品那样要经历漫长的开发周期和繁琐的药品审批程序，公司面对的客户集中、明确，对营销网络的要求不高，可以迅速将产品转化为营业收入，从而支持公司的发展。在加速发展时期，健赞的发展稳健，在每一阶段，销售产品的收入都可以满足未来发展需要。

（四）优秀的企业家

企业家在生物制药公司的发展中发挥了决定性作用，安进的成功离不开宾德，基因泰克的发展离不开拉布，健赞只有在特默尔出任 CEO 后才开始发展自己的综合组织能力，生物基因公司的发展很大程度上要归功于文森特取代了吉尔伯特。生物制药企业的领导者除了要具有企业家的普遍特质外，还必须具备如下两项突出能力：

一是卓越的资本运作能力。这是由生物制药企业巨大又紧迫的资金需求所决定的，宾德、特默尔等不仅具有成熟行业成功的管理经验，还是公认的“金融奇才”，在将新产品推向市场期间，既能满足研发的资金需求，又使投资者镇定自若。

二是在实践中不断探索管理规律的能力。生物制药是新兴产业，没有成熟的管理模式可以借鉴，因此管理者只能在实践中不断探索管理规律，并根据环境的变化和公司的发展灵活调整经营模式和发展战略。典型的案例是生物基因公司，公司建立初期拥有 DNA 重组的核心技术，并通过将专利许可授权获得资本，同时获得先灵公司的投资，迅速成为干扰素领域的领导者。然而接下来由于管理能力低下，企业迷恋于扩展研究机构，经营面临困境。直到文森特担任 CEO 后，认识到构建综合组织能力的重要性，重组研发业务、改善“研、产、销”各环节，才使企业走出困境。

（五）持续推出创新产品的能力

不断推出具有自主知识产权并适合市场需求的创新产品，决定了生物制药企业能否立足及长期保持活力。安进成功研制 EPO 和 G-CSF 并获得专利保护，进而获得罕用药品法案的保护，为其成功奠定了基础，而研发同样产品的遗传学研究所则因输掉了专利诉讼官司而被美国家用产品公司（American Home Products）并购。

但持续推出创新产品的能力并不等同于企业的研发能力。为了持续推出新产品，生物制药企业还有多种途径可以选择，并购其他拥有正在研发中的新产品的新兴生物技术公司或到大学中寻找新技术来源是最常见的做法。安进、健赞等企业发展壮大后，对其生物制药企业展开大规模并购，如安进收购伊芒内克斯公司，生物基因公司收购 Conforma、Syntonix；健赞收购综合基因公司、ISIS 公司等，其根本目的就是为了获取其他企业正在研发的新产品，以使企业能够持续推出创新产品，保证企业的竞争力和活力。近年来生物制药产业内并购浪潮此起彼伏，同样也出于上述目的。而从 2007 年第四季度开始，美国证券分析师将安进公司的股票持续评级为"卖出"，原因就在于安进被认为患上了"大企业病"，创新能力下降，新产品的推出速度难以满足竞争的需要和投资者的需求。

（六）区位优势

如本章第一节的研究所指出的那样，区位优势对于生物制药企业的起步和发展具有非凡的意义。靠近世界一流学术研究机构、接近庞大的人才池（talent pool）、根植于发达的风险投资环境，这些都有利于知识和技术流动、信息交汇、研发人才和创业资本的获得。基因泰克和安进临近加利福尼亚大学、斯坦福大学和加州理工学院并与大学建立了密切联系，技术能力发展从中不断受益，健赞和生物基因公司的技术能力在由哈佛、MIT、波士顿大学、Mass 综合医院、Beth Israel Deaconess 医学中心、新英格兰医学中心等组成的学术研究机构圈中不断得到滋养。同时云集在斯坦福大学旁 Sand Hill 路的风险投资公司和波士顿的风险投资机构分别为这些企业提供充足的资金支持。而临近的学术研究机构在现代生命科学领域迅速批量生产博士和博士后的能力也为企业提供了源源不断的研发人才。

放眼整个美国生物技术产业，更容易发现区位优势的意义。美国生物技术产业主要集中在波士顿、旧金山等九大集聚区，除了美国卫生科学研究院（NIH）的资助额度外，九区生物技术产业相关活动的平均水平至少都是其他地区的 10 倍以上，从而为生物技术企业的发展提供了肥沃的土壤。

（七）创业团队的学术背景

创业团队的学术背景对于生物制药企业的创立至关重要，笔者认为这主要是由于生物制药技术起源于科学研究，它直接建立在实验研究成果之上，如转基因、克隆等技术本质上就是以前的实验研究方法。因此，与传统制药、信息技术等产业由大公司主导 R&D 不同，生物制药技术的研发和企业发展是以科学研究为起点的，创业团队内的知名科学家的学术水平及其所拥有专利，是投资者最为看中的降低投资风险的法宝，有利于企业获得风险投资的青睐，而风险投资为生物制药企业提供最初的（初创阶段）发展资金。

美国生物制药企业大都由科学家和风险资本联合创办，也即是我们在书中多次提及的“科学家+风险资本”模式，这已经成为生物技术创业的基本范式。例如，基因泰克是由DNA重组技术的发现者之一、诺贝尔奖得主博耶和风险投资家斯旺森联手创建的；安进是由加利福尼亚大学旧金山分校的生物学家小组及风险投资家共同创办的；生物基因公司则是由诺贝尔奖得主吉尔伯特借助风险投资创办等。

二、要素的划分及演进

在生物制药企业成长过程中，上述七个关键成功要素的功能和性质是不同的，我们将这些要素分为三类：（1）基础要素，包括优秀企业家、创业团队的学术背景和企业的区位优势；（2）功能要素，包括持续推出创新产品的能力、聚焦专业化市场和融资能力；（3）核心要素，即综合组织能力。

基础要素是企业从外部获得的，为生物制药企业的创建和发展提供最基本的支撑，如果缺乏这些基础要素，新兴的生物制药企业一般很难起步。假设创业团队内缺乏有影响力的科学家，通常很难赢得风险投资的青睐；企业区位选择不当，就很难获得未来发展所必需的技术能力、风险投资及充足的研发人才。例如，1994年排名美国生物制药公司第六、第八位的伊芒内克斯以及Gensia Pharmaceutical，他们后来的发展并不理想，很大程度上是因为他们位于西雅图和费城，那里缺乏顶尖的生命科学研究机构和丰富的风险投资。

功能要素是基础要素的衍生要素，正是由于基础要素之间的相互作用和耦合，企业在发展过程中才逐步形成功能要素，如创始人的学术背景、杰出的企业家、区位优势都有利于企业获得和提升融资能力、不断推出创新产品等。同时，功能要素又可以提供生物技术制药企业创建和发展所必备的基础功能。

核心要素是由功能要素和基础要素的耦合和不断升华而逐步形成的，它具有螺旋上升的本质，是生物制药企业持久竞争力的根本来源。如果只具备基础要素和功能要素，企业仅能维持正常的生存；只有通过时间的积累和沉淀逐步形成核心要素，生物制药企业才能具有强大的竞争优势和阻挡竞争对手的坚实壁垒，最终发展为成功的一体化核心企业。

同时，在生物制药企业发展的不同阶段，由于业务重点和战略目的不同，企业对各要素的需求也是不同的，根据表3-4所示的生物制药企业的典型发展阶段，我们将生物制药企业各发展阶段所需的关键成功要素、要素之间的关系及作用机理归纳如图3-3所示。

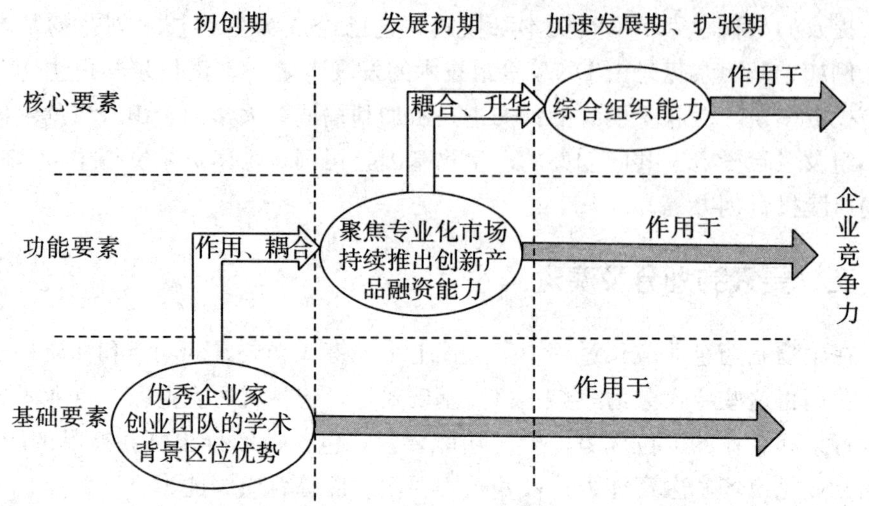

图 3-2　生物制药企业关键成功要素的作用关系及演进

本章参考文献

[1] 李小健. 经济地理学（第二版）[M]. 高等教育出版社，2006.

[2] 小艾尔佛雷德·钱德勒. 塑造工业时代——现代化学工业和制药工业的非凡历程[M]. 罗仲伟，译. 北京：华夏出版社，2006.

[3] 李晓龙，刘建亚. 生物技术产业发展与政策研究［M］. 北京：经济科学出版社，2006.

[4] 李天柱，银路，程跃. 美国领先生物技术企业的成功要素及其启示［J］. 管理学报，2010，07（09）：1335－1342.

[5] Pisano G P. Science Business：The Promise，the Reality，and the Future of Biotech [M]. New York：Harvard Business Press，2006.

[6] 李天柱，银路. 现代生物技术的管理特征及我国企业现阶段的发展思路［J］. 科学学与科学技术管理，2009，30（06）：130－134.

[7] 宋思扬，楼士林. 生物技术概论（第三版）[M]. 北京：科学出版社，2007.

[8] 刘丽华，杨乃定. 针对案例研究局限性的案例研究方法操作过程设计［J］. 科学管理研究，2005，23（6）：118－121.

[9] 胡显文，陈惠鹏，汤仲明等. 美国、欧盟和中国的生物技术药物比较［J］. 中国生物工程志，2005，25（2）：82－94.

[10] Brooking Institution. Profile of biomedical research and biotechnology commercialization [EB/OL]. www. brookings. edu/es/urban/publications/biotechnewyork. pd，f 2002－09－15.

[11] The Brooking Institution Center on Urban and Metropolitan Policy Signs of life：the Growth of Biotechnology Centers in the USA [Z]. 2001

[12] 吴卓群. 美国生物圈生物技术企业与制药企业的区别 [J/OL]. [2005-07-01]. http：//www? istis? sh? cn/list/list? aspx? id=1869.

[13] 李天柱，银路，程跃. 美国生物制药企业的发展路径研究及其启示 [J]. 中国软科学，2010，(05)：136-142，181.

[14] 李志能，苑波，陈波. 形成和确保代际优势——美国生物技术产业集群的发展和组织状况 [J]. 中国生物工程杂志，2006，26 (1)：97-101.

[15] Achilladelis B. Pharmaceutical Innovation：Revolutionnizing Human Health [M]. Philadelphia：Chemical Heritage Press，1999.

[16] Day G S，Schoemaker P J，Robert E. Gunther. Wharton on Managing Emerging Technologies [M]. New York：John Wiley & Sons，Inc.，2000.

[17] 李天柱，银路，程跃. 生物技术产业集群持续创新网络及其启示——基于国外典型集群得多案例研究 [J]. 研究与发展管理，2010，22 (03)：1-8.

[18] 李天柱，银路，程跃. 美国生物制药企业的发展路径研究及其启示 [J]. 中国软科学，2010，(05)：136-142，181.

[19] 李天柱，银路，程跃. 美国领先生物制药企业的成功要素及其启示 [J]. 管理学报，2010，7 (09)：1355-1342.

第四章　现代生物技术的演化、预见、评估与选择

现代生物技术从其产生的那一天起，就处在高度不确定、高度复杂和极度模糊的环境之中，如何对这类技术做出预见、评估和选择，是管理现代生物技术的重要基础，同时也是生物技术企业所面临的基本管理问题，必须给予高度重视。

第一节　技术物种的形成和发展之路

作为21世纪最令世界瞩目的高技术之一，现代生物技术的发展对整个人类社会都产生了根本性的影响。但是，一项现代生物技术最初究竟是如何产生的，在获得惊人的市场应用之前，它又经历了什么样的发展过程，这就是技术物种的形成与发展之路——现代生物技术演化的“史前史”。研究现代生物技术的物种形成与发展有助于加深理解现代生物技术的起源，对于揭示现代生物技术成长与演化规律、研究技术的评估与选择等具有重要意义。

我们将借助生态遗传学中的种群理论对现代生物技术的物种形成与发展进行分析。

一、生态遗传学的主要相关理论与现代生物技术的物种特性

（一）物种的特性与进化

物种的形成是由于遗传和变异[1]，技术的形成则源于某种突破或变革，技术起源与物种起源之间存在相似的规律和特征，因此，借用生物学理论研究技术起源已成为一个新热点。对于有性生殖生物而言，物种（species）是一个具有共同基因库、与其他类群之间存在生殖隔离的类群[2]，是可以互相交配的自

然居群[3]。物种具有两大特性：一是可育后代，即新物种除了要与先辈（或原始物种）的遗传特征大不相同之外，自身一定要有繁殖后代的能力，否则只能是生物而不能称为物种，比如骡；二是同属于一个物种内的所有个体具有共同的基因库。在生态遗传学产生以前，传统进化物种论及当代进化物种论等理论，分别提出了渐变成种与突变成种、地理成种与非地理成种、遗传物质与表型特征、线系与分支等物种形成理论[1]，但一直没有形成被普遍认可的理论。同时，由于对自然界的认识能力有限，上述理论都是基于物种的表型特征和生态环境所做的研究，而对物种形成的内在机理却罕有解释。

20 世纪 50 年代以来，分子生物学的发展使人类可以在分子层面揭示物种的形成机理。研究显示，物种的形成是以基因的变异和分化为基础的，一些基因座位上的分化速度很快，且分化后基因流再次融合十分困难[4]，同时在这类基因座位及其控制性状上的分化，对于物种分化以及生殖隔离的形成作用是巨大甚至是决定性的，这类基因称为“成种基因”[5、6]。该发现表明基因的改变是物种形成的内在机理，基因突变、基因重组都能产生新物种。当然，“成种基因”的发现并不否定原有的理论，生态遗传学同样承认地理成种也是重要的成种机制，其作用在于能形成异域（无基因交流）[4]。“基因变化既是引起成种作用的原因，同时也是成种作用的结果”[7]，物种形成是“基因型、表现型和环境相互作用的函数”[8]，也即是说，新物种的形成是基因变化和地理生态环境的影响相互作用的结果[1]。

生态遗传学认为，研究物种进化要从种群（population）入手。“种群是在某一特定时刻占据某一特定空间的一群同种生物”[9]，“是在特定空间里能自由交配繁殖后代的同种个体的集合，它既是种系变异单位又是生态适应的单位”[10]。可见，种群是物种的基本单位，其特点是同时强调空间概念和同种个体群，如果再加上时间概念，则种群可理解为：在特定的时间内，占据一定空间的自然的或人为的同种个体群。种群是决定物种进化的基本单位：一方面种群内或种群间的个体自由交配，使他们共享一个基因库，从而为产生种内遗传多样性提供自然或人工选择的机会，形成物种进化；另一方面，共享同一环境空间的个体集合，通过生长繁殖、基因流的迁入迁出，在与环境相互作用过程中发生数量与分布的动态调整，从而使种系能适应多样性的外部条件和环境条件[11]。种群的进化潜力和对环境的适应能力取决于群内遗传变异水平和遗传结构[12]，遗传变异越丰富、遗传结构越复杂，种群的进化能力和对环境变化的适应能力就越强，越容易扩展其分布范围和开拓新的环境。

（二）现代生物技术的物种特性

第二章关于现代生物技术特征的研究显示，现代生物技术具有极强的驱动性，一是表现在其技术体系自身的不断深化和扩张，二是表现在向其他技术领域的渗透，将在其他技术领域产生连锁反应式的革命[13]，现代生物技术的这种驱动性可以类比为物种的可育后代特性。同时，各类现代生物技术的产生和发展又都要运用现代生命科学（特别是分子生物学）的科学成就，因此现代生命科学可以视为现代生物技术的共同“基因库”。由于这两个特性（可育后代、共同基因库）的存在，使得现代生物技术具有显著的物种特征，因此我们可以借用生态遗传学的相关理论，研究其形成及发展规律。

生物技术产业历史学家 Orsenigo 认为，“现代生物技术的出现来自一种完全不同的学科，分子生物学提供的推动力从根本上改变了生物技术创新的知识基础和机遇”[14]，“其中特别重要的是 DNA 重组技术的发现，它在诊断和治疗疾病方面以及分子层面的生物过程研究方面的潜力是无穷的，将导致生物技术产业的形成”[15]。因此，分子生物学就是现代生物技术的“成种基因”，DNA 重组技术的产生则是现代生物技术形成的起点。根据生态遗传学对物种形成机理的解释，我们将现代生物技术的形成机理概括如下：分子生物学这一“成种基因”使现代生物技术具有与其先辈（传统生物技术）完全不同的遗传特征，它的基本技术路线是通过对生命基本物质 DNA 进行有目的的操作来操控生命和遗传活动进程，各种现代生物技术都是由于分子生物学的出现而产生的。像物种的形成一样，现代生物技术的形成也是基因变化和环境改变（物种形成事件）共同作用的结果：它可以是以突破式发展（相当于基因突变）为象征的；还可以是多种技术的融合（相当于基因重组）；或是由于技术应用领域的转移使其应用必须适应新环境的变化而形成。不论物种的来源是哪一个，未来新物种都将通过种群进化不断发展和适应环境，而现代生物技术在其未来也必须要通过渐进式发展不断完善和进步。

为进一步研究现代生物技术的形成路径及其发展趋势之方便，我们将其形成与发展中的相关概念与生物物种形成与发展中的相关概念对照归纳，得到表 4－1 所示的对应关系。

表 4－1　生物物种与现代生物技术物种的相关概念的对应关系

生物物种的概念	技术物种的概念
新物种	现代生物技术

续表

生物物种的概念	技术物种的概念
基因	技术的科学基础
成种基因	分子生物学
突变	科学突破
重组	技术融合
迁徙	技术应用领域转移
适应	应用
地域	应用领域
种群	技术种群（特定应用领域内的技术）
进化	渐进式发展

二、现代生物技术的物种起源

现代生物技术的起源可以归纳为以下几种情况。

（一）全新技术的自我强化

现代生物技术体系中的关键技术大都源自基于重大科学基础突破的根本性创新（突破性创新）。一般来说，这类现代生物技术都在实验室内经历了较长时间的发展，相关的补充性技术或辅助技术也围绕着核心技术逐渐发展起来，从而成长为能够创造新产业的技术群。随着新技术本身的不断完善和自我强化，一旦技术离开实验室，这类现代生物技术就会被迅速应用于生产，创造出全新的应用领域并迎来爆发性的市场应用。这种现象在现代生物技术领域中很普遍，现代生物技术体系中的很多重要技术起源于这类技术物种，如DNA重组技术、基因治疗技术、体细胞克隆技术、抗体工程技术、蛋白质工程技术等。

现代生物技术核心的典型代表是——基因工程。《沃顿论新兴技术管理》一书中指出，生物技术之前并没有任何先例，在其惊人的市场应用之初，已经在实验室中经过了很长时间的技术发展的“史前史”，其实就是指基因工程。在基因工程产生以前，其核心技术DNA重组技术已经在实验室中产生了，虽然这项技术产生之初并没有明确的应用领域，但是人们从它的技术特点中发现了它所具有的打破物种界限和创造新物种的惊人潜力，于是围绕DNA重组技术，转基因、PCR、DNA文库、酶切等辅助性技术被发展起来，组成了基因工程。基因工程一离开实验室，就创造出遗传育种这一全新的技术应用领域并获得了爆发性的市场应用。至于基因工程与蛋白质工程、发酵工程、细胞工程、酶工程等其他技术的结合，那已经是基因工程走向成熟以后的事情了。基因工程的物种形成过程可以用图 4－1 表示。在图 4－1 中，基因工程是全新的技术，而其应用的遗传育种领域（区别于传统育种）也是全新的。

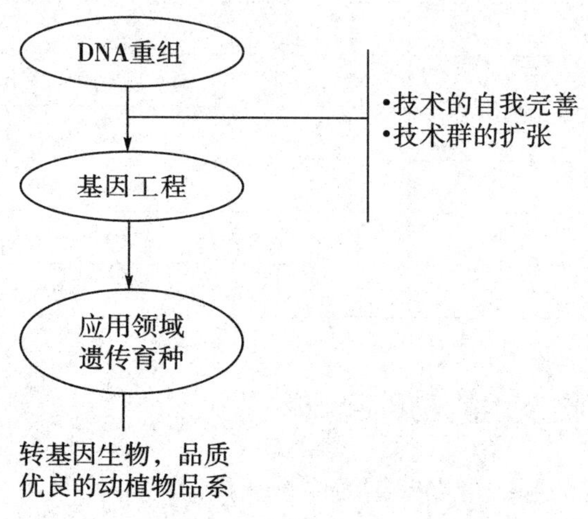

图 4－1　基因工程的物种形成过程

然而，有些全新的现代生物技术虽然被公认具有巨大的潜力和重要意义，但由于政府政策法规、技术安全、公众舆论、伦理道德等方面因素的影响，其技术物种进化步伐却比较迟缓，这样的技术如果想获得爆炸性的发展，就只有等到相关法律法规的松动或者社会公众的接受。如果不能跨越这个门槛，技术有可能就会长期停留在实验室内，处于缓慢发展的“技术休眠”状态，使人们只能畅想其美好的未来，或者被其他更新的技术所取代而沦落为早熟技术。最典型的案例当属引起广泛争议的胚胎干细胞工程技术和被各国所禁止的克隆人技术，而在特定的国家和市场，转基因技术等面临着同样的窘境。技术物种的这种发育方式是现代生物技术独有的，在信息技术等其他技术领域，技术物种也可能因为政府或公众的干预而受到一些影响，但影响往往不是致命的。现代生物技术由于与人类自身的安全和种族进化密切相关，因而受到了重点“关照”。

（二）新技术与原有技术的融合

一些现代生物技术是由突破性创新产生的全新技术（包括基因工程）与现有技术相融合产生的新的技术物种发展而来的。这又分两种情况：一种情况是新技术具有创造新行业的能力，但需要依赖现有的技术为其提供帮助，特别是大规模生产方面的帮助，图 4－2 所示的基因工程与微生物发酵工程的融合就是如此。在图 4－2（a）中，基因工程是全新的技术群，而微生物发酵技术是已有的近代生物技术，发酵技术为基因工程提供产业化方面的帮助，它们二者融合后的技术应用领域是基因工程制药；另一种情况是，新技术为原有技术提供帮助，推动原有技术产生本质飞跃，比如大规模提高产品的质量或产量。在图 4－2（b）中，单克隆抗体原本就是采用细胞工程中的细胞融合技术以及发酵工程中的微生物发酵技术生产，基因工程的加入使上游的抗体细胞构建技术产生了飞跃，虽然融合后的技术仍然应用于单克隆抗体生产，却促成了当今发展的最成功治疗性抗体产业的爆发。

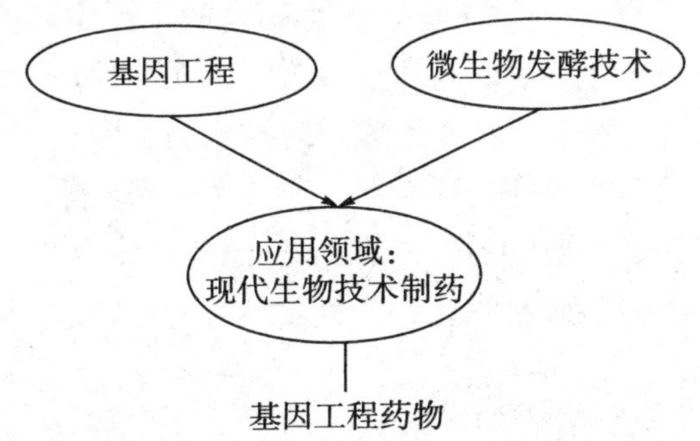

图 4－2（a）　基因工程与发酵技术的融合

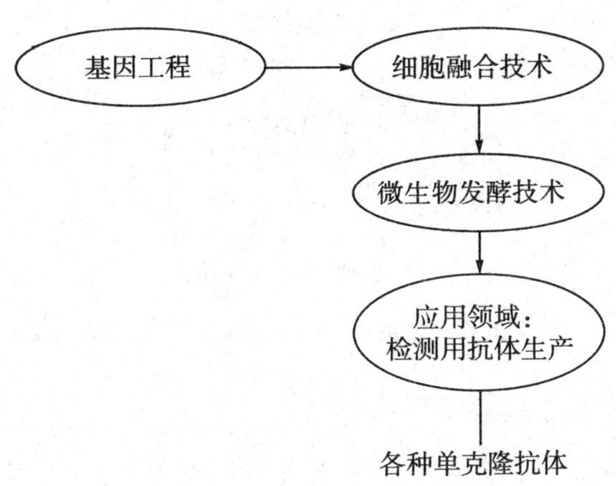

图 4－2（b）　基因工程与细胞融合技术的融合

（三）全新技术之间的融合

现代生物技术的另一重要来源是两项或两项以上本来毫无关系的全新技术

之间产生了融合，融合得到的技术是全新的，应用领域也可能是全新的。由于融合后的新技术自身具有突出的性能指标，因而常常能创造出全新的、爆发性的、令人瞩目的新行业。这种情况近来在现代生物技术领域中出现的越来越多，原因可能是在于经过 30 余年的发展，现代生物技术领域中一些基础的、支柱性的新技术（如 DNA 重组技术、转基因技术、动物克隆技术等）已经被陆续开发和发展起来，为这种更新的技术融合奠定了基础。

值得注意的是，这种全新的技术融合往往产生于现代生物技术的大规模生产环节，对于技术的产业化具有极其重要的意义。例如，基因工程与蛋白质工程的融合为蛋白质的修饰、剪切和重新设计提供了帮助，并使得按照目的功能的要求设计生产全新蛋白质成为可能。当然，目前产业化最成功的案例要数图 4－3 所示的动物反应器技术。在基因工程药物的生产中，由于很多重要的药物蛋白通过微生物发酵生产后的表达活性过低或无活性，人们便尝试将目的蛋白基因用哺乳动物进行表达，将体细胞克隆技术与基因工程结合来生产一些珍贵的药用蛋白，从而使乳腺动物反应器、血液反应器、输卵管反应器等动物反应器技术迅速发展起来，催生了被称为 21 世纪的“黄金产业”“钻石产业”的乳腺动物反应器产业的迅猛发展。

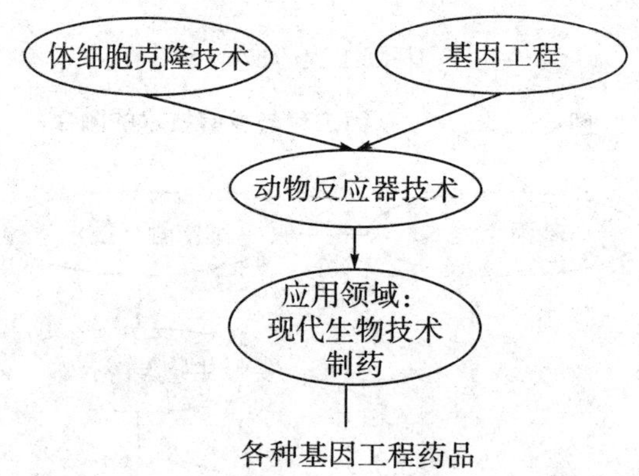

图 4－3　两项全新技术的融合——动物反应器技术的成长路径

（四）技术应用领域转移

有些现代生物技术与其说是一项重大科学突破的结果，不如说通常是技术的应用领域发生了转变，如纳米生物技术。这类技术可能来自突破性的技术创新，也可能本来就已经存在，但他们共同的特征是从其他技术领域转移到现代生物技术领域，在转移过程中技术本身并没有发生本质变化，但技术的特征符合转移后市场的特殊选择标准，并得到大量相关资源的支持，技术因而得到迅速发展和爆发性的市场应用。例如，纳米技术转移到现代生物技术领域前后，技术本身并没有明显变化，但纳米技术本身的特点符合现代生物技术市场的需求和选择标准，并得到现代生命科学的丰富研究成果的支持，各种纳米加工和纳米材料技术正在获得广泛应用，创造出分子马达、硅虫晶体管、生物电线、组织工程材料、纳米探针等新技术和新产品，这些新技术和新产品在医疗、信息、材料、智能制造等领域的革命性应用前景被人们寄予厚望。

其他技术领域的技术转移到现代生物技术领域后，利用现代生命科学丰富的研究成果或与现有的现代生物技术产生交叉融合，催生了大量现代生物技术的外围技术群，生物信息技术等都是这样出现的。技术应用领域的转移在现代生物技术发展中的作用应该引起政府主管部门和企业界的高度重视，因为这些外围技术群正在创造一个又一个具有光明前景的产业，同时他们对基因工程、蛋白质工程等现代生物技术的主体工程的推动作用是不可估量的，而且这些技术一般很少受到政府法规的限制和社会文化系统的反对。

三、现代生物技术的进化与发展潜力

新物种形成之后，要通过进化以适应多样性的生态环境并扩展其分布范围和开拓新的生存环境，技术物种形成后，同样需要在特定应用领域内以技术种群的形式进一步发展完善，并不断扩张其应用领域，这与物种的进化过程是一致的。研究现代生物技术物种的进化与发展潜力，对于企业进行技术选择、评估、演化等都具有现实指导意义。

（一）发展模式

现代生物技术发展总体上遵循“技术物种形成—渐进式发展—技术群扩张—新产业形成”这一模式。一方面是新技术本身逐步发展完善，通常需要开发或运用辅助性技术和补充性技术与新技术在功能上实现互补；另一方面，新技术在自我完善的过程中，也会不断吸收新的科学原理或吸引其他技术加入进来。辅助性技术和补充性技术可能是已有技术，也可能是突破性创新的技术，同时，新技术对其他科学原理的利用以及新技术与其他技术之间的融合有可能会产生更多新技术，从而形成不断扩张的技术群。这样，一方面新技术不断完善从而推动应用的发展，另一方面技术群的扩张使得应用领域迅速扩大。再通过与企业能力、市场、外部环境等众多因素的复杂的共生演化过程，一个崭新的产业就可能形成。

图 4-4 所示的生物芯片的发展说明了上述过程。生物芯片始于 Ed

Southern 提出的核酸杂交理论，由此产生的印迹杂交（Southern Blot）技术是生物芯片的雏形（技术物种形成）。20 世纪 80 年代初，随着 DNA 测序技术和 PCR 技术的发明，人们运用集成电路制造技术将 DNA 测序和 PCR 应用于印迹杂交技术，创造出早期的 DNA 芯片，但这一阶段芯片体积较大、检测能力有限，主要被应用于科学研究。20 世纪 80 年代后期至 90 年代初，随着 DNA 自动测序技术和基因组学的发展，急需 DNA 芯片向微型化和高通量的方向发展，半导体技术和计算机技术开始被应用于改进早期的 DNA 芯片。1991 年，第一块商用微型 DNA 芯片由昂飞（Affymetrix）公司开发出来，揭开了生物芯片产业的序幕。从 1991 年至 1995 年，纳米技术、生物信息技术、微阵列技术等被持续应用于改造 DNA 芯片，使其体积和检测能力分别降低和提高了若干数量级，真正意义上的 DNA 芯片正式产生，开始在基因组研究、医疗诊断等领域被广泛应用。受 DNA 芯片的启发，人们又迅速将蛋白质组学、代谢组学、微通路技术等新理论和新技术吸收进来，蛋白质芯片、代谢芯片、染色体芯片、细胞芯片等众多生物芯片产品如雨后春笋般发展起来，而其发展的终极目标就是要创造集成整个生化检测分析过程的微型芯片，即“芯片实验室”（Lab-on-chip）。各类生物芯片已经在生命科学研究、疾病诊断与治疗、新药开发等众多领域得到广泛应用，创造出当前最引人注目的、价值以百亿美元计算的生物芯片产业。

（二）现代生物技术发展潜力评估

是不是每种现代生物技术都能像生物芯片那样令人兴奋地发展呢？一方面技术要具备满足特定市场需求的能力；另一方面市场中要存在技术继续发展所需的丰富资源。除此之外，技术自身还要具备足够的发展潜力（可理解为进化能力）和市场应用潜力（可理解为对环境的适应能力）。可以借助种群理论对技术的进化潜力和对环境的适应能力进行分析。种群是按照空间概念（地域）划分的物种基本单位，因此可以按照技术的应用领域将现代生物技术划分为若干技术种群。种群的进化潜力和对环境的适应能力取决于群内遗传变异水平和群内遗传结构，技术种群的遗传结构可以理解为种群内科学基础类型的多寡，而遗传变异水平则指科学基础的突破程度。

新技术：Southern Blot
（生物芯片雏形）
吸收、应用其他科学原理和技术
技术群扩展、应用领域扩展
补充性技术、辅助性技术的支持
早期的DNA芯片
补充性技术、辅助性技术的支持
微芯片
补充性技术、辅助性技术的支持
DNA芯片
蛋白质组学
代谢组学
……
各种生物反应过程集成
蛋白质芯片
代谢芯片
其他生物芯片
芯片实验室
应用领域：生命科学研究、疾病诊断与治疗
新药开发、司法鉴定、食品卫生检验、航空航天、军事等
生物芯片产业
•DNA检测技术
•PCR扩增技术
•集成电路技术
•DNA自动测序技术
•基因组学
•半导体技术
•计算机技术
•纳米技术
•生物信息技术
•微阵列技术
新技术自我强化，应用发展

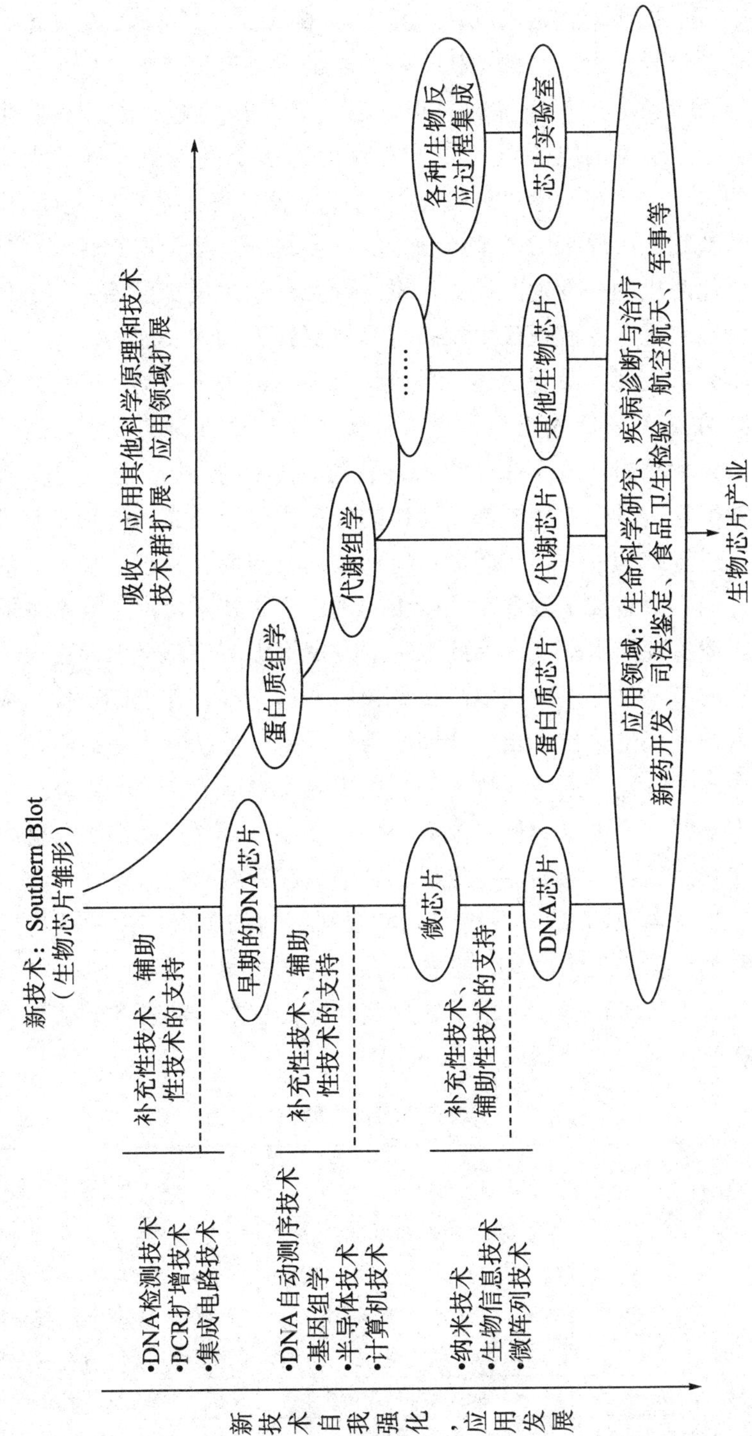

图 4－4　生物芯片的发展

总体来看，现代生物技术领域内技术类型众多，不同类型的技术之间所依赖的科学基础差异很大，因此现代生物技术的发展潜力巨大，应用潜力强，未来它还将经历漫长的进化和发展过程，将向更广阔的领域渗透和扩张。事实上，随着包括人类基因组计划（HGP）在内的多个基因组计划的完成，现代生物技术的科学基础在发生显著变化（遗传变异一直在发生）。以生物制药为例，其科学基础正由原来的“基因→细胞→系统→药物”模式转向“基因组→蛋白质组→代谢机理→毒理”模式，系统性和对象规模都要提高若干量级。科学基础的大幅突进，将使现代生物技术具备更强大的发展能力。

进一步分析发现，沿着前述四条典型路径形成的不同类型的技术，其发展潜力是不同的：(1) DNA 重组、克隆等源自突破性创新的技术，由于技术种群的遗传变异水平高，适应环境的能力很强，技术的应用广泛，这类技术一般在不同的动植物、微生物领域都是通用的。但由于这类技术的科学基础相对单一，也就是遗传结构单一，因此针对每项技术自身而言其进一步发展的空间却相对较小；(2) 沿着技术融合途径产生的现代生物技术，由于技术种群的遗传结构复杂，遗传变异水平高，因此未来的发展潜力和应用潜力要更大；(3) 发展潜力最强的应该是那些由其他高技术领域转移过来，并借助现代生命科学理论且与已有的现代生物技术相融合形成的新技术，如纳米生物技术、生物信息技术、生物芯片等，因为这些技术种群的遗传结构比纯粹的生物技术更复杂，遗传变异水平更高。可以预见，未来最具发展潜力，最活跃的将是这些融合技术，他们向其他领域渗透的能力更强，必须引起高度重视。

更进一步的，我们参照文献［16］，根据当前的主流应用领域将现代生物技术更细致地划分为生物医药、生物农业、生物能源、生物环保、生物制造、海洋生物等若干技术种群，采用上述思路和评价标准，将各类现代生物技术的发展潜力和应用潜力归纳如表 4−2 所示。

表 4−2　现代生物技术的发展潜力

技术种群	遗传结构	遗传变异	发展潜力	应用潜力
生物医药	复杂	高	大，不断产生和发展新技术	巨大，将创造惊人的市场
生物农业	简单	较高	较大，会产生较多新技术	巨大，但主要在已有领域
生物能源	简单	较高	较大，会产生较多新技术	巨大，但主要在已有领域
生物制造	复杂	高	大，不断产生新技术	巨大，不断创造新的应用领域
生物环保	简单	中等	较小，新技术将较少产生	中等，主要在已有领域内发展
海洋生物	复杂	高	大，不断产生新技术	巨大，将创造惊人的市场空间

第二节　现代生物技术的演化

演化可以视为随时间的发展，事物的渐进性变化过程。而现代生物技术演化关注的问题是，随着时间的推移和环境的变化，现代生物技术如何从“技术物种”发展成为“创造新行业或改变老行业”的新兴技术。对现代生物技术演化过程的研究，就是站在技术、技术系统、“技术－经济范式”的等角度，从微观、中观和宏观等不同层次理解现代生物技术向现代生物技术产业发展变化的动态过程。

根据技术创新的动力来源不同，通常把技术创新分为以市场需求为动因的市场拉动假说和以技术推动市场需求的技术推动假说[17]。因此，根据产生现代生物技术的创新过程不同，可以将现代生物技术演化模式区分为技术推动型和市场拉动型。所谓技术推动型演化，是指新的市场需求是随着技术的诞生和演化而形成的，这类技术大都是通过突破性创新（radical innovation）形成的，如DNA重组、干细胞工程、细胞克隆技术等；市场拉动型演化是指新技术是为了满足已经存在的潜在市场需求而通过渐进性创新（incremental innovation）或技术应用领域的转移来实现新功能，发展人源化抗体技术生产抗体药物就是对鼠源抗体技术和人－鼠嵌合型抗体技术所进行的持续改进。

本节根据现代生物技术的技术特点和产业特征，分别对技术推动型和市场拉动型的现代生物技术的演化模式和演化过程进行研究，并试图从中总结一些现代生物技术演化的特点。

一、技术推动型现代生物技术演化

技术推动型技术演化是现代生物技术演化研究的主体，因为现代生物技术的核心DNA重组技术及基因工程就是技术推动型的突破性创新的结果，其他技术都是围绕DNA重组技术和基因工程发展起来的。或者说，现代生物技术的演化可以看成是DNA重组技术在不同应用领域的演化过程，其他技术如蛋白质工程、细胞工程、发酵工程、酶工程、生物芯片等都可以看成是随着DNA重组技术演化而逐步发展起来的。

技术推动型现代生物技术有两个显著特点：第一，在技术产生之初没有明确的应用领域；第二，在重大的突破性创新产生之后，往往会有一系列的“辅助性”新技术出现。因此，这类现代生物技术往往不是单一的技术，而是一个以重大技术突破为核心的技术群，群内技术之间互相补充、互相促进及共同发展，而且正如本章第一节所述，技术推动型的现代生物技术往往在获得惊人的市场应用之前，已经在实验室内经历了很长时间的技术发展的“史前史”。根据演化过程中的标志性事件，我们将技术推动型现代生物技术的演化过程划分为技术发展、应用竞争、技术-需求匹配以及渐进创新等四个阶段，以下分别从演化的驱动因素、关键参与者以及不确定性因素等几个方面对不同阶段的演化特点进行分析。

（一）技术发展阶段

技术发展阶段是指从基于科学基础理论突破的新技术出现到新技术应用领域出现的过程。进入这个阶段的标志是技术的科学基础趋于稳定，新技术的技术范式开始形成，通过这个阶段的标志是技术的主导技术范式出现，潜在应用领域逐步显现。

在这个阶段，技术的演化主要随着科学基础的稳定，不同的技术范式之间产生竞争并最终确定主导技术范式，沿着主导技术范式所锁定的方向，新技术的性能和功能不断得到发展和改进，同时，技术的应用领域开始逐渐进入技术提供者的视野。这一演化阶段的主要的驱动因素是来自于科学发展的内在动力，多为科学家的好奇心和创造性。主要参与者是相关领域的科学家、科研机构、知识产权机构以及对新技术的狂热爱好者。这一阶段的不确定性主要是技术发展方向、应用领域及其出现时机的不确定性，而技术发展方向的不确定性随着主导技术范式的出现而逐渐降低。

对于技术推动型的现代生物技术演化而言，其主导技术范式之争一般并不激烈，实验室的科学研究方法是技术范式的主要来源，因此技术发展方向的不确定性并不是很高，技术未来的发展轨道相对容易预测，初期的技术应用领域一般也比较明确。DNA 重组技术和基因工程一面世，根据其技术特点，人们就将其应用于打破物种界限和创造新物种，用来发展生物技术制药和转基因生物。虽然随着后来的发展，基因工程的应用领域不断扩展，但其最基本的应用范式却始终没有发生变化。比如，就生物技术制药技术而言，最初的基本技术路线有两条，一条是将基因工程应用于改进传统制药，具有代表性的企业是安进（Amgen）；另一条是通过确定靶向基因，利用基因工程寻找针对特定毒理的药用蛋白质，这方面的代表是基因泰克（Genentech）。这两条技术路线依然是当前生物制药的主导技术范式，不过近年来随着基因组学和生物芯片技术的发展，第二条技术路线正在逐渐显示其优势和潜力。

（二）应用竞争阶段

该阶段指从新技术的应用领域大量出现到特定领域占据新技术应用的主导方向。随着主导技术范式的出现，新技术会面临若干重要且明确的发展方向，而在不同的方向上都会有一系列的“辅助性”技术出现，技术与不同辅助性技术的组合致力于满足不同领域的应用需求，如用于疾病诊断、药物与疫苗生产和基因治疗就是基因工程在应用竞争阶段的三个应用方向；或是用不同的组合方式满足同一领域的应用需求，如DNA重组技术分别与DNA芯片技术、PCR技术进行组合可以通过不同的路径达到基因诊断的目的。新技术在不同应用领域的演化过程是一个所需资源持续增加的过程。由于技术、市场及配套环境等资源的稀缺性和“频数依赖效应”的存在，新技术的不同应用之间有可能形成竞争，竞争的结果是某个或某几个特定领域成为技术的主导应用领域，标志着技术开始进入演化的“技术-需求匹配阶段”。

在应用竞争阶段，现代生物技术演化的主要内容包括：（1）新技术与不同“辅助性”技术的互相补充、互相促进的发展过程；（2）新技术与不同“辅助性”技术的组合与特定应用领域的共生演化过程，即为满足特定应用领域的需求，新技术与不同的互补性技术进行组合创新，而技术组合所提供的功能不同，也会影响特定应用领域的需求发生变化。

在这个阶段，现代生物技术演化的主要驱动因素是不同类型技术提供者基于对新技术的预期所进行的战略投资；关键参与者是新技术提供企业与采纳企业、“辅助性”技术提供企业、市场研究机构、技术交易机构、潜在用户等。不同参与者面临的不确定性是不同的，新技术提供企业面临的不确定性有采纳企业采纳时机不确定、“辅助性”技术出现的不确定等；新技术采纳企业面临的主要不确定性是“辅助性”技术出现的时间和类型的不确定与主导应用领域的不确定；“辅助性”技术提供企业面临的不确定性主要是主导应用领域所需要的技术组合的不确定。

技术推动型现代生物技术演化的应用-竞争阶段，就是新技术向不同的应用领域渗透的阶段，是创造新行业或颠覆老行业的开端。现代生物技术在不同应用方向上的竞争并不明显，一般在各应用方向上都能获得充足的配套资源支撑，使新技术能够顺利地发展并向产业演化。原因在于现代生物技术主要提供医疗、药品、环保、食品、能源等产品，与人类自身的发展密切相关，DNA重组技术和基因工程在各个可能的应用方向上都有创造巨大产业的潜力，各国政府和企业对现代生物技术的发展高度重视，新技术因而获得了充分的辅助性技术和配套资源的支持，这也是现代生物技术能够在全球范围内迅速爆发出来的主要原因之一。

（三）技术一需求匹配阶段

该阶段是指从新技术进入主导应用领域到满足市场基本需求的过程，比如DNA重组技术与细胞融合技术、动物细胞大规模培养技术等辅助技术的结合就使单克隆抗体市场的基本需求得到了满足，这是基因工程向单克隆抗体技术演化的技术–需求匹配阶段。在技术–需求匹配阶段，现代生物技术演化的内容主要包括：（1）新技术与市场需求之间的共生演化。因为潜在市场随着主导应用领域的出现逐渐明确，但新技术到底如何满足市场需求、消费者如何使用新技术产品都是不确定的，因此这个阶段的一个主要表现就是新技术与市场需求之间的交互影响、互相适应；（2）技术生态系统的演化。随着市场不确定性的降低以及对新技术的美好预期，会有更多的企业作为“辅助性”技术提供者或补充性资产的提供者进入以新技术为核心的技术生态系统[18]。新技术生态系统的演化也受到技术与市场需求共生演化的影响。随着技术生态系统的演化，新技术在主导应用领域的工程通道和商业模式逐渐成形。通过以上两个演化过程，新技术与主导应用领域的市场需求逐渐匹配，被该领域的大多数消费者所认可和采纳。通过一定时间的技术扩散，主导应用领域的潜在市场需求基本得到满足，标志着新技术开始进入第四个演化阶段。

在这个阶段，现代生物技术演化的关键参与者是新技术提供和采纳企业、辅助性技术和补充性资产提供企业、消费者以、社会文化系统及政府机构等。演化的关键驱动因素是不同企业为开发潜在市场而投入各种资源，形成了技术演化的推动力，另外，市场需求也是技术演化的重要拉动力量。在这一阶段主要的不确定性是技术扩散范围及时间的不确定。

虽然现代生物技术的演化在技术发展阶段和应用竞争阶段一般不会遇到太大的障碍，但是在技术–需求匹配阶段遇到的困难就多得多，这也是由于现代生物技术与人类自身的关系所决定的。一方面，很多现代生物技术产品初期的价格都很昂贵，特别是基因工程药品和治疗诊断产品，这就对技术市场需求的扩张产生了很大影响。例如，基因泰克开发的组阿替普酶（Activase）定价为每剂2200美元，健赞（Genzyme）取材于透明质酸的基因工程药品阿糖苷酶(Ceredase)，患者每年需要为其支付15万美元。另一方面，现代生物技术的发展与人类自身的安全和种族进化密切相关，因而受到政府法律法规和社会观念系统的密切监督和干预，进而影响技术的演化。事实上，这种影响有时从技术发展阶段就已经开始了，干细胞工程技术和动物克隆技术的演化在技术发展阶段就已经开始受到各国法律的严格管制，而DNA重组技术在其技术物种形成之初就已经有科学家开始反对任何形式的基因操作实验。

（四）持续改进阶段

这是技术推动型现代生物技术演化的第四阶段，是新技术满足主导应用领域的基本市场需求后，通过持续的改进型创新为消费者提升技术价值的过程，其市场规模迅速扩大，已经开始创造新行业或对原有技术或市场形成颠覆性破坏。进入这一演化阶段后，技术面临的不确定性和复杂性已经大大降低，可以运用成熟技术的管理思路和方法。这一阶段的关键是如何持续地改进技术的性能，而这就是后面市场拉动型现代生物技术演化的研究内容。

前面四阶段的分析主要是以DNA重组技术和基因工程为例，对于其他技术推动型的现代生物技术，如生物芯片、分子克隆等，虽然是DNA重组技术演化过程中的辅助技术，但也同样遵循这样的演化过程。需要强调的是：技术推动型现代生物技术演化的四个阶段并不一定是按照前后顺序联系的，不同阶段之间可能存在不同程度的交叉乃至跳跃。比如，DNA重组技术向生物制药技术演化的过程中，技术－需求匹配阶段与持续改进阶段就产生了交叉，在技术－需求匹配阶段，DNA重组技术与发酵工程结合演化成了微生物发酵基因工程制药技术，在这个演化过程中，DNA重组是核心技术，发酵工程是使DNA重组技术大规模产业化的辅助技术。而为了解决某些药物蛋白在微生物发酵工程中表达产物无活性或活性过低的问题，人们用哺乳动物代替微生物进行一些特定蛋白质的大规模生产，原有的微生物发酵的基因工程制药技术就被持续改进成乳腺动物反应器技术。再如，由于基因工程与蛋白质工程对生物芯片的检测功能需求迫切加之缺少相关的竞争性技术和替代技术，生物芯片技术没有经过应用竞争阶段就直接进入了技术－需求匹配阶段。

二、市场拉动型现代生物技术演化

市场拉动型技术创新一般以满足潜在市场需求为目的，主要表现在两个层面：一是通过渐进性创新改进现有产品以满足市场未被现有产品所满足的剩余需求，这种技术大都是对技术推动型现代生物技术的持续改进，如前面谈到的人源化抗体技术生产治疗性抗体药物等；二是开发新技术以满足已经存在的现有技术产品无法满足的潜在市场需求，这种技术大都是通过技术领域的转移实现的，如纳米组织材料就是将纳米材料技术转移到现代生物技术领域以满足医疗上对组织修复的需求。市场拉动型现代生物技术具有以下特点：第一，技术的应用领域和潜在市场明确，因此不需要经过应用领域寻找和竞争的阶段；第二，一般是首先满足其应用领域中的一个或几个缝隙（niche）市场，然后通过性能的改进逐步向主流市场渗透。

根据技术演化过程中的重要事件，市场拉动型现代生物技术的演化过程可以划分为缝隙市场定义、技术扫描、技术－需求匹配、向主流市场渗透四个阶段。

（一）缝隙市场定义阶段

该阶段是指从潜在缝隙市场的发现到形成明确的需求定义的过程。这一阶段的首要任务是发现主流市场之外的缝隙市场，进而对模糊的市场需求进行明确定义。主要的标志是主要需求参数的确定，如满足需求要实现的主要功能、市场能够接受的价格区间以及需求对功能、性能的改进和价格的弹性等。比如，原来的基因工程药物主要通过微生物发酵大规模生产，而人乳铁蛋白等市场需求巨大的珍贵的药物蛋白通过微生物发酵生产后却存在蛋白表达无活性或活性过低的问题，正是认识到这一巨大的缝隙市场现有技术无法满足，人们才开始尝试将重组的蛋白基因转移到哺乳动物体内表达，通过动物分泌乳汁大批量生产以满足市场需求，造就了被称为21世纪的“黄金产业”“钻石产业”的乳腺动物反应器产业。

在缝隙市场定义阶段，推动技术演化的主要驱动因素是行业新进入者或处于竞争弱势的企业通过技术创新实现差异化从而避免与在位企业正面竞争的动机。企业面临的主要不确定性包括：缝隙市场潜在需求的模糊性、满足潜在市场所需要的技术是否存在、技术能否获取以及竞争对手技术改进速度等。关键参与者是潜在生物技术企业和缝隙市场的潜在消费者。

（二）技术扫描阶段

一旦定义了缝隙市场，就需要决定如何以及到何处去寻找能够满足潜在市场的技术。技术寻找的过程就是技术扫描阶段企业的主要任务。技术扫描的主要对象包括企业内部、颁布新技术的研究机构，以及各类技术和贸易文献等[19]。如能够找到合适的新技术，便进入市场拉动型现代生物技术的下一个演化阶段，否则寻找合适的新技术就会持续进行。

在这个过程中，面临的主要不确定性有两个方面，一是所需技术能否找到和获取；二是竞争对手的行动，如果竞争对手能更快地找到新技术从而启动潜在的缝隙市场，企业将面临巨大的风险。主要参与者包括现代生物技术企业、各类技术研发机构和技术交易机构。

（三）技术一需求匹配阶段

技术一需求匹配阶段本质上是扫描到的新技术逐步嵌入现有技术生态系统的过程。如前所述，市场拉动型现代生物技术一般是通过技术领域转移或渐进性创新形成的，不一定完全具备满足特定缝隙市场所需的功能，企业需要按照市场要求的功能优先级不同对新技术进行适应性改进，使其沿着能够更好满足市场需求的方向发展。比如，对于乳腺动物反应器技术来说，首先要解决的是能够将药物蛋白在牛、羊等哺乳动物体内进行表达，以满足基因工程药物生产的基本要求，接下来才是继续改进技术以提高表达水平、降低药品价格等。

在这一阶段，演化的主要参与者是生物技术企业、缝隙市场的消费者以及与新技术相配套的“辅助性”技术或补充性资产的提供企业。而企业面临的主要不确定性一是市场结构变动产生的不确定性，二是政策环境变化可能产生的不确定性。

（四）向主流市场渗透阶段

随着新技术与市场的共生演化，技术的性能沿着市场需求的延伸方向不断改进，并最终达到甚至超过主流市场的性能要求，新技术便可能实现从缝隙市场到主流市场的渗透，甚至会使该行业格局重新洗牌。例如，目前基因工程药物主要还是靠微生物发酵生产，但随着动物转基因技术的不断完善，动物反应器技术相对于微生物发酵的优点会日趋明显，可以预见，未来大部分基因药物可能会采用乳腺动物反应器（如转基因牛、羊）或输卵管动物反应器（如转基因鸡）、血液动物反应器（如转基因猪）等动物反应器来生产。又比如，前面提到的人源抗体技术生产治疗性抗体药物已经开始形成了对原来主流的鼠源抗体生产治疗性抗体的市场颠覆。

在向主流市场渗透阶段，技术演化的主要参与者包括生物技术企业、主流市场的在位企业以及该市场的利益相关者企业。而对新技术来说，能否成功渗透到主流市场，一个决定性的因素是新技术的性能要实现突破，达到满足主流市场对性能需求的阈值。因此，我们可以推断，在这个阶段，企业面临的最大不确定性是新技术性能的改进能否超越主流市场对性能需求的临界点。

与技术推动型新兴技术四个阶段演化阶段之间存在不同程度的交叉性一样，技术推动型新兴技术演化的四个阶段之间也不是依次进入的线性关系，也是存在交叉的。

三、现代生物技术演化的特点

通过前面的分析，可以发现现代生物技术的演化具有如下鲜明特点：

（一）中心突破，簇射式发展

作为一个技术体系，现代生物技术演化具有明显的“中心突破，簇射式发展”的特点，这与现代生物技术具有以一项技术为核心，众多技术复杂联系的技术特点密切相关。DNA 重组技术是现代生物技术的标志，是现代生物技术与传统生物技术、近代生物技术的本质区别。正是现代生命科学的发展和 DNA 重组技术的出现，使人类对生命活动的干预深入到分子水平，可以按照人类的目的和意愿，根据预先设计有目的的操控物种和遗传活动。DNA 重组技术的发展和演化，就好比在平静的湖面上投下了一颗石子，催生了现代生物技术的中心技术群基因工程，而基因工程的演化对辅助技术的发展提出了全新要求，不仅带动传统的细胞工程、酶工程和发酵工程向现代生物技术领域演化，促进他们产生了本质的飞跃，还催生了全新的蛋白质工程，而且还推动现代生物技术与其他技术领域的技术不断结合产生了规模庞大的现代生物技术外围技术群，如生物芯片、纳米生物技术、生物信息技术等，而且这些外围技术群在现代生物技术的演化过程所发挥的作用越来越大，扮演的角色越来越重要。可以说，整个现代生物技术体系是围绕 DNA 重组技术的演化而逐渐衍生出来的，并创造了令人瞩目的现代生物技术产业。

现代生物技术五个主体工程演化的骨干技术路线如图 4－5 所示。

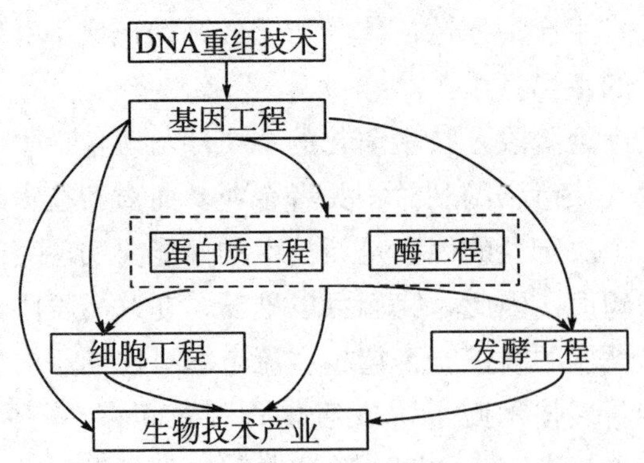

图 4－5　现代生物技术五大主题工程演化的骨干技术路线

（二）技术推动型演化与市场拉动型演化的结合

现代生物技术的骨干技术，如 DNA 重组、克隆、转基因等技术大都来自突破性创新，这就决定了技术推动型演化在现代生物技术演化过程中占据主体地位。但是市场拉动型技术演化对现代生物技术体系的完善起到了至关重要的作用，特别是在现代生物技术向生物技术产业演化的过程中，渐进性创新、技术应用领域的转移和集成创新起着不可替代的作用，基因工程制药、单克隆抗体、治疗性抗体、基因诊断与治疗、转基因食品等产业的出现，都离不开市场拉动型技术演化对技术推动型演化的发展与完善。随着生物技术产业的高速发展，这种趋势会更加明显。这点需要引起我国企业的高度重视，我国在发展生物技术产业时，不仅要注重上游关键技术的构建，还要注意下游大规模产业化技术的开发。以当前最成功的生物技术产业之一治疗性抗体药品为例，我国企业在该领域内的发展举步维艰，根本原因就在于我国在基因重组治疗性抗体上游构建技术与下游的动物细胞大规模培养技术这两项关键技术上严重落后，类似案例还有很多。

（三）政府规制与社会文化系统在技术演化过程中扮演重要角色

政府的法律法规可以在一项现代生物技术发展之初，通过支持或限制而对技术的演化进行影响，有时这种影响甚至是根本性的。各国政府对现代生物技术的高度重视，为技术演化直接或间接提供了丰富的配套资源，极大地推动了现代生物技术的演化进程，是促进现代生物技术发展和产业爆发的重要原因。而对动物克隆、干细胞研究等现代生物技术而言，世界各国的普遍限制或禁止又使技术演化的道路变得扑朔迷离。同样，社会文化系统对现代生物技术演化的影响不可忽视，特别是在技术向产业演化的技术－需求匹配阶段，社会观念、宗教习惯等因素都会深刻地影响市场对现代生物技术产品的接受和对技术的采纳。

现代生物技术的演化和发展是一个漫长而复杂的过程，其中隐藏的规律和特点对于现代生物技术管理具有重要参考价值和意义，而且有些规律和特点可能还会随着技术和产业的发展才能逐渐显现出来，对于现代生物技术演化的持续研究需要引起管理学界的高度重视。

第三节　现代生物技术的预见

生物技术产业目前正处在产业加速发展阶段，同时现代生物技术体系自身还有巨大的发展空间，这就给世界各国包括技术和资金相对落后的发展中国家发展现代生物技术，实现技术和经济的跨越式发展创造了绝佳机会。但是面对现代生物技术这个高速动态发展的庞大复杂的高技术体系，从国家到企业都需要对未来较长时间内技术发展的趋势与方向进行系统分析，对未来可能出现的影响技术发展和产业发展的关键技术和通用技术进行预测，才能有的放矢地进行产业规划和企业战略的制定，从而在未来激烈的现代生物技术之争中占据先机。因而，不同层面的技术预见对于生物技术产业发展具有重要指导作用。

一、技术预见

（一）技术预见的内涵

英国技术预见专家马丁（B. Martin）在1995年首先提出技术预见的定义：所谓技术预见（technology foresight）就是对未来较长时期内的科学、技术、经济和社会发展进行系统研究，其目标就是要确定具有战略性的研究领域，以及选择那些对经济和社会利益具有最大化贡献的通用技术。经济合作与发展组织（OECD）给技术预见也下了类似的定义：系统研究科学、技术、经济和社会在未来的长期发展状况，以选择那些能给经济和社会带来最大化利益的通用技术。

因此，可以将现代生物技术预见概括为：整体化预测、系统化选择和最优化配置。简而言之，现代生物技术预见的基本理念就是要在通过对现代生物技术领域内科学、技术、经济、环境和社会的远期未来进行“整体化预测”的基础上，“系统化选择”那些具有战略意义的研究领域、关键技术和通用技术，利用市场的“最优化配置”来最终实现现代生物技术发展推进的经济、环境与社会效益的最大化。

（二）技术预见与技术预测的比较

技术预见与技术预测是不同的概念。所谓技术预测是根据社会与经济发展目标的设定，预测那些在国民经济发展中必须解决的技术和科学技术问题。从两个定义的横向比较来看，它们要解决的问题都是针对经济与社会发展中所遇到的科学技术问题，但解决问题的秩序、范围和深度则存在较大差异，主要表现在：

（1）就解决问题的秩序而言，技术预测强调的是社会与经济，即社会目标是第一位的；技术预见强调的是经济与社会，即经济目标是第一位的。

（2）就解决问题的范围而论，技术预测强调的是要解决那些在国民经济发展中必须解决的技术问题和科学技术问题，特指的成分较大，对象非常明确，有特定的界面；技术预见要解决的则是两个层面的问题，一是要确定具有战略性的研究领域，二是要选择能够最大化经济和社会利益的技术，特指成分也比较大，但范围相对较广，界面也比前者要复杂一些。

（3）就解决问题的深度来说，技术预测强调的是要解决最迫切需要解决的问题；而技术预见强调的一是解决好战略性研究领域的选择，二是要解决好通用技术的选择，并使之达到最优化程度。

从这两个定义对技术分工及角色定位的理解看，技术预测所描述的技术具有明确的分工特征，界面相当明确，没有涉及与科学的关系，也没有涉及技术与经济、社会的互动关系，只强调了技术对经济和社会单方面的责任和义务；而技术预见则从科学、技术、经济和社会相互作用、相互依存、相互制约的系统论角度阐述了技术的功能，可以说技术预见所描述的“技术”是高度背景化的，它是整个大系统中的子系统，而不像技术预测那样将“技术”置身于经济和社会之外、是一个相对独立的系统。

从这两个定义出发，对技术未来发展趋势、发展走向所施加的作用方式和作用效果再做些比较的话，差异也是非常明显的：

（1）从作用方式来说，技术预测对技术所施加的作用力主要是注意与经济和社会发展的需要相结合，并没有对技术的总体发展趋势、发展方向给出干预，并且它虽然强调了技术发展要注意经济和社会需要相结合，但它只局限于解决那些在国民经济发展中必须解决的技术问题和科学问题，这实际上等于给出了最小化解决经济及社会问题的价值导向；技术预见则不然，它对技术所施加的作用力既包括科学推力，又包括经济与社会的需求拉动。

（2）如果将技术预见的表述简化为关键技术和通用技术两类的话，关键技术主要受科学推力作用，基础研究将对其产生影响甚至是决定性的影响；同时它能否成功地引导经济创新变革与社会转型，也将对它的合法性产生影响。至于通用技术则更多地受经济与社会的需求拉动，其次才是关键技术和科学的推动。

（3）就作用效果来说，由于技术的价值最终取决于市场的认同，因此，对预见技术的作用效果当然会比对预测技术的作用效果要强。另外，预见技术是选择的结果，它担负着科学界、技术界、经济界、社会等诸多方面的期望，而预测技术是带有客观规定性的结果。预见技术渗透着人们按照自己所期望的和满意的方式去发展，它能够最大限度地体现人本主义、人文关怀，尤其体现人们对生活质量和生存环境不断改善的种种期望；而预测技术还停留在趋势展望层次上，它能给经济社会提供怎样的解决问题方式，还没有上升到预见技术的高度。

现代生物技术的技术预测与技术预见对于经济和社会发展同样具有重要意义，但是对于现代生物技术产业的整体、长远发展来说，技术预见的作用更明显、更长期，不论对国家还是对企业都有不可忽视的重要作用。加之技术预测的方法目前已经比较明确，因此本书重点讨论的是现代生物技术的技术预见问题。

二、现代生物技术预见的特点

现代生物技术由于其所具有的与其他高技术明显不同的技术特征和产业特征，因而对其的技术预见活动除了要遵循传统意义上的技术预见外，关键是需要紧紧把握如下要点。

（一）密切关注基础科学研究的发展与趋势

现代生物技术的发展高度依赖于现代生命科学以及其他相关基础科学的发展，并且越来越依赖于信息科学、数理科学、材料科学、物理、化学等其他科学领域的科学与技术发展成果。而从现代生物技术的技术特点看，科学发现向技术转化的速度非常快，基础科学的理论发现会被迅速付诸应用。因此，在进行现代生物技术预见时，要密切关注现代生命科学和相关基础科学的研究进展与发展趋势，只有在此基础上，才能对现代生物技术的发展趋势和各技术领域的变化进行合理分析。

（二）充分考虑自身的资源存量

技术预见必须遵循的一条原则是预见技术与经济、社会之间的相互作用关系，特别是与经济之间的关系。这意味着预见技术必须要有产业化的潜力和可能，因此在进行现代生物技术预见，选择关键技术领域和通用技术的时候，需要考虑技术预见主体自身的资源存量。

所谓资源存量是一个统称，具体到现代生物技术预见主要应该包括：技术存量、科学研究的基础和水平、人才积累、产业发展基础、优势技术领域、特色生物资源等。预见技术的发展和产业化正是与这些资源存量密切相关的。在众多资源存量中，特色生物资源需要特别引起注意，这是因为现代生物技术从技术特征到产业和经济特征看，都具有高度资源依赖性的特征，特别是对基因资源的依赖性特别强。特色生物资源的拥有（或垄断）对于正确选择关键技术领域和关键通用技术乃至预见技术的产业化都具有不可忽视的作用。

（三）注重技术应用领域的转移和技术融合

过去 40 多年里，现代生物技术的发展主要集中在基因工程、蛋白质工程、细胞工程、酶工程和发酵工程这五大主体工程上。未来随着基因组学、蛋白质组学、代谢组学等方面的研究不断深入，现代生物技术一方面要在原有的五大主体工程上继续深化，另一方面现代生物技术必将会向更多的相关领域延伸和扩散，纳米生物技术与生物信息技术的发展已经表现出这一趋势。因此在进行现代生物技术预见时，除了考虑上述五大主体工程的深化和新工程的出现外，还要把对现代生物技术与其他技术领域技术的融合以及技术应用领域的转移的分析和预见放到重要地位。

（四）将对关键的通用技术预测作为重点

从现代生物技术的技术特征看，在现代生物技术领域内存在一些对技术发展和产业发展具有决定性作用的关键通用技术，如 DNA 重组技术、动物克隆技术等。这类技术的成功将构建起技术和产业发展的平台，引致相关技术的集群爆发。而这类技术的缺失将从根本上制约整个或特定现代生物技术领域的发展，使其相关技术的发展成为空中楼阁。同时这类技术往往技术研发的难度很高，大都是基于基础科学研究而形成的重大突破，而且这些关键的通用技术一般需要先于其他技术发展起来，否则就会错过整个技术领域发展的大好时机。因此在进行现代生物技术的预见时，要高度重视选定的技术领域中的关键通用技术的预测，要尽量精确地划定关键通用技术的范围和主要技术发展路径（可能不止一条），以利提早进行关键通用技术开发。

（五）高度重视政策环境和社会文化系统这两个不确定因素的变化

本书中，我们不止一次提到和分析了政府的政策法规和社会文化系统对现代生物技术及产业发展的影响。政策法规和社会文化的变化将对现代生物技术的发展起到重大的推动作用或严重的限制作用，在进行现代生物技术预见时，针对不同的技术领域和关键通用技术，必须要深入分析政策法规和社会文化系统可能发生的变化，并应该采用系统的观点将这两个不确定因素的变化纳入技术预见的研究过程中。

三、现代生物技术预见的方法

（一）技术预见的主要方法

虽然国内的大规模技术预见活动并不多，但是在国外经过多年发展，已经就技术预见探索了一些可行的方法，主要包括德尔斐法、情景规划法、趋势外推法、技术路线图法、关键技术选择法、头脑风暴法等。各种方法的前提假设、简要介绍、主要适用情形和优缺点等如表 4－3 所示。

表 4－3　技术预见的主要方法

方法	前提假设	方法简要介绍	优点	缺点	主要适用情形
德尔菲法	多次重复问卷调查，不仅可以获得趋于一致的专家意见，也可使预见结果更为有效	通过多次发送调查问卷给专家，并告知上次调查的结果，使不同专家的意见趋于一致，了解和预见技术在未来几年的变动情况	可以在一定成本下进行大规模调查	受被调查者个人素质影响，周期长，工作量大，成本高	预见未来技术发展的概率、时间及为政府制订规划服务
情景规划法	假设未来事件发生的可能性可以用想象式语言描述，可在少许的现有资料下，做有限的预见	将未来发生的各种可能性进行具有情节的描述，列出三四种可能发生的情景，具体地呈现未来不确定性	对未来发展情形做丰富、复杂的描述，并可纳入定量或定性的说明	可能由于过多的想象而偏离预见的主题	对于十分复杂且高度不确定性的非技术性环境可进行有效预见
趋势外推法	假设技术稳定连续发展，历史数据充足	采用数学模型来拟合技术系统的运行轨迹，进而推断技术系统的未来状态	模型成熟，说服力强	依赖历史数据，应用范围受局限	发展较为稳定的技术领域
关键技术选择法	重大关键技术是国家和产业发展的基础和关键	根据特定标准，选出一系列特定的关键技术，以及这些技术能够为未来提供的解决方案。	决策可操作性强，有利于有限资源的优化配置	依赖于研究人员素质和水平	全国范围的技术预见时最常用的方法之一，与德尔菲法结合使用
技术路线图法	技术具备可替代性，技术的发展具备多个路径	研究发展基础、优势、目标、需求、趋势、领域，技术图谱、发展路径选择	预见分析清晰，决策可操作性更强	依赖于研究人员素质和水平	政府规划预见或企业创新战略预见
相关树法	技术的发展源于需求的拉动，未来社会需要的就是未来最应该发展的技术	以系统分析方法为基础的，根据未来的需要识别出有关技术。通过对不同层次的分析，发现问题、寻找答案，推断特定技术需要何种程度的发展水平	预见结果清晰明了	应用范围受限，预见结果难以准确评价	通常用于那些复杂程度和层次性都很明显的情况，每一个层级中都包含着更加明确的分层次

续表

方法	前提假设	方法简要介绍	优点	缺点	主要适用情形
头脑风暴法	每个专家对问题已经十分了解，且在会议上能“畅所欲言”	通过 10 名左右的专家会议，让专家之间直接交换意见，充分发挥创造性思维，把所有设想集中起来进行综合评价	能在短时间内得到一些富有成效的预见结果	发言可能会受他人影响，出现偏离预见主题的现象	在选择技术预见德尔菲调查用的项目清单或项目预见咨询时使用

（二）现代生物技术预见的方法选择

从进行技术预见的主体来看，技术预见可以分为由政府主管部门组织的国家层面的技术预见、由行业协会等组织的产业层面的技术预见和企业层面的技术预见。其中国家层面的技术预见比较普遍，英国、法国、日本、德国、美国等国家经常定期举行大规模的技术预见活动，世界各国在进行大规模技术预见活动时，对现代生物技术的预见都是其中的重要内容。企业层面的技术预见也比较多，通用汽车、杜邦等大型企业经常就企业所从事的技术领域开展相关的技术预见。从技术预见的时间跨度看，可分为长期、中期和短期的技术预见。

对于现代生物技术预见的合适方法，根据技术预见的时间跨度和预见的层次不同，需要进行灵活选择。但由于现代生物技术具有发展周期长的特点，一项具体的技术的发展周期就经常超过 10 年，所以时间跨度在 10 年以内的技术预见活动意义往往不大。比较有代表性的应该属于国家层面的长期技术预见和企业层面的中、长期技术预见。由于每种技术预见方法都有其适用范围和特点功的优缺点，因此针对这两种预见活动，我们认为单独采用一种技术预见方法很难达到预期效果，而应该采取多种预见方法的结合。具体来说：

1. 国家层面的长期技术预见

对于国家层面的现代生物技术长期技术预见，其主要目的应该是选定未来较长时间内的重点技术领域，并找出在这些重点技术领域内需要优先攻克的关键通用技术，把上述信息向全社会发布，对产业发展提供指导，供政府决策部门和企业参考。在具体的技术预见活动中，可以将头脑风暴法、德尔菲法和关键技术选择法这三种技术预见方法组合使用。

在技术预见的不同阶段需要使用不同方法：首先，可以利用头脑风暴法确定选择技术预见德尔菲调查用的项目清单或项目预见咨询内容；其次，在大规模预见阶段，可以采用德尔菲法大规模调查未来 30 年时间范围内现代生物技术的发展趋势与重要技术领域；最后，在德尔菲法的基础上，应用关键技术选择法确定未来整个现代生物技术领域内和各重点技术领域内需要优先发展的关键通用技术。

2. 企业层面的技术预见

企业层面的中长期技术预见一般是针对与企业当前从事的技术领域相关的技术领域或者企业所关心的重点技术领域开展的，所以技术预见的界面相对比较明确。我们认为可以采取情景规划和技术路线图相结合开展技术预见。

针对企业关注的技术领域，找出影响该领域技术发展和演化的主要不确定因素，特别是宏观环境方面的因素，运用情景规划法系统分析不确定因素变化之间的相互作用情况，通过若干典型情景的描写，预见各技术领域的发展趋势与潜力。接下来可以在情景规划的基础上，采用技术路线图法分析各技术领域内的研究发展基础、优势、目标、需求、趋势以及领域选择等，并绘制出与之相关的技术图谱和技术发展路径。

第四节　现代生物技术评估

现代生物技术评估需要重点考虑其不确定性高、发展周期长、决策阶段多、投资巨大以及成功率极低的突出特征。由于在技术发展的每个阶段都面临失败的高风险，一旦某项现代生物技术中途失败，就会使前期的投资和艰苦努力变为沉淀成本，给企业造成巨大的损失。同时，由于开发周期漫长，在此过程中相关的企业内、外部环境因素，如技术自身、市场需求、竞争技术乃至宏观环境等都可能发生变化。因此，对于这类技术的评估而言，一是要克服高度不确定性和漫长开发周期的困难，对技术在未来较长时间内的发展前景做出科学而准确的分析；二是要充分利用其决策可分阶段的特征，采取持续渐进的评估思路，即动态评估。

从技术特点看，由于同样面临着较长的发展周期和较高的不确定性，因而对新兴技术进行评估的思路和方法同样适用于现代生物技术。本节主要研究将情景规划应用于现代生物技术评估的思路和过程，并对我国干细胞工程技术的未来发展进行评估。

一、情景规划与现代生物技术评估

在现有的新兴技术评估方法中，最有代表性的是 Doering 和 Parayre 提出的新兴技术动态评估模型，该模型指出新兴技术评估可以遵循划定范围、研究、评价和付诸实施四个循序渐进的阶段[20]。Doering 和 Parayre 的思路无疑是正确的，但也存在不足，如在“划定范围”和“研究”这两个阶段方向不明确，需要涵盖的技术与目标市场范围较大；而在“评价”阶段对影响技术发展的各因素之间的系统作用考察不足；该模型也没有指出如何在当前预见技术的未来成长前景以及对技术进行动态评估的依据是什么，从而使该模型的实用价值大打折扣。高健和魏平提出了“新性能过滤线”，用以在划定范围时指导企业进行技术选择[21]，这种处理使 Doering&Parayre 模型在技术选择环节更具可操作性，但在其他环节并没能产生本质的突破。

Wack 认为，情景规划（scenarios planning）是对未来的思考，它的优点主要体现在面对快变、复杂和高度不确定的环境时所进行的创造性预见上[22]。情景规划是一种分析未来环境的多种可能情形的战略规划工具[23,24,25]，也是预见复杂的、模糊的与不确定的未来的过程，还是一种使组织提前感知其经营环境变化、思考其含义并进而采取行动的管理思维方式[26]。其中情景是指未来环境发展变化的典型情况，是通过关注环境发展的前后因果关系、内部一致性与具体性，按照时间顺序对环境进行的细节描写[27]。

情景规划从不确定的未来中识别环境发展的趋势与主要不确定因素，运用系统思考分析这些不确定因素之间的相互作用情况，构造有限的情景演示未来环境的可能发展变化。同时，通过对早期信号[27]的识别与判断，运用持续渐进的规划过程，不断对主流情景进行深入开发而剔除非主流情景，从而达到预见环境变化、不断降低不确定性的目的，最终可以做到对未来环境相当精确的预测[28]。在此过程中，组织可以理解未来可能面对的环境，并根据当前的环境对未来做出选择[29]。

银路和李天柱认为，情景规划自身的特点使其在新兴技术评估中具有广阔的应用空间及明显的优势，其基本应用思路是[30,31]：对于具体的一项新技术，首先需要发散思维，为其寻找尽量多的潜在应用市场；然后通过研究影响技术发展的不确定因素，规划技术未来成长的多种典型情景；再通过持续深入的规划过程，使情景不断逼近技术的实际成长前景；在此过程中，通过学习情景对技术进行动态评估（如图 4—6 所示)。该评估思路非常适合应用于现代生物技术动态评估。但仍有三方面的问题需要得到高度重视：(1) 现代生物技术的发展除受技术自身、竞争技术、市场等方面因素的影响外，社会观念、伦理道德以及政策法规等影响因素也在发挥着关键的作用（在很多时候，这种影响甚至是不可逾越的)，因而必须在评估过程中对这类因素高度重视；(2) 发展现代生物技术面临巨大的风险，“大赌一把”的决策思路不适合对其投资决策分析，期权思维在现代生物技术投资决策中的应用需要得到高度重视；（3）在技术评估的实施环节，除了要为技术制定发展战略外，还需要根据对情景的分析指出为发展技术需要跨越哪些关键障碍，并提出具体的应对措施，才能真正达到技术评估的目的，并体现情景规划的价值。

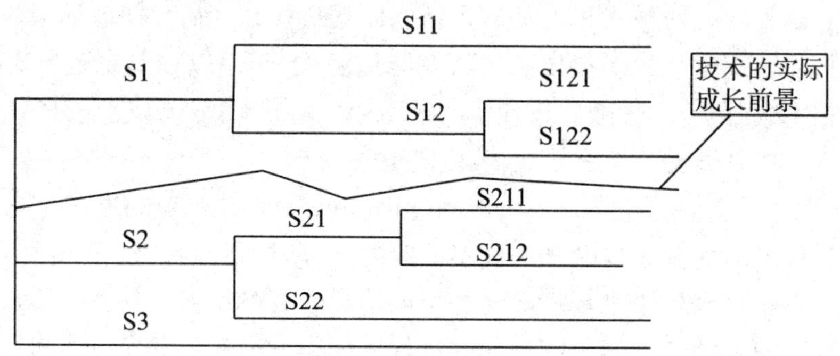

图 4－6　应用情景规划进行新兴技术动态评估的思路

二、现代生物技术动态评估的过程

根据前述分析，现代生物技术评估可以根据图 4－7 所示的动态评估模型进行，该模型包括筛选、规划、评价、实施四个过程。由于现代生物技术从早期的研发到最终的商业化成功要经历一段相当长的发展周期，其间面临着高度的技术、市场与宏观环境不确定性。因此，不可能通过一次性的评估对技术的前景做出精确预测，评估的结果只能指导未来一段时间。所以，“实施”过程完成以后，还需要不断判断与识别早期信号，监测环境变化，对技术进行持续的评估，故而在“实施”与“筛选”之间是闭环，反映了现代生物技术评估是持续渐进的动态过程。

（一）筛选

“筛选”主要是确定新技术的潜在应用市场，基本的出发点是在技术独特的技术特征（独特性）与市场尚未被满足的需求（稀缺性）之间寻找契合，这些契合点就是技术的潜在应用市场。

直观来看，一项新技术可能有众多的潜在应用市场，但并不是每个市场都适合技术的成长。由于新技术往往是比较粗糙的，而成熟技术已经通过规模优势、学习曲线效应、分销渠道、顾客忠诚等途径建立起了竞争优势，因此，新技术在现有的领域内超越成熟技术的可能性很小（渐进性创新除外）。但稀缺性意味着市场中的某些需求现有技术无法满足，如果能准确地发现市场的稀缺性，而新技术又具有相应的独特性可以满足这些稀缺性，就可以避开与现有成熟技术的正面竞争并获得超额利润，这对稚嫩的、需要精心培育的新技术无疑至关重要。

寻找独特性与稀缺性的契合点，对潜在应用市场进行筛选，使技术评估的范围更加具体，也更符合现代生物技术成长的实际特点。筛选过程的要点是思维要发散，既要将技术现有的应用领域划分为多个细分市场（特别需要关注缝隙市场），还要到其他领域为技术选择市场。

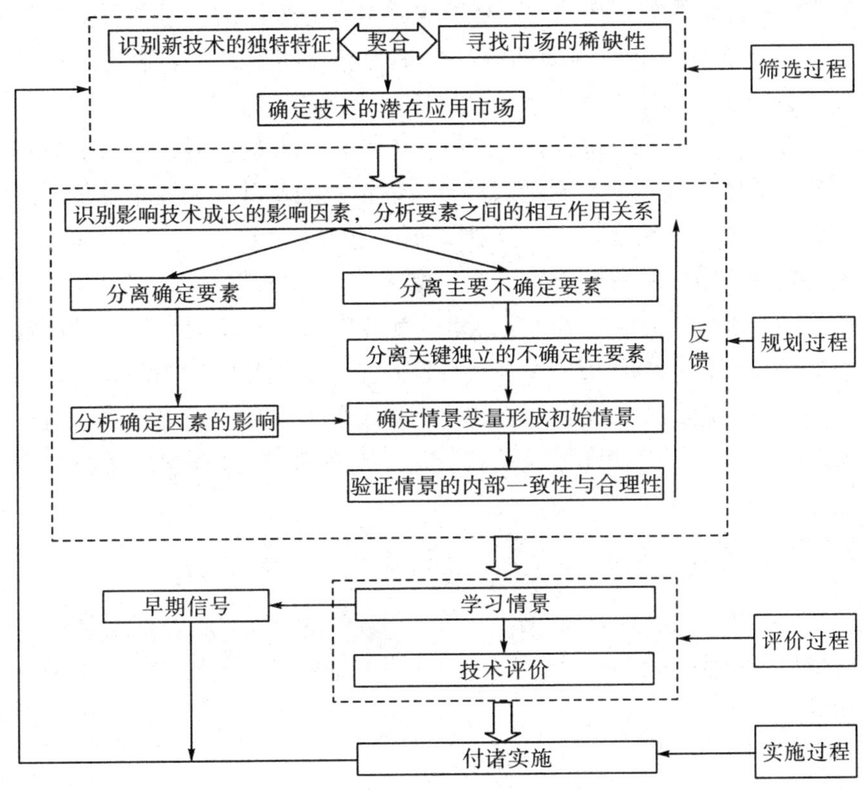

图 4—7　现代生物技术动态评估的过程

（二）规划

“规划”是规划新技术在潜在市场内未来成长的典型情景，这样做至少有如下两方面优点：其一，投资现代生物技术的价值主要体现在未来，技术的未来成长空间和潜力是投资者最关心的，通过规划技术成长的未来情景评价技术的潜力与价值，而不是依据技术当前的应用情况对其进行评估，符合现代生物技术投资决策的特点；其二，通过规划多个典型未来情景对现代生物技术进行评价，避免了陷入单一前景的弊端，更符合现代生物技术高度不确定性的本质特征。

“规划”过程本质上是情景规划的过程，因此在该过程内部的各环节之间存在反馈，形成了一个单独的闭环。一个典型的规划过程主要包括以下关键步骤。

步骤 1：收集影响环境发展的因素，对影响因素进行归类，分析各类因素之间的相互作用关系。

步骤 2：在步骤 1 的基础上，将影响因素分为恒定的、可预测的以及不确定的三类[32]。恒定的和可预测的因素归纳为确定的因素，确定的因素是情景的组成部分，而不确定性因素却最终决定了不同的情景。

步骤 3：在步骤 2 的基础上，将不确定因素分为独立不确定因素与相关不确定因素。其中，独立的不确定因素是开发情景的基础，相关不确定因素是独立不确定性因素的衍生变量，一旦独立不确定因素及其作用关系被确定下来，相关不确定因素也就被确定下来，从而成为情景的一部分。

步骤 4：将重要的独立不确定因素作为开发情景的情景变量，对情景变量在未来的可能变化做出合理假设，将各情景变量的变化假设按照相互之间的作用关系组合在一起，并分析这些变化之间形成的系统作用结果最终将对技术的未来发展产生哪些影响，即形成基础情景，再将确定因素带来的影响加入基础情景之中形成完整的情景，即：

情景=基础情景+恒定因素+可预测因素

步骤 5：对情景进行内部一致性检验，剔出不合理与不可能的情景。一致性检验可以通过编制计算机程序完成，如果基础情景的数量较少，也可以采取人工检验。

（三）评价

“评价”是在分析技术成长情景的基础上，对技术的发展潜力和价值进行评估，该过程主要包括下面两个步骤。

步骤 1：为情景设置早期信号，预判技术将向哪些主流景发展，主流情景是技术评价重点考察的范围。早期信号是预示着新的未来的关键指标，设置早期信号以后，就可以通过观察早信号的变化判断技术将向哪些情景发展、哪个情景已经展开、有哪些关键事件和趋势将会对技术的未来产生重要影响等。

步骤 2：根据对主流情景分析的结果，分析在不同的情景内技术的成长情况与关键事件，结合企业的战略目标和定位，评价技术在各市场内的成长潜力与价值，以及技术对企业战略目标的意义。

以分析情景为基础对现代生物技术进行评价，一方面进一步缩小了技术评价需要考察的范围，降低了评价的难度；另一方面将技术评价与企业的战略目标与定位结合起来，使技术评估更加有的放矢，符合企业的战略需要。

（四）实施

"实施"本质上是战略过程，即依据"评价"结果为企业选择合适的技术以及技术的应用市场，并确定相应的战略将技术付诸实施。通过前述的规划与评价过程，企业已经对未来的环境有了深刻的理解，在这些战略思路的指导下，传统的战略制定工具就可以应用于实施过程。具体来说，适用于现代生物技术的战略决策思路主要包括：

1. 观察和等待

如果不确定性太高（情景的数量较多），采取观察和等待的态度不失为一种较好的选择，让市场领先者去承担开发技术、教育消费者、影响社会观念和政策法规等方面的风险和成本。但是我们强调"观察和等待"不能是消极等待环境变化，而是要通过观察早期信号密切监视技术与市场的变化，并依据情景的发展进行积极准备，以保证在未来竞争中占得先机。

2. 运用期权思维

考虑到现代生物技术的实际特点，如果不确定性较高，可以针对多个情景同时进行小规模投入，创造多项期权。有了众多的期权，手上就掌握了一手好牌，可以进行不同的排列组合，到该出牌的时候，就会得心应手[33]。为了创造期权，试探性地少量投资是必要的，但大规模投资须等待不确定降低至可控制的程度。如果不确定性一直很高，那么可以不再进一步投资来终止期权，或者将之延迟至情况更加明确时再做决策。

3. 两面下注

如果不确定性较低（情景数量较少），可以针对各种情景均进行投入，将来不论哪种情景发生，都可以在现代生物技术的发展上占得先机，但这种战略可能只适合那些实力强大的企业。

此外，企业还可以选择下注于"最佳情景"或"最可能的情景"，但所谓的"最佳情景"和"最可能情景"只是对未来的一种主观估计，要承担相应情景不发生的风险，在高度不确定的现代生物技术环境下，这无疑是一种冒险的选择。同时，"实施"并不代表技术评估的结束，它既是本次评估的终点又是下一次评估的起点。也就是说，"实施"这一过程结束后，还需要通过对早期信号识别与判断，密切观测环境的变化，着手准备进行更深入的评估。

三、案例分析——对我国发展干细胞工程技术的评估

（一）背景介绍

干细胞（stem cells）是动物（包括人）的胚胎及某些器官中具有自我复制能力和多向分化潜能的原始细胞。通过对干细胞进行分离、体外培养、定向诱导甚至基因修饰等过程，在体外繁育出全新的、正常的甚至更年轻的细胞、组织或器官，并最终通过细胞组织或器官的移植实现对临床疾病的治疗[34]，就是被称为“定制器官”救助生命的干细胞工程技术（简称干细胞工程），也称非繁殖性克隆或治疗性克隆研究。

根据发育程度不同，于细胞可分为胚胎干细胞（embryonic stem cell）和成体干细胞（adult stem cell）。按其分化潜能的大小，干细胞还可分为全能干细胞（totipotent stem cell）、胚胎干细胞（embryonic stem cell）和多能干细胞（multipotent stem cell）。从技术角度看，全能干细胞和胚胎干细胞在医疗领域的应用潜力最大，但在全球大多数国家，受到伦理道德、社会观念和政策法规的严格限制（获得全能干细胞和胚胎干细胞需要以破坏和获得人类胚胎为代价，但一些国家在这方面的限制较松）；而成体干细胞（主要是多能成体干细胞）虽然分化潜能相对较差，但对其的开发及应用则受伦理道德和政策法规的限制相对较小①。

干细胞工程是目前现代生物技术领域研究最活跃的部分之一，造血干细胞存储及相关治疗产业已然成为生物技术产业中一颗冉冉升起的新星。随着基础研究、应用研究的进一步深化，干细胞工程将可能引发医学领域的重大变革，干细胞生物学和干细胞工程已成为继人类基因组大规模测序之后最有活力、最有影响和最有应用前景的现代生物技术。但干细胞工程的发展同样面临着技术、市场、政策法规、伦理道德等方面的高度不确定性，距离大规模商业化还有漫长的道路。因此，对于投资（或准备投资）研发干细胞工程的公司来说，企业未来的命运可能就取决于能否在当前对干细胞技术进行正确的评估。

（二）筛选

干细胞工程独特的技术特性主要包括：

① 全能干细胞、胚胎干细胞和多能成体干细胞在技术原理上并无本质差异，其差异主要在于分化潜能不同。全能干细胞本质上也是胚胎干细胞的一种，它是人类受精卵分裂的前 16 个细胞，可以分化成任何类型的细胞、组织和器官；之后再分裂出的胚胎干细胞其分化潜能有所下降，但分化潜能仍然巨大；而多能成体干细胞的存在与人体组织内，类型最多，不过分化潜能相比全能干细胞和胚胎干细胞差很多，一般可以发育成特定类型的组织和器官。

（1）干细胞工程最显著的作用是能再造一种全新的、正常的甚至更年轻的细胞、组织或器官，由此人们可以用自身或他人的干细胞和干细胞衍生组织、器官替代病变或衰老的组织、器官。

（2）利用病人自身的健康组织干细胞，诱导分化病损组织的功能细胞，可以达到治疗各种组织坏损性疾病的目的。

（3）干细胞可能配合基因修饰，提供原有干细胞不具备的功能，可能成为器官移植的来源。

（4）利用人类干细胞或其衍生的组织、器官测试各种药物的药效、毒理特性，会比用其他动物更能反映人体状况。

而从目前现代生物技术及医学的发展趋势来看，适合干细胞工程且市场需求明显没有得到满足的应用领域主要包括：

（1）临床治疗。各类干细胞通过培养、诱导，可以用来修复受损的细胞或组织，可以广泛用于临床治疗诸如白血病、早老性痴呆、帕金森病、糖尿病、中风和脊柱损伤等一系列目前尚不能治愈的疾病。在这个领域，正在迅速发展的生物大分子药物（蛋白质和多肽）和基因治疗也具有良好的前景，但基因治疗目前正处于起步阶段，其未来发展也同样面对着高度的不确定性。

（2）干细胞药物。干细胞药物是指通过调节生物体自身干细胞的增殖与定向分化潜能，以重建受损的功能细胞，恢复其生物学功能，用来防治由于细胞缺失或损伤而引起疾病的一类治疗和预防药物。近年来的研究发现，运用中药、生长因子和小分子化合物均可调节生物体内干细胞的增殖与分化，而亨廷顿病、药物滥用、抑郁症以及脑卒中等目前难以治疗的大量疑难杂症都可能利用干细胞药物进行治疗。

（3）器官移植。利用干细胞配合基因修饰，可能培养出人类所需器官，用于器官置换，生物机能完美且无排异反应，具有人工器官等技术所无法比拟的优势。

（4）药物临床前试验。利用人类干细胞或其衍生的组织、器官测试各种药物的药效、毒理特性，可能发展成为一种新的药物筛选模式，相比目前以动物为研究对象的临床前试验方法具有突出效果。

（三）规划

1. 影响因素分析

影响干细胞工程发展的因素主要包括技术、市场、政策法规、伦理道德及基础设施等。通过分析，我们将影响干细胞工程发展的因素归纳为表4－4。

表 4-4　影响干细胞技术发展的因素

T1	现代生命科学与医疗技术的发展趋势
T2	相关技术的发展，主要包括干细胞的分离、纯化与收集技术，生物体外细胞工程与选殖、细胞株的增生培养，治疗产品的制造等关键技术
T3	竞争技术的发展，包括基因治疗、蛋白质和多肽药物、人工器官等技术
T4	干细胞工程自身的生物安全性
T5	干细胞工程相关技术和产品的成熟度
T6	相关基础研究进展，包括相关致病机理、干细胞分化控制和牵引、动物克隆等方面
T7	社会伦理道德，即社会公众对器官克隆和人类胚胎破坏试验的态度
T8	基因试验、人类胚胎试验、克隆人和克隆器官等方面的政策法规
T9	各应用领域的市场容量和市场发展速度
T10	相关基础设施的完备，主要是干细胞库的规模和丰富程度

各影响因素之间的主要相互关系可用图 4-8 来表示，现仅举一例进行说明。考虑第 7、8 和第 10 这三个影响因素，社会观念的改变（如公众可以接受对人类胚胎进行破坏性操作）可能推动相关法律法规的转变（使法规修改为可以在一定条件下、一定范围内进行人类胚胎操作试验），相反，法律法规的转变也会影响公众对干细胞工程的接受程度，而社会观念和公共政策的转变，则必会推动干细胞库的迅速扩大，使可用的干细胞资源和干细胞信息迅速增加。

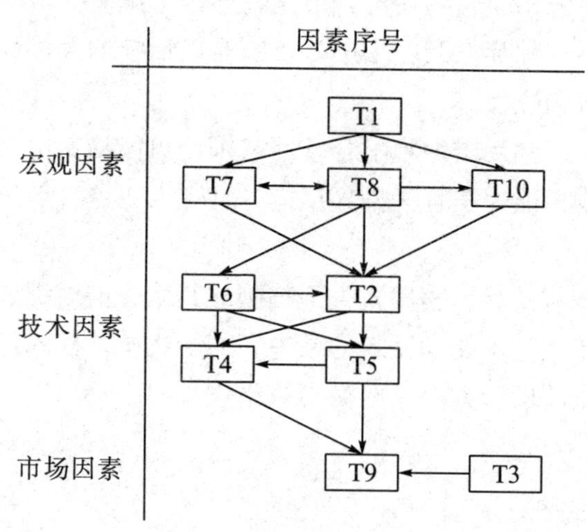

图 4-8　干细胞工程发展的影响因素之间的相互关系

2. 不确定因素

通过分析各影响因素的可能变化情况以及变化结果是否能精确分析，我们将影响干细胞工程发展的不确定因素归纳在表 4-5 内。现举例说明：考虑 U2 这一不确定因素，虽然干细胞工程研究已经成为现代生物技术和现代生命科学研究的焦点，近年来研究成果较多，但目前主要是在造血干细胞的存储和利用上取得了突破，关于其他类型的干细胞研究，以及干细胞的体外培养、牵引分化和控制等方面的研究成果还远没有达到可以临床应用的水平。何时能够取得重大突破，特别是何时能够达到商业化水平，还都是高度不确定的。而考虑 T9 这一因素，由于人类大量的疑难疾病上无法被现有的药品和医疗技术所攻克，因而干细胞在其各应用领域都将具有巨大的市场空间几乎是可以确定的。

表 4-5　影响干细胞技术发展的不确定因素

U1	干细胞工程相关技术的发展速度
U2	干细胞工程相关技术和产品的成熟度
U3	相关基础研究进展
U4	社会伦理道德
U5	与干细胞研究相关的政策法规
U6	干细胞库的规模和丰富程度
U7	竞争技术的发展

3. 独立不确定因素分析

在上述 7 个不确定因素中，经过分析，我们将 U3、U4、U5 和 U7 确定为独立的不确定要素，而其他不确定因素可以由这些因素的相互作用推导出来。以 U3 为例，与干细胞工程相关的基础研究进展主要依赖于各国的投入力度大小，但科学探索的特性决定了，即使大力投入，能否如预期的那样取得重大科学突破依然是不确定的。但 U2 则不同，虽然干细胞工程技术的发展速度是不确定的，但主要受相关基础研究发展的影响，如果基础研究能够突破，同时相关的政策法规的限制取消，则干细胞工程技术自身的发展必然加速。

4. 情景变量及假设

重要的独立不确定因素作为情景变量，本文选择的规划期为 10 年，在表 4-6 中列举了干细胞技术的情景变量并对它们的变化进行了假设（假设极端情况）。

表 4－6　情景变量的说明

情景变量	变化假设	
相关基础研究进展	干细胞作用机理和动物克隆研究取得了重大突破	发展缓慢，距离指导干细胞产业化所需的要求相差甚远
相关政策法规	美国等逐步放松了对人类胚胎干细胞试验研究的约束	各国普遍对人类胚胎干细胞研究持谨慎态度，进行严格管制

5. 一致性检验

本案例中，由于变量较少（共有 4 种情景变量假设的组合），情景的一致性检验是通过人工考察情景的内部一致性与合理性。举例来说，根据干细胞工程研究现在的发展情况，如果各国出于人道、伦理和生物安全等方面的考虑，逐步加强对干细胞研究的约束和限制，那么必然影响对干细胞工程研究投入的信心，政府也不会投入大量经费资助这方面的研究，相关基础研究很难取得重大突破，那么“干细胞相关基础研究发展迅猛＋各国普遍对人类胚胎干细胞研究严格管制”这种情景变量假设的组合在逻辑上就明显不合理，应该被删除掉。

（四）评价

经过一致性检验后，我们将最终规划得到的典型情景收录于下：

1. S1 一帆风顺

由于干细胞工程巨大的商业潜力，以及干细胞研究对现代生命科学研究和生物技术产业整体发展的巨大推动作用，世界各国均对干细胞研究高度重视。同时与干细胞工程相关的各应用领域目前均无合适的技术填补空白（仅生物大分子新药取得了一定进展，而基因治疗和人工器官仍在实验室水平），而市场需求又是如此强烈，因而社会各界对干细胞工程在医疗领域的应用寄予厚望，强烈要求政府放松对干细胞研究的管制。以美国为首的对干细胞工程严格管制的国家顺应潮流，逐步放松了对人类胚胎干细胞研究的限制，这促进与干细胞工程相关的基础研究迅速发展，干细胞的作用和分化机理逐步被揭示和证明，干细胞体外培养和分化牵引控制等关键技术在 10 年左右的时间逐步获得了突破。而与此同时，干细胞工程的生物安全性逐步得到确认，体细胞克隆等相关技术也蓬勃发展，这促进干细胞工程在治疗、干细胞药物、器官置换及新药临床前研究等领域被迅速付诸应用，成为造福无数患者的新兴技术。

2. S2 两极分化

干细胞工程的商业潜力及其对现代生命科学研究和生物技术产业整体发展

的推动作用是不容置疑的，但世界各国对干细胞研究的态度明显不同。美国等国家从人道主义的角度出发，长久以来一直对人类胚胎干细胞研究严格管制，这在相当程度上限制了干细胞工程的发展。但以英国和中国为代表的国家持不同意见，准许开放在一定范围的干细胞研究，因而这些国家在干细胞相关基础研究方面取得了一些成果，但即使是最乐观的估计，以胚胎干细胞研究为基础的干细胞工程技术真正走向商业化还需要相当长的时间。不过，对成体多能干细胞的研究并未受到大的影响，以美国为首的国家均在成体多能干细胞的研究上投入巨资，在不到5年的时间里，血液成体干细胞、神经成体干细胞、脐带间充斥干细胞等方面的相关治疗技术和药品逐步走向临床试验和商业化环境，显示出巨大的商业前景。不过，令人遗憾的是，虽然具有明显的技术优势，但由于胚胎干细胞研究发展迟缓，因而干细胞工程在器官置换、药物筛选等方面的应用还需要漫长的等待周期。

3. S3 遥遥无期

虽然干细胞工程被公认具有巨大潜力，但世界各国对干细胞研究普遍持谨慎态度，原来管制较松的中国和英国，也因为考虑到干细胞工程可能带来的伦理道德问题而加强了管制，这严重限制了干细胞工程的发展，影响了科学界和产业界的投资热情。虽然还有大量科学机构在坚持开展胚胎干细胞的研究，但在政府的严格管制下，胚胎干细胞资源有限，基础研究进展缓慢。而成体多能干细胞虽然受相关法规管制较少，但由于基础研究成果缺乏，其产业化道路同样不是很顺利，仅在治疗领域内获得了一定范围的应用。同时，基础研究成果的缺乏也限制了干细胞药物的发展，而与之竞争的生物大分子药物则不断取得突破，很多疑难杂症被逐步攻克，使干细胞药物的优势逐渐被削弱。在政策法规管制和竞争性技术发展的双重打击下，干细胞工程的光明前景看似遥遥无期。

从当前的情况看，干细胞工程的发展显示出如下重要的早期信号：

（1）我国协和干细胞公司控股的天津昂赛细胞基因工程有限公司网站公布其已在世界上率先开发出完整的脐带间充质干细胞工业化生产技术并获得发明专利，首例干细胞治疗产品——脐带间充质干细胞注射液，已初步具备批量生产的能力，并展开国家Ⅰ类新药临床应用申报工作[35]。

（2）目前各国对胚胎干细胞的研究存在截然不同的观点。美国仅允许支持对已有的胚胎干细胞进行研究，德国不仅只允许研究2002年1月30日以前产生的胚胎干细胞，而且还必须是在没有其他选择的情况下才能进行；但英国在2000年通过了准许在严格管理的条件下克隆人类早期胚胎干细胞的法案，为胚胎干细胞研究打开了绿灯，日本在2000年把干细胞研究视为在现代生命科学和现代生物技术领域赶超欧美国家的历史机遇，将干细胞工程列为“千年世纪工程”的四大重点之一，我国同样高度认可对胚胎干细胞的研究。

根据这两个早期信号，我们认为在未来10年左右的时间内，干细胞工程的发展前景将位于情景S2和S3之间，其中成体多能干细胞在治疗领域的发展前景将较为光明，在干细胞药物领域也具有一定发展空间，但干细胞工程用于器官置换和新药临床前研究的前景较为暗淡。这种评价结果与科学界对干细胞工程的乐观估计有一定差距。

（五）实施

在本文中，我们主要依据规划结果分析我国在干细胞工程发展上的战略。虽然对干细胞工程发展的规划结果不如科学界所预测的那样光明，但鉴于现代生物技术是我国实现技术追赶和技术跨越的宝贵历史机遇，因而要在干细胞工程的发展上加大投入力度。为了规避未来发展的不确定性，应该采用期权思维。即在胚胎干细胞和成体多能干细胞的研究上均投入一定资源，以保证在任何一种情景发生的前提下均能占得先机。但是产业化的主要资源应该投向成体多能干细胞的研究，重点投入领域应该是干细胞治疗和干细胞药物，对于有巨大潜力的器官置换领域也应关注，但短时期内不应向产业化环节发展，要重点关注其基础研究以积蓄力量，对于将干细胞作为新药临床前研究领域的投入需要十分谨慎。

根据对上述三个典型情景的分析，我国在发展干细胞工程时，需要重点突破的关键技术是干细胞的分离、纯化与收集技术，细胞的大规模存储技术，细胞横向分化机理研究及细胞分化牵引和控制等关键原理和技术。

第五节　企业现代生物技术选择

前述分别研究了现代生物技术的演化、预见、评估等问题，在企业的实际管理过程中，技术选择是与这些问题相伴相生的，前述研究虽然对生物技术企业的技术选择具有一定指导意义，但还不够全面和具体，企业技术选择应该有其自身的完整框架和流程，技术预见、技术评估等更主要是技术选择过程中应用的具体手段和思路。本部分将结合前述研究，给出一套适用于生物技术企业技术选择的思路和方法。

一、企业现代生物技术选择的挑战

已有文献分别从内在行为机理、影响因素与原则、评价与决策方法等方面对企业技术选择进行了研究[36、37、38、39、40、41、42]。但已有研究的基本前提假设之一是发展中国家企业是在了解、依赖发达国家技术发展轨道和国外技术供应全球战略的背景下，通过（技术）选择、获取、消化吸收和改进国外技术来发展技术能力。但我们认为，该假设并不适合现代生物技术。现代生物技术是典型的新兴技术[43]（emerging technology），发达国家虽然在整体上具有一定先发优势，但就技术发展阶段而言，发达国家也还处于现代生物技术发展的初级阶段，并未形成明确的技术发展轨道，发展中国家与发达国家基本是处在同一起跑线上，双方都是在摸索中前进。具体到我国来说，不仅现代生物技术发展的整体水平与发达国家差距不大，在体细胞克隆、蛋白质工程、生物芯片等细分技术领域内，我国还处于世界先进水平。应该说我国与发达国家的差距主要是在现代生物技术的产业化水平上，而不是在技术发展阶段。

这意味着发展中国家的企业在发展现代生物技术时并没有现成的技术轨道可以参照，也缺乏可供借鉴的成熟的企业技术选择模式。由于现代生物技术所具有的突出的技术特征、产业特征和经济特征，对其的技术选择也需要一套不同的思路和方法。

现代生物技术当前的发展态势及其特性对技术选择提出了挑战，但笔者认为，企业的现代生物技术选择，并不需要一套全新的理论和方法，已有的企业技术选择理论和方法依然是研究企业现代生物技术选择的基础，但需要根据现代生物技术的特性进行适当修正和补充。

二、企业现代生物技术选择的影响因素

除了考虑信息不对称、社会文化理念、企业自身的技术能力与战略等企业技术选择的普遍影响因素外，企业现代生物技术选择还需要重点考虑技术发展轨道、相关技术和关键技术、基础研究进展及社会、法规等宏观环境等因素。

（一）技术发展轨道

Dosi 认为，某一技术领域若有重大进展或突破，相应的技术体系就会形成一种技术范式，若该技术范式较长时期地支配该领域的创新主流和方向，这一范式就形成一条技术轨道，在轨道上会有创新集群产生[44]。现代生物技术由于尚未形成明确的技术发展轨道，企业进行技术选择时，必须紧密跟踪国内

外现代生命科学基础研究和技术发展动向，洞察市场发展趋势，预见行业（产业）技术轨道发展方向，结合企业其他环境及条件（如外部环境、战略、企业内部资源和能力等），选择未来可能在技术轨道中占据主流的技术（技术群），利用技术轨道的形成初期，占据有利地位，在未来竞争中占得先机。

（二）相关技术和关键技术

企业现代生物技术选择，不仅需要考虑备选技术，还必须考虑备选技术发展所需的上下游相关技术支撑，并认真评价相关技术的发展情况和可得性。而在企业发展的初期阶段，应着重选择发展通用性强的关键技术，这样容易搭建起技术发展平台，为企业开辟更广阔的发展空间，如果企业自己不能发展这类技术，则必须要考虑如何得到这类技术，因为现代生物技术的发展离不开这类起骨架作用的关键技术的支撑。

（三）基础研究进展

现代生物技术发展表现出显著的理论与应用同步的趋势，今天的实验室研究成果可能就是明天的新技术。对技术选择而言，这可能是威胁也可能是机会：威胁在于更新的技术可能会很快取代刚刚选中的技术，从而给企业造成巨大损失。例如，在 2001 年以前，治疗性抗体主要用鼠源抗体和人－鼠嵌合抗体生产，到 2004 年，人源抗体就已经成为主流的抗体生产技术；当然基础研究成果也可能推动被选中技术的发展，被选中技术所缺失的上下游相关技术很可能此时正在实验室内酝酿，这就将给被选中技术的发展提供支持。因此，企业在选择现代生物技术时要密切关注相关基础研究的进展。

同时，基础领域的研究成果和科学理论也是备选技术的来源之一。生物技术公司的研发人员，要定期阅读研究文献，其目的就是在发展技术的过程中对基础研究进展进行同步监控。

（四）宏观环境因素

与 IT 等其他高技术不同，现代生物技术受到公众舆论、文化习俗、宗教信仰、法律法规等宏观环境因素的深刻影响，如果企业在选择技术时不能将上述因素考虑进来，在未来的技术发展过程中就有可能受到这类因素的制约，有时甚至是不可逾越的障碍。同时，由于现代生物技术的发展周期特别长，上述因素在技术发展过程中有可能发生变化，因此，在进行技术选择时，还需要将一些重要的可能发生变化的因素考虑在内，采取合适的未来环境分析方法（如情景规划）以及动态渐进的技术选择思路来应对这些因素可能发生的变化。

三、企业现代生物技术选择的原则

企业技术选择一般要遵循系统性、动态性、兼顾经济、社会及生态效益以及先进性与适用性相结合等原则，根据现代生物技术的特性，还必须重点遵循前瞻性原则和期权原则。

（一）前瞻性原则

这包括两层含义：一是现代生物技术正处在发展初期，未来还有更广阔的发展空间，企业在选择技术时要有一定的前瞻性，不仅要考虑目前，更要着眼未来，努力避免使技术选择陷入短期利润主导的盲目境地，即“人们往往是基于短期利益而非长期利益做出选择的普适模式[39]”，以防止将企业的技术能力发展和技术发展锁定在低级化的轨道上，故而企业层面和产业层面的技术预见（technology foresight）在企业现代生物技术选择中就显得尤为重要；二是技术选择是针对未来的，而现代生物技术具有发展周期长的特性，对于备选技术进行评估、决策要依据技术在未来较长时间内的发展情况而定，这是前瞻性原则的另一种体现。但同时现代生物技术又是技术和市场的不连续创新，其不确定性比其他技术要高得多，难以对技术在未来较长时间内的发展情况进行精确预测，因此情景规划等未来环境分析工具的应用需要引起特别重视。

（二）期权思维原则

现代生物技术较长的发展周期和高度的不确定性，使现金流折现（DCF）等决策方法在现代生物技术选择中实际上已经失去了应用空间，在对备选技术进行评估和决策时，比较合适的方法是实物期权（real options）方法。另外，从战略角度看，应该也必须将选择现代生物技术视为创造实物期权，利用它为企业开辟更广阔的发展空间。例如，早在1998年，很多生物制药巨头，如Amgen、Merck、EliLilly、Monsanto等，就纷纷投资于人类基因组计划（HGP），虽然这项投资没有近期收益，他们看中的是HGP未来发展的巨大潜力，这是企业现代生物技术选择中期权思维的实际体现。

四、企业现代生物技术选择动态模型

根据前述研究，我们提出了如图4－9所示的企业现代生物技术选择动态过程模型，包括四个相互关联的环节：

（一）划定范围

首先针对现代生物技术的发展进行技术预见，预测技术发展轨道，并评估公司当前的技术能力和可支配资源，结合公司的战略目标与发展方向，划定若干备选技术领域。

（二）研究寻找

在备选技术领域内调查和发现新技术，新技术的来源一般包括公司内部，大学、科研院所、政府、技术转让机构等技术颁布者，以及技术和贸易文献等。接下来研究和分析新技术自身的性能和未来发展潜力，并须考虑相关领域的基础研究进展以及上下游相关技术的可得性，还要对新技术的市场潜力进行评估和预测，这将淘汰一批明显没有前途的技术，留下备选技术。

（三）评价选择

通过对备选技术的评价选择，确定究竟要选择发展哪些技术。第一步是对每项备选技术的未来发展状况进行分析，文献［30］提出运用情景规划对新兴技术的未来发展进行分析，也同样适合用于现代生物技术；第二步是对备选技术进行评估和选择，实物期权及文献［21］中提出的“新性能过滤线”适合作为评价现代生物技术发展潜力的定量方法和选择标准，还要结合公司的战略目标等其他因素，对符合选择标准的备选技术进行比较分析，最终确定选择结果；第三步是针对已经选择的技术，设计制定技术未来的发展战略。

上述三个环节及各环节内的各步骤之间都是闭环关系，反映了企业现代生物技术选择动态渐进的本质。而最终的“付诸实施”环节是根据为已选定的技术制定的发展战略将技术付诸实施。

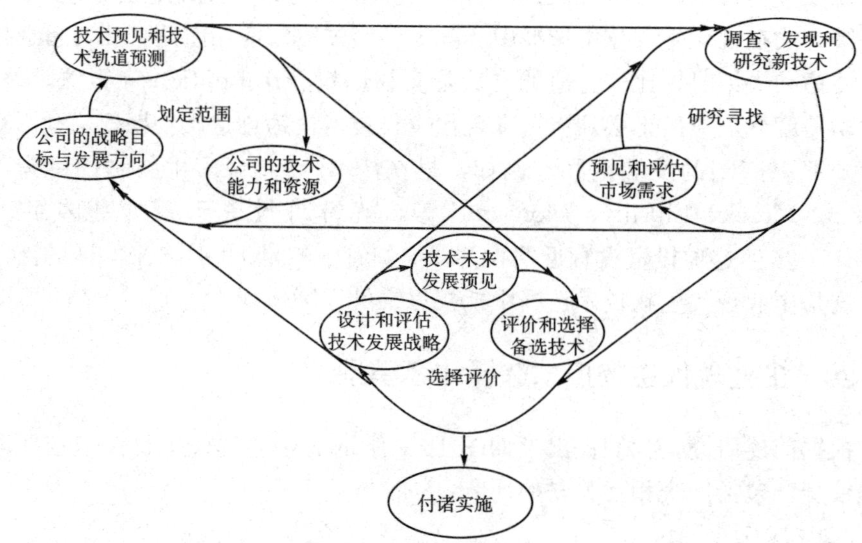

图 4－9　现代生物技术企业技术选择动态模型

本章参考文献

[1] 同号文，物种形成方式及成种理论评述 [J]. 古生物学报，1997，36 (03)：387－400.

[2] Mayr E. Animal Species and Evolution [M]. Cambridge，MA：The Belknap Press，1963.

[3] 左家哺，彭代文，廖仁彩. 物种概念、形成方式及其划分标准的新进展 [J]. 湖南林传学报，1995，(01)：80－85.

[4] Barton N. and Bengtsson，B. O. The Barrier to Genetic Exchange Between Hybridizing Populations [J]. Heredity，1986，(56)：357－376.

[5] Tsaur S C，Wu G I. Positive Selection and the Molecular Evolution of a Gene of Male Reproduction [J]. Mole，Biol. Evol.，1997，(14)：544－549.

[6] Wu G I. The Gene View of The Process of Speciation [J]. F. Evol. Biol.，2001，(14)：851－865.

[7] Minelli A. Biological Systematic [M]. London：Chapman and Hall，1993.

[8] Caplan A L. "Back to Class" [J]. Philosophy of Science，1981，(48)：130－140.

[9] Merrell D J. Ecological Geneties [M]. London：Longman，1981.

[10] 周纪伦，杨持，郑师章. 种群生态学 [M]. 北京：高等教育出版社，1992.

[11] 卢欣石，何琪. 种群遗传变异及基因多样度分析 [J]. 草业学报，1999，8 (03)：76－82.

[12] 张步冲，李凤民. 生物多样性与种群数量动态研究中的几个问题探讨 [J]. 中国生态农业学报，2005，13 (01)：32－34.

[13] 杜金沛，霍伟东. 战略机遇期的新跨越与生物经济的新发展 [J]. 社会学辑刊，2006 (01)：87－92.

[14] Luigi O. The Emergence of Biotechnology：Institutions and Markets in Industrial Innovation [M]. New York：St Martin' s Press，1989.

[15] Achilladelis B. Pharmaceutical Innovation：Revolutionizing Human Health [M]. Philadelphia：Chemical Heritage Press，1999.

[16] 国家发展和改革委员会高技术司、中国生物工程学会编写. 中国生物产业发展报告. 2008 [M]. 北京：化学工业出版社，2008.

[17] Schmookler J. Invention and Economic Growth [M]. Cambridge：Harvard university press，1966.

[18] Adomavicius G，Bockstedt J，Gupta A，et al. Technology Roles in an Ecosystem Model of Technology Evolution [R]. Working paper 05-04，2005. MIS Research Center，University of Minnesota，Minneapolis，MN.

[19] Freeman C，Perez C. Structural Crisis of Adjustment，Business Cycles and Investment

Behavior [M]. In: Dosi G, Freeman C, Nelson R., Silverberg G., Soete, L (Eds.), Technical Change and Economic Theory. London: Pinter, 1988: 38-66.

[20] George S D, Paul J H. WHARTON on Managing Emerging Technologies [M]. New York: John Wiley & Sons, Inc., 2000.

[21] 高健，魏平. 新兴技术的特性与企业的技术选择 [J]. 科研管理，2007，28 (01): 47-53.

[22] Wack P. Scenarios: Shooting the Rapids [J]. Harvard Business Review, 1985, 63 (6): 39-150.

[23] Schoemaker P J. When and how to Use Scenario: a Heuristic Approach with Illustration [J]. Journal of Forecasting, 1991, 10 (06): 549-564.

[24] Schoemaker P J. Scenario Planning: a Tool for Strategic Thinking [J]. Sloan Management Review, 1995, 36 (02): 25-40.

[25] Steil G J, Gibbons M. Large Group Scenario Planning: Scenario Planning with the whole System in the Room [J]. The Journal of Applied Behavioral Science, 2005, 41 (03): 15-29.

[26] Van der H K, Ron B, et al. The Six Sense: Accelerating Organizational Learning with Scenarios [M]. New York: John Wiley & Sons, Inc., 2002.

[27] 李天柱，银路，郭瑞兰. 情景规划在新兴技术战略制定中的应用：思路、框架与过程 [J]. 中国青年科技，2007，(05): 21-27.

[28] Mens E, Patrick R, Ospina L, et al. Scenario Planning: a Tool to Manage Future Water Utility Uncertainty [J]. American Water Works Association Journal, 2005, 97 (10): 68-76.

[29] Schwartz P. The Art of the Long View: Planning for the Future in an Uncertain World [M]. New York: Currency Doubleday, 1996.

[30] 银路，李天柱. 情景规划在新兴技术动态评估中的应用 [J]. 科研管理，2008，29 (04): 07-12.

[31] 李天柱，银路. 情景规划应对不确定性的思路和原理研究 [J]. 技术经济，2009，28 (06): 52-55.

[32] 迈克尔·波特. 竞争优势 [J]. 陈小悦，译. 北京：华夏出版社，2001.

[33] 赵振元，银路. 实物期权思维及其在新兴技术管理中的若干应用 [J]. 预测，2005，24 (01): 20-24.

[34] 参考网址：http://zhidao. baidu. com/question/7978590. html.

[35] 参考网址：http://www. xinhuanet. com/chinanews/2005-05/07/content_4180648. htm.

[36] 林武. 技术与社会：日本技术发展的考察 [M]. 张健，金海石，译. 北京：东方出版社，1989.

[37] 斋藤优. 技术开发论：日本的技术开发机制与政策 [M]. 王月辉，译. 北京：科学技术文献出版社，1996.

[38] 谢伟. 技术学习过程的新模型 [J]. 科研管理，1999，(04)：1-7.

[39] 安同良. 中国企业的技术选择 [J]. 经济研究，2003，(07)：76-85.

[40] 饶扬德. 企业技术能力成长中技术选择的机制分析 [J]. 科学学与科学技术管理，2007，(05)：18-22.

[41] 莫淑华. 企业技术选择的评价与决策方法研究 [D]. 西南石油大学硕士学位论文，2006.

[42] 黄茂兴. 论技术选择与经济增长 [D]. 福建师范大学博士学位论文，2007.

[43] 银路，王敏，萧延高，石忠国. 管理新兴技术的若干新思维 [J]. 管理学报，2005，(3).

[44] Dosi G. Technological Paradigm and Technological Trajectories [J]. Research Policy，1982，(11)：152-154.

第五章　现代生物技术研发管理

在20世纪70年代末期到20世纪80年代早期，按照当时的情况预测，不会有任何新的制药公司或化学公司出现，因为在现有产业内创造基础设施及维持研发的费用是天文数字，没有一家新公司能与现存的强手竞争。但现代生物技术的出现改变了一切，一群坚强的创业者不仅创立了新的生物技术公司，而且在创新科学、新型管理及令人难以置信的开创性融资的基础上创立了一个新的产业，安进、基因泰克、健赞、生物基因公司、奇龙等新兴生物制药企业已经开始与传统大型制药公司分庭抗礼，甚至一家刚刚成立的小型生物技术公司都具有与传统产业巨头一较高下的雄心！的确，一家仅生产一种治疗糖尿病的新兴药物的小小的生物制药公司，却能绝对地占领整个胰岛素市场，这就是现代生物技术的魅力。

支撑这一切令人不可思议的商业变革的最初的动力源泉，是现代生物技术的研发。现代生物技术的研发需要特定的科学基础、资源和能力，这使得传统的大型制药公司或化学公司的规模优势难以发挥作用，而新创小公司在研发环节占据了明显的优势。同时，生物技术企业研发活动密集，特别是新兴的小型生物技术公司和那些专门从事研发外包服务的生物技术公司，几乎全部业务都是围绕研发展开的。研发是现代生物技术管理中必须给予高度重视的关键环节。本章将主要依据现代生物技术自身的特征，以当前发展和应用的最为成熟的生物制药技术为载体，研究现代生物技术研发管理中的若干主要问题，包括现代生物技术的研发特点、研发创意、研发过程管理、研发模式以及研发柔性等关键问题，并特别分析了运用研发失败项目提高现代生物技术研发柔性的思路和管理策略。虽然本章中的分析主要是以生物制药技术为载体，但对于整个现代生物技术领域都具有其启发意义和借鉴价值。

第一节　现代生物技术研发的特点

分析生物技术企业的研发管理问题，必须首先了解现代生物技术研发的特点。归纳起来，现代生物技术研发主要具有如下突出特点：

一、周期长、不确定性高、决策阶段多、投资巨大、成功率极低

现代生物技术研发具有周期长、不确定性高、决策阶段多、投资巨大以及成功率极低的突出特征。以基因工程制药为例，平均来看其研发周期长达 8～15 年，可以划分为十余个主要决策阶段，在每个阶段都需要巨额投资并面临极高的失败风险，最终研发成功的概率仅有万分之一[1]，而研发投资总额却高达数亿美元。如果开发新型酶制剂，则必须要预先进行微生物安全与毒性评价，以获得法定机构认可，周期会更漫长、投资更大。即使开发生物芯片、基因测序等技术，同样需要很长的周期和巨额投资。

由于在每个阶段都面临失败的高风险，一旦某项现代生物技术研发中途失败，就会使前期的投资和艰苦努力变为沉淀成本，给企业造成巨大损失。同时，由于研发周期漫长，在研发过程中相关的企业内、外部环境因素，如市场需求、竞争对手乃至宏观环境等都可能发生变化，因此，即使一项现代生物技术能够研发成功，也可能因为环境的显著变化而导致新技术无法按照研发初期所预期的那样顺利实现商业化，这不仅给企业造成损失，还将失去宝贵的市场机会和投资者的信心，很多新兴的生物技术企业甚至可能因此而倒闭。1994 年排名美国生物制药企业第七位的遗传学研究所就因为输掉了与安进公司的专利官司，导致其研发的 EPO 和 G-CSF 失去了罕用药品地位，最终被美国家用产品公司收购[2]，而这在研发之初是根本无法预测的。

二、以平台技术为基础

现代生物技术主要是依赖一些通用的平台技术、研究方法和分析技术发展起来，虽然这些方法在解决不同问题时所涉及的深度、具体程序、使用技巧上存在区别，但都可以方便地实现技术共享。DNA 重组、生物芯片、细胞工程、发酵工程和生物信息技术是已有的骨干技术平台，类似的平台技术还有很多，

如细胞破碎、染色体萃取、PCR（聚合酶链反应）、蛋白质表达技术等，目前基因组技术、蛋白质组技术等更多平台技术正在兴起和走向成熟。现代生物技术研发就是以这些平台方法为基础，将其进行组合或为其配置不同的互补技术（或补充性技术）来实现不同的技术特性。同时，各种平台技术的应用领域也不局限于某一种动植物和微生物，而是对所有动植物和微生物都是通用的，因而容易实现在不同应用领域内的技术互用。

三、技术的实现路径有多条

有些技术的实现路径是唯一的，但现代生物技术的实现路径大都不止一条。例如，治疗癌症，就存在药物治疗、基因疗法、干细胞工程、治疗性抗体等多种可能的途径，而生产治疗性抗体又有鼠源、人－鼠嵌合以及人源三条主要路径。又如，就生物芯片而言，目前芯片制备有光原位合成、接触式点涂、化学喷射、压电等方法，反映信号检测有激光共聚焦荧光扫描、CCD荧光显微照相两种方法，反应结果显示方法有化学荧光法、同位素法、化学发光法和酶标法等多种，将这些上下游技术进行排列组合，可以发现实现路径是很多的。

四、特别依赖基础研究

现代生物技术起源于科学研究，其发展直接建立在分子生物学的科学成就，特别是实验成果的基础之上，理论研究成果可以直接当作“工艺原理”加以利用[3]，从而使现代生物技术研发表现出“科学技术化，技术科学化，科学和技术的边界模糊”的突出特征。基础研究，特别是实验方法成为现代生物技术的主要来源。例如，DNA重组、PCR、体细胞克隆等关键技术，本质上就是以前的实验研究方法。另外需要指出的是，一般的技术研发都存在着“基础研究—应用研究—试验开发”这一相对线形的过程，而在现代生物技术研发过程中，这一线形过程被打破了，基础研究、应用研究、试验开发之间虽然是前后衔接关系，但是基本的原理却很类似，都是以基础科学研究所依赖的实验方法为主。

五、资源依赖性强

从本质上说，现代生物技术研发是围绕人为设计和控制生物的遗传进程做文章。而DNA重组实验和操作的对象是基因，这决定了现代生物技术研发对基因资源（确切地说是基因携带的遗传信息）高度依赖。如果缺乏所需的目的基因，就无法进行基因的重组、扩增或转移的研究与应用，研发也就无法开展。即便是研发生物芯片、生物信息学等技术，同样需要以基因信息和基因扩增为基础。

六、对研发人才有特殊要求

如本书对现代生物技术管理特征的分析所示，现代生命科学（特别是分子生物学）是以实验为基础的学科，而现代生物技术又起源于基础研究，这决定了现代生物技术的研发人才不仅要具有高智力和创新精神，还必须具有突出的实际操作技能和丰富的实验室工作经验，一般只有在研究生毕业后，至少有 5 年以上实验室工作经验才能独立完成一个产品中某个环节的研发工作。而美国生物技术企业的经验进一步显示，拥有大量的博士和博士后人才，才能真正满足现代生物技术研发的需要。

第二节　现代生物技术的研发创意

创意不是最终的产品，但寻找、产生对企业及其顾客具有价值的创意则是企业能否成功地开发新产品或服务的关键。技术创意是企业有针对性地开展技术创新活动的起点，产生创意的工作会得到一组令人兴奋的、发现市场机会的主意，它们可以是概念，也可能是完成了最初设计后的产品、产品原型或是技术、服务的新方式等。

一、现代生物技术研发的创意范式

归纳起来看，现代生物技术研发的基本创意范式有两条：一条是将现代生物技术应用于改造传统产业和产品，比如改造药品的筛选和发现、利用发酵工程提高石油开采效率、运用基因工程和蛋白质工程提高酶制剂的性能和质量等；另一条是运用现代生物技术创造尚不存在的新产品进而创造新产业，比如利用基因工程和生物芯片开创基因诊断和治疗、运用生物纳米技术和基因工程生产人工器官、利用转基因技术创造尚不存在的动植物新品种等。不论哪一种范式，将创意变成现实的产品和产业所需要的企业能力、管理流程、产业结构乃至竞争规则等都与传统产业（包括信息技术产业）截然不同，从而引起了技术发展过程中的“间断均衡”，带来了“创造性毁灭”的产业特征，给众多新兴企业提供了与传统产业巨头正面竞争的机会。当然，上述归纳仅是宏观上的总结，我们将以当前现代生物技术应用得最成熟的生物制药为例，对比传统制药的创意思路分析现代生物技术研发创意的基本思路[4]。

（一）传统制药的研发创意范式

传统药物主要是小分子药物。在新药研发上游的关键问题是药物靶标的筛选和发现，医药公司开发药物的传统途径，基本上是在试管内打靶式识别酶或细胞受体上的许多小的有机分子，寻找与之结合的化合物，诸如对可能包含受体的大白鼠大脑进行分析。这是一种“随机型”的药物靶标筛选方式，主要利用了医用化学和药物学这两门核心学科的知识，只要雇用大量具有一定技术的合成药剂师和药理学家，就能熟练进行大规模的筛查工作。这种药物研发方式的问题是科学家还没有完全了解机体如何工作以及具体病因，他们也无法确保候选药物是否只作用于靶分子。因此，大部分药物只是使疾病的症状（如疼痛、关节肿胀等）减轻，并没有从根本上解决问题。另外，针对一种疾病靶标的药物还不可避免地作用于机体内其他酶或受体，从而导致副作用（有时是很严重的）。

新药研发要考虑的另一个极为重要的问题是下游的生产工艺。化学和药品工业形成于18世纪，在学术和工业领域中具有很长的历史，因此相关的理论知识都已被汇集在科学杂志和文献中，被普遍用来指导工艺选择、规模设定和工厂设计。多数制药公司已经为生产活动（如质量检验、过程控制、生产计划、人员换岗和生产维护）开发了标准操作规程。因此，在传统制药研发中，拥有大量可以信手拈来的科学法规、原则和模型，它们描述了各种变量之间的关系结构（如压力、体积和温度）。这样，传统药品的研发人员可以通过从理论中获得的、可行的人工合成方法来开始他们的工作，我们称之为“先学后做”的研发范式。

（二）生物制药的研发创意范式

1. 第一阶段：改造传统制药的范式

现代生物技术运用于制药产业最初有两种相对不同的研发范式（也可以认为是基本的技术路线，如图5-1所示）。一种是采用基因工程作为加工技术来生产疗效已得到大多数人认可的药物（主要是药用蛋白质），现代生物技术成为改造传统制药技术的生产工具；第二种以基因工程和其他现代生物技术（如生物芯片）为研究工具和搜寻工具，来提高常规“小分子”人工化学药品的开发效率。总之，这两种范式实际上都完成了对传统制药改造的使命。

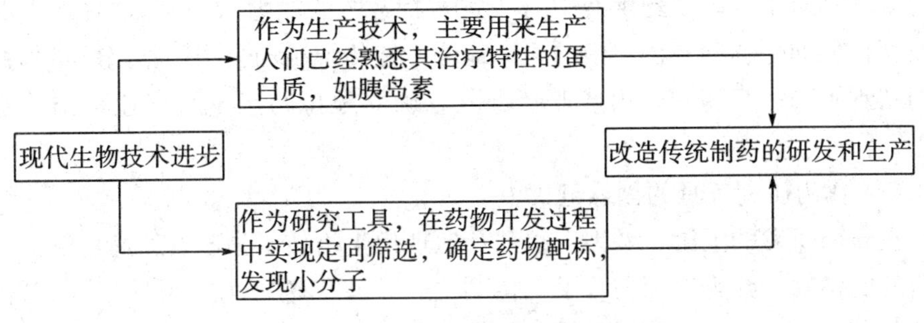

图 5—1　生物制药早期的研发范式

（1）作为生产技术的创意范式。

蛋白质或多肽（由多个氨基酸链接而成的大分子）结构十分复杂，无法通过化学方法进行合成，因而那些作为治疗药物使用的蛋白质（特别是胰岛素）在传统上是从自然物质中提炼或通过酶学方法生产的。同时，传统的微生物发酵技术只能利用自然生产的细菌、酵母或酶菌等来生产许多抗生素，但却不能生产蛋白质。基因工程的主要贡献就是通过人为调整细胞的基因特征，有目的的将可以表达药用蛋白质的基因重组、转移到细菌、酵母、质粒等繁殖速度惊人的原核生物内，并对药用蛋白形成表达，第一次使人工大量生产蛋白质成为可能，由此开辟了新药研究的全新领域——生产人体实现各种生物功能所需的蛋白质。第一批投身于现代生物技术的公司（如安进、基因泰克等）均把重点放在了利用基因工程生产疗效已经比较确切的蛋白质上，如胰岛素、人体生长激素、t－PA 和第Ⅷ因子，因为科学家对这些蛋白质的加工过程以及它们可能存在的疗效相对了解较多。这些已经存在的知识极大地简化了第一批以基因工程为基础的药品研究，以及取得规制审批的过程。同时，因为其效果显著而且已拥有了初步的患者群，也使得技术的商业化更加容易。

在这种范式下，对取得成功至关重要的是学会使用新的 rDNA 技术来生产天然的或人工合成的蛋白质。而在 20 世纪 70 年代，分子生物学和现代生物技术的研究主要是为了“发现”产品或确认潜在的重要蛋白质，很少针对大规模生产方面的问题进行研究，因而在生物制药领域，研究者非常缺乏理论来指导他们开发新的大规模生产工艺。所以，当人们把现代生物技术作为一种药品生产技术时，研发人员几乎没有可以利用的实践经验，我们认为指出这一点是极其重要的。这种能力的缺乏对于所有传统制药公司来说是一种巨大的挑战，因为它既需要具备大量新知识，又需要公司内对制造流程的管理方式进行根本转变。换句话说，在实际研发过程中，生物制药工艺的开发需要“边做边学”的能力（相对于传统制药生产中的“先学后做”的能力），正是这种能力的缺乏及其在早期生物制药创新中的关键地位，使传统制药公司和新兴的生物技术公司站到了同一起跑线，为产业新进入者确立地位乃至重塑产业结构奠定了基础。

(2) 作为研究工具的创意范式。

在新药研发的上游，基因工程和其他现代生物技术为开发新药提供了一种有目的的精确“筛查”药物分子靶标的方式，我们称之为“引导型”，以替代传统制药研发中的“随机型”筛选。引导型筛选的基本思路是研究者克隆目标受体，从而针对一个“单一”的目标进行筛查，针对性很强，开发得到的药物作用的靶点比传统药物更精确，副作用几乎为零，被形象地称为“药物导弹”。在这种范式下，现代生物技术成为药物研发中靶标筛选的基本研究工具。这种范式要求公司必须具有强大的基础研究能力，然而这种范式对传统制药的颠覆作用并没有现代生物技术被用作生产技术时那么大，理论上，传统制药公司只要转向“引导型”或“科技驱动型”的药品开发就可以避免受到这种影响。

但在现实中，实现从“随机型”向“引导型”的转变并不是一件简单的事情，掌握“引导型”研究技术需要公司具有涉及非常宽泛领域的科学技能、与大型科研机构密切联系的科研力量，以及支持公司间大量、快速交换科学知识的组织结构。对于那些已经向“引导型”药品开发转变的传统制药公司来说，基因工程工具的采用将给寻找小分子药物提供一个额外资源，它实际上是公司原有能力基础的延伸，企业通过雇用分子生物学家来得到更多的筛查方法，并很容易用于正在进行的研发过程。换句话说，在寻找小分子药物时，规模越大、科学积累越多的公司在使用现代生物技术作为研究手段上就越具有优势。传统制药巨头在向生物制药转型时普遍采取了这种方式，但由于受当时基础研究领域成果的制约，传统制药公司利用这种范式取得的成就并不令人瞩目。在生物制药发展前期，最耀眼的明星是那些新兴的、采取了第一种研发范式的生物技术公司。

2. 第二阶段：创造新领域的研发创意范式

虽然改造传统制药的研发范式依然在当前生物制药的开发过程中占据重要地位，近年来，随着生物信息技术、生物芯片技术、纳米生物技术、基因组学和蛋白质组学研究的深入，上述两种创意范式出现了融合，带来的结果是开创了生物大分子药品领域。如前所述，生物制药的早期探索者专注于对蛋白质的研究，那些蛋白质要么已经被作为药物使用（如胰岛素、人体生长激素），要么其功能已被深入了解但在过去很难进行商业化的规模生产（如 t－PA、EPO)。而那些将现代生物技术作为研究工具的传统制药公司，仍关注于探索小分子药物。

当这两条范式的潜力逐渐枯竭之时，出现了两种新的研发范式（如图 5－2所示)。第一种是探索已知蛋白质的新用途，干扰素就是这种“在使用中找到的蛋白质”的例子，这是早期研究这种药品时未曾想过的一种治疗方法。虽然利用这种研究策略，人们发现了人体内大分子的效用并非动物或药物筛选中小分子的效用，但它仅仅是先前提到过的传统药物研究的“随机型”方法的一种表现而已；第二种是集中于特殊疾病或发病条件的研究，试图找到具有单一的、特殊疗效的新的蛋白质和多肽。在这种情况下，对于特殊疾病的生物学特征进行深入细致的研究是极其重要的，因为这方面的知识是指导新药发现的科学方法的基础。例如，研究癌症、艾滋病和自体免疫疾病的人员都在努力寻找能够调整人体免疫系统的蛋白质。这时现代生物技术发挥了作为研究工具和搜寻技术的作用（前述第二种范式)。然而，由于寻找新的多肽和蛋白质的最终目的在于将大分子作为治疗药剂，因此也需要大规模生产和商业化能力，故而这时还必须要将现代生物技术作为一种生产技术（前述的第一种范式)。但本质上说，这两种范式都将建立传统制药梦想已久，但一直无法实现的生物大分子药品领域，攻克很多历史上人们无法应对的疑难疾病。

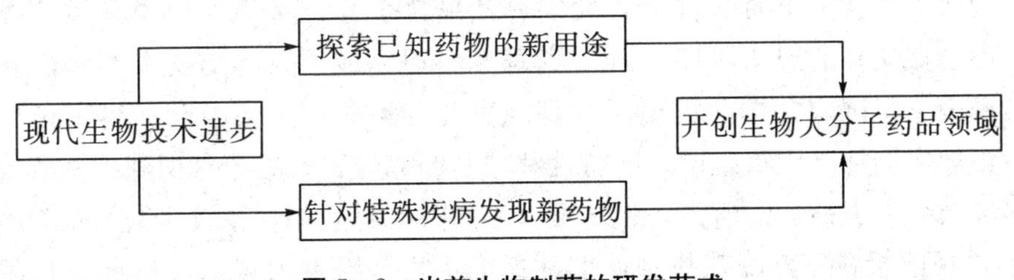

图 5－2 当前生物制药的研发范式

由于创造新的生物大分子药品，同时需要现代生物技术作为研究工具和生产工具，因而不论是新兴的小型生物技术公司还是传统大型制药企业在能力方面都存在明显缺陷。新兴的生物技术公司在基础研究和探索工艺方面能力突出，但规模较小；传统制药公司规模足够，但对于大分子研究的能力和开发新工艺的能力却不足。最终，在生物大分子药品领域，最具优势的是那些沿着前述第一种范式发展壮大的早期的生物技术公司，如基因泰克等，它们是唯一同时具备了从搜寻、开发、生产直至规模的所有能力。

二、现代生物技术研发创意的来源

虽然现代生物技术研发遵循前述两种基本创意范式，但在具体的研发过程中，创意又是如何而来呢？或者说是如何找到大量创意以实现这两种范式呢？这是研发创意的来源问题。人们要凭空产生创意是可能的，但如果能够把人们的创造性和技术、产品、服务发展的相关信息结合起来，就能产生更多、更有价值的创意。创意的产生过程就是识别创意的来源到产生创意，再到筛选创意的过程。一般来说，创意的来源有很多，包括企业内部的、外部的，正式的、非正式的，技术的、非技术的，被要求的、不被要求的。总之，企业要不断发掘所有的潜在的创意来源，然后认真筛选，形成产品或服务的概念，并通过研发和后续的商业化过程，赶在竞争对手之前开发出具有吸引力和竞争力的技术产品[5]。具体到现代生物技术研发而言，主要的创意来源包括：

（一）企业家的商业头脑

现代生命科学研究突破产生新知识，但将新知识与市场需求联系起来，应用于产业实践的创意往往首先来自企业家非凡的商业头脑和敏锐的市场嗅觉，至于如何将这些新知识应用于产业实践则是科学家通过研发活动来解决的问题。

现代生物技术革命的首个研发创意就来自企业家（确切地说是风险投资家）的看似疯狂的想法。1973 年，博耶和科恩完成了人类历史上第一次有目的的基因重组试验并据此提出了“基因克隆”策略，两人因此获得了诺贝尔奖。虽然人们从基因重组试验的特性和“基因克隆”策略中意识到了其所拥有的足以改变人类命运的潜力，但却没有人想过要将它们付诸商业化。1976 年，29 岁的风险投资家斯旺森找到博耶，提出了将基因重组技术实现商业化的设想。在当时，人们普遍认为基因重组距离商业化至少还有十年时间的距离，全球商界还没发明出“生物技术公司”这么个名词，很多人都认为斯旺森的想法异想天开。但斯旺森自己对这个主意狂热不已，经过再三游说，博耶终于答应了这个建议。在最初的一栋小型的办公楼内，5 名员工和 12.6 万美元的启动资金造就了全球第一家，也是历史最悠久的生物技术公司——基因泰克(Genentech)，斯旺森看似疯狂的主意展开了人类历史上第一次有目的的现代生物技术研发活动——通过大肠杆菌制造生长激素抑制素。由于现代生物技术所具有的颠覆传统产业和创造新产业的潜力，40 年来无数富有创新精神和冒险精神的企业家都希望从这座无穷无尽的宝藏中攫取财富，敏锐的商业头脑使他们往往能够提出很多了不起的研发创意。例如，2004年美国Celera公司投入巨资研究海洋基因资源就是公司创始人Venter的创意，而在研究过程中采用的大规模基因组测序技术也是Venter针对原有基因测序技术速度过慢提出来的一个突破性的想法。

（二）科学家的创造性

科学家和研究人员的创造性是现代生物技术研发创意另一个主要来源。由于现代生物技术研发对基础研究高度依赖，身处科学研究活动最前沿的科学家、工程师、研究人员等往往能够提出大量非凡的研发创意，很多时候，他们提出的这些创意可能是无意识的，并没有考虑到现实的市场需求，而纯粹是为了科学研究的目的和对未知领域的探索。但是，这些创意却经常蕴含着巨大的商业和市场潜力，带来突破性创新的结果，创造出全新的技术领域和产业。例如，体细胞克隆、干细胞工程技术、PCR扩增技术等现代生物技术的关键平台技术都是科学家在进行科学研究时的创意带来的产物。生物技术企业的高层管理者要能够很好地识别、评估、筛选和利用科学家的研发创意，特别是对那些看似不着边际、异想天开的科学想法抱着包容和重视的态度，并要在企业内尽量创造创新文化，给予科学家们自由、宽松的研究和想象空间，使他们的创意能够被源源不断地激发出来。

（三）技术发布者

基础研究活动的主要承担者大学、公共研究机构和独立研究机构等都是现代生物技术研发创意的重要来源。这些组织公开它们的技术，而且通常为可利用的技术建立数据库，他们有时也会提出很多创造性的主意，并寻找产业成员与他们共同完成研发：他们已经开发出的技术可以指明研发的方向和技术路线，或者提供产品原型，从而给企业技术研发以启迪，激发更多的创意产生；而他们提出的创意，可以直接作为企业的研发创意进入创意的筛选程序，进而建立或形成产品的概念。不过从本质上来说，技术发布者的研发创意与科学家和研究人员的研发创意并无差异，它们一般也是在科学探索中形成的，较少考虑市场导向。对于生物技术企业而言，必须要与尽量多的大学和研究机构建立广泛的联系及合作关系，尽量多地掌控基础研究成果，这可能获得更多的研发创意。

（四）专利和文献

已经公开的专利公布了已经存在技术的技术路线，对于企业采取不同的技术路线研发同类技术是很好的启迪，或者企业可以在已有技术的基础上进一步深入研究，这也成为研发创意的来源之一。而学术文献公开了大量的基础研究成果，生物技术公司的研发人员经常留意和阅读这些文献，容易受到基础研究成果的启迪而产生新的创意。实际上，在大多数生物技术公司，定期阅读一定数量的文献是研发人员的固定工作之一；而很多领先的生物技术公司也有专门人员在专利数据库上追踪专利的发布和变化，这些都是公司获得更多研发创意的有效手段。

（五）竞争对手

有些时候，企业为了击败竞争对手而钻研和分析竞争对手的技术缺陷和技术弱点，针对竞争对手的技术特点进行改革，这也成为现代生物技术研发创意的重要来源之一。在历史上最成功的生物技术药品、安进（Amgen）公司的促红细胞生长素（EPO）上市获得巨额利润之前，安进为了获得必需的流动资金而将 EPO 授权给了强生公司（Johnson & Johnson），强生公司在美国销售 EPO 只能针对除肾衰竭之外的其他病症（主要是癌症），在欧洲则没有限制用途。强生公司的分部 Ortho 将 EPO 取名为 Procrit 进行推广，每年在全球的销售额大约是 30 亿美元，这其中的一小部分作为销售提成付给了 Amgen。为了不被强生公司击败，Amgen 根据 EPO 需要频繁用药的特点，开发了另一种疗效更长的相同药物 Aranesp，并与 Procrit 展开竞争，同时又不会违背最初的交易合同。EPO、Procrit 和 Aranesp 这三种药物虽然名字不同，但实际上都是同一种药物，只是为了竞争的需要而进行了不同的设计和改进。

（六）对已有技术的渐进性改进

现代生物技术产品大都与人类的健康、环保等领域密切相关，因而“没有最好，只有更好”，对现有技术不断进行改进和挖掘是技术研发的重要创意来源。以当前发展得如火如荼的治疗性抗体技术为例，最初的治疗性抗体主要采取鼠源培养生产，由于鼠源抗体存在着毒性较大、在人体内排异现象严重等现实问题，强迫人们不断改进新的生产方法，后续的“人－鼠”嵌合抗体、人源抗体等新技术都是为了不断提升技术特性而提出的研发创意。

（七）顾客的直接需求

对于那些专门的生物技术研发外包企业而言，研发什么样的技术大都是依据客户提出的明确而直接的需求，因而顾客的直接需求也成为很多生物技术公司（特别是 CRO 企业）的创意来源。

除上述讨论的主要创意来源外，企业的销售代表和经销商、行业顾问、营销公司等一般的企业研发创意来源也对生物技术企业挖掘研发创意具有意义。

第三节　现代生物技术研发的过程管理

成千上万的研发创意首先要经过筛选，得到若干产品和服务的概念，然后再经过研发的过程，新技术、新产品（服务）才能被创造出来，并最终走向商业化。从技术管理的一般过程看，研发过程可以分为基础研究、应用研究、试验开发三个阶段，而每个阶段又包含了多个子环节。现代生物技术的研发过程一方面在总体上遵循上述过程，但另一方面又有自身的突出特点，它的研发过程更复杂、不确定性更高、投入更大、决策阶段更多、耗时更长。

一、现代生物技术研发的基本过程

抽象归纳起来，大部分现代生物技术研发的主要过程都可以如图 5－3 所示。

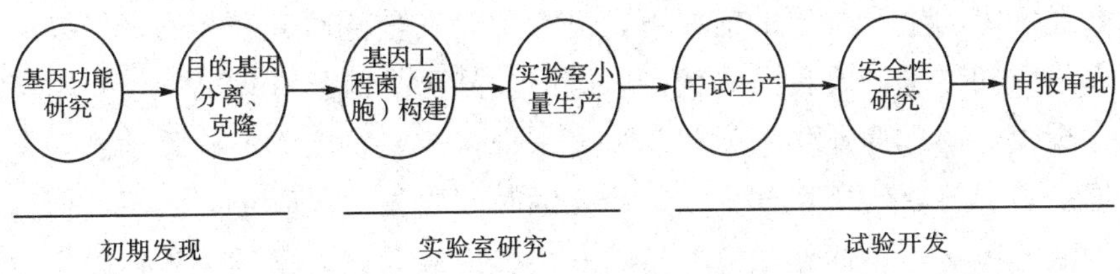

图 5－3　现代生物技术研发的基本过程

（一）初期发现

初期发现首先要基于研发创意和产品定位，根据要实现的技术特性寻找目的基因，然后对目的基因进行分离、克隆，获得后续用来研究产品和生产工艺所需的基因靶点。这一阶段主要是在实验室内以基础研究的形式进行的，要从海量基因中找出可以执行技术特性的目的基因。初期发现是现代生物技术研发中创造性最强的阶段，同时这一阶段的不确定性也最高，成功时间、资金投入、成功率等根本就是不确定的，很多时候能否成功只有等待命运之神的垂青。在这一阶段主要依赖基础研究能力，需要广泛应用基因测序技术、细胞破碎技术、高通量筛选技术、基因扩增技术、生物信息学技术等科学和技术知识。

（二）实验室研究

实验室研究要在已经获得目的基因的基础上，通过基因重组构建包含目的基因的基因工程菌或基因工程细胞，通过实验方法实现目的基因的表达，并对表达产物进行测试，以确定其是否能达到技术特性的要求。接下来建立表达产物的生产方法和生产工艺，并通过实验室小量生产的形式对生产方法和生产工艺进行测试，对表达产物的有效成分和生物学特征进行鉴定，并确定制备工艺和质量检测的条件和方法。这一阶段的不确定性比初期发现阶段有所降低，但仍然很高。从研发的过程看，这一阶段开始与市场需求产生联系，但主要依赖的方法还是实验室研究方法。主要需要的技术是基因重组技术、基因表达技术、表达产物的分离纯化技术以及检测技术等。

（三）试验开发

试验开发阶段主要在实验室研究的基础上完成中试生产、安全性研究、申请审批等工作。中试生产是关键的中枢环节，需要在实验室小量生产的基础上向现实的大规模生产转化，进行目的基因大规模表达的生产试验，对生产工艺和生产设备进行测试，而生产工艺一旦建立起来一般就不再轻易改变；接下来要在已经确定的生产工艺的前提下，进行生物安全性研究和测试；最终向有关主管部门（如果是开发食品和药品，应向食品药品监督管理局申请）申请批准进行大规模生产和商业化。就技术自身来说，这一阶段的不确定性已经大为降低，但是需要投入的资金却更大、消耗的时间更长、风险更高，不仅包括技术研发失败的风险，还面临很高的生物安全、伦理道德方面的风险，以及政策法规等方面的风险。对于企业而言，这一阶段不仅需要技术研发能力，还需要建立生产设施、实验设施，并通过繁琐的申报审批。

从研发的基本过程看，各类现代生物技术研发的基本过程是一致的，仅是在不同阶段的工作重点存在差异，另外在不同阶段、不同环节所依赖技术细节、实验方法有所不同罢了。但是基础性的平台技术是各种不同性质的现代生物技术研发共同需要的，比如基因测序技术、细胞破碎和分离技术、基因克隆技术、基因表达技术、检测技术、基因重组技术等在各环节均得到广泛应用，现代生物技术通用性强的特征表现得非常明显，越接近研发的上游，这种特征就越明显。当然，各种现代生物技术千差万别，不同的技术其研发过程还是存在一定差异。例如，在生物安全试验环节，研发转基因作物主要进行田间释放试验，而开发生物制药主要进行临床前研究和临床试验，如果研发新型酶制剂则在实验室研究阶段就要预先进行微生物毒性和安全性测试。

事实上，我们无法对各类现代生物技术的研发过程进行一一描述，下面主要以当前发展的较为成熟的基因工程制药为例，详细分析现代生物技术的研发过程管理。

二、基因工程药品研发的基本过程

基因工程制药主要采取基因工程、发酵工程（细胞工程）等技术方法，针对特殊的疑难病症，开发具有治疗功能的蛋白质和多肽，其典型的研发阶段和各阶段的特点如表 5－1 所示。

表 5－1　基因工程药品的典型研发阶段和各阶段特点（单位：百万美元）

	早期发现		化合物发现与发展					临床试验			
主要阶段	靶标寻找	靶标确定	筛选发展	初步筛选	第二阶段筛选	主成分优化	临床前试验	阶段Ⅰ	阶段Ⅱ	阶段Ⅲ	申报审批
周期	时间、投资和成功率完全不确定		5.8 年					7.4 年			1.5 年
投资			129					97			9
成功率			需要试验 10000 种化合物				2.5%	0.05%			0.01%

（一）早期发现

基因工程药物研发的最前端是早期的药物靶标发现，即根据要解决的病症，从大量基因中寻找、筛选和确定未来新药要针对和作用的疾病靶点，这是后续研发的基础。如果不能发现所需的确切的药物靶基因，后续的开发过程就是一句空话。因此对疾病或身体状况的研究一般都是新药研发的起点，它可能需要耗费相当长的时间——有时需要几十年。毫无疑问，早期发现是整个研发过程中最具有创造性而又最不确定的阶段，这一阶段通常是在大学或公共研究机构的实验室中以基础研究的形式进行的。例如，在美国，大多数与新药初期发现有关的研究都是国家卫生研究所（NIH）资助的，生物制药公司的产品研发预算的很大部分（经常高达 50%）也是用来支持它们的合作伙伴用于研究、确定药物靶标。

现代生物技术在建立支撑新药靶标发现的新方法上已经较为成熟，并在新药的早期发现阶段取得了很大的成功。但这仅是从技术角度分析的，事实上研发不确定性仍然高得惊人，靶标发现能否成功以及何时能够成功，根本就是不确定的，这是由技术本身的特点所决定的。而这意味着巨大的资金投入在这一阶段甚至有可能得不到任何回报。早期发现阶段的关键是要充分利用不断涌现出来的新技术工具，去探测细胞的内在工作原理和阐明疾病是如何引发的，并确定治病基因的功能以及由基因编码的蛋白质的功能。这些新技术工具包括分子生物学、细胞生物学、分析技术、组合化学、高通量筛选等，目前飞速发展的大数据（big data）也被广泛应用到药物靶标发现等领域。

另外，早期发现阶段还对基因资源高度依赖，如果不能寻找到可能包含致病基因的遗传资源或遗传信息，再多的资金投入都不可能带来令人满意的结果。自从人类基因组计划（HGP）完成后，发达国家与发展中国家展开了激烈的“基因争夺战”，就是因为发达国家的生物技术产业巨头看中了发展中国家丰富的基因资源。

（二）化合物发现与发展

当早期发现到达一个关键阶段——疾病的病理已经分析得相当清楚、药物作用靶点已经找到并有可能治愈它的时候，接下来的研究就是要发现或者合成一种可以治疗疾病并且服用安全的化合物，这就是新药开发的化合物发现与发展阶段。通常在此阶段，生物制药公司（主要是小型的新创专家型公司）才会参与进来，有时早一些，有时会晚一些。

化合物发现与发展一般要包括对化合物进行筛选（需要进行数次筛选）、药品的主成分优化和临床前研究三个阶段。化合物筛选和主成分优化主要是针对药物靶标确定药物的候选方案，生物制药公司拥有庞大的备选药物方案库——通过计算机程序迅速扫描就能得知药物分子是否正好击中了基础研究发现的药物靶标。此外，还可以利用动物、植物或是矿物资源来合成或是萃取新的分子。而临床前实验主要包括一系列的动物和试管实验，目的是了解药物在动物体内代谢时可能会发生什么问题，从中获得数据使 FDA 相信它是安全的，值得进行下一步的人体实验。有些临床前研究的动物实验时间长达一年多，需要观察慢性暴露的后果。如果药物被用来治疗慢性疾病，治疗时间需持续几年，就要求动物实验时间必须持续两年，以研究慢性暴露的效应及是否有潜在的致癌作用。临床前实验的内容也包括为将来临床研究的给药剂量提供信息。

（三）临床试验

临床试验是在人体中进行的研究，包括健康志愿者和靶疾病患者，临床试验不但要回答药物是否有效，而且还涉及其他很多问题，临床前的药物备选方案中只有很少的一部分会最终进入临床环节在人类身上进行测试。一般来说，临床试验可以分为三个阶段，每个阶段都有不同的目的和作用，个别时候（甚至在药品上市之后）还需要开展第四阶段的临床试验。（1）临床阶段Ⅰ。第一阶段研究主要是检查药物对人体的安全性，研究药物在人体内是如何代谢分布的，目的不是确定候选药物的治疗效果，而是获得有关用药的最佳方式和产品对人体是否安全的线索，此信息还将用于设计第二阶段研究；（2）临床阶段Ⅱ。这一阶段的临床研究将提供药物怎样在人体内活动的更多信息，并开始提供药物对患者治疗效果的信息；（3）临床阶段Ⅲ。第三阶段临床试验有时也叫“中枢试验”，其目的是获得必要的数据向主管部门（如在美国是 FDA）和国家法规制定机构申请准许新药进入市场。根据药效线索、患者亚群、服药剂量安排和药物经济学问题，最终得出具有显著统计学意义的证据，来保证其产品对患者是安全有效的。

临床试验是整个研发过程中最不具有创新性的阶段，但它却是最昂贵的阶段，绝大多数的备选药物从此被排除掉，而在此之前人们在它们身上已经花费了大量金钱。特别需要指出，临床试验阶段企业还有一个关键任务，就是为药品设计商业战略，一个出色的临床试验发展战略，是先使公司快速进入一个小的细分市场，然后在以后的研究中扩大到相关的病人群体。大型制药公司通常会在临床试验阶段前后正式参与到生物制药创新，而在此之前则主要通过资助小型专家型公司等方式对生物制药创新保持关注和连接。

（四）申报审批

申报审批是临床试验与商业化之间的衔接环节，这时在技术上已经不存在什么创新性，但是面临着政府管制的巨大风险，是一项费时、费力又费钱的工作，大约通过临床试验研究的药物中只有五分之一才能获准审批。这一阶段对于企业而言，最关键的是对审批环节、程序的理解，以及与相关主管部门的良好关系，大型制药公司或者专业的 CRO 企业在这方面经验和能力明显突出。

三、现代生物技术研发管理的要点

对于现代生物技术研发的过程管理，需要遵循下述几个要点：

（一）将研发与市场需求紧密联系起来

与一般的传统技术和信息技术等其他高技术明显不同，现代生物技术起源于基础研究，大部分技术从创意到研发的过程中，科学突破所起的作用更大，而对现实的市场需求考虑较少。但是，任何技术创新都必须与现实的市场需求结合，否则就没有可持续发展的空间。就现代生物技术而言，目前现代生命科学与基础研究的发展阶段也远远超前于产业发展。因而，对现代生物技术研发而言，要主动关注市场需求变化，将技术研发的主攻方向与市场紧密联系起来，这对整个创新活动的成功，乃至对整个生物技术产业发展都具有直接的现实意义。

（二）将研发现代生物技术视为创造一系列期权

现代生物技术研发的成功率极低，但是既不应该因此而轻易放弃对某项技术的研发投入，也不应该贸然对某项技术的研发孤注一掷，而应该充分利用现代生物技术研发决策可以分阶段进行的突出特点，将研发现代生物技术视为创造一系列期权。这些期权给予管理者在下一阶段决定是否继续投资的权利而非义务，如果未来环境向好的方向发展，可以继续投资；而如果预测未来的环境不甚理想，则可以终止投资；如果环境一直不够明朗，则可以选择等待，待到未来环境明朗的时候再决定。采取期权思维，既可以很好地规避现代生物技术研发的高风险，也可以充分利用现代生物技术发展过程中的高度不确定性，创造可以"操纵"不确定的未来的机会。

此外，在现代生物技术研发创意筛选、研发技术选择、技术潜力评估等环节，都应该考虑采取期权思维和实物期权思想。

（三）重视对未来环境与技术发展的预见

现代生物技术过长的研发周期和高度的不确定性决定了一般的环境预测分析技术在现代生物技术研发管理中是不适用的，但是对于研发决策而言，又必须依据对未来环境的科学分析才能制订下一阶段的决策，因而要重视对未来环境的分析和预见，情景规划等未来环境分析方法的运用需要得到管理者的高度重视。

（四）重视风险识别和评估

风险意味着损失，现代生物技术研发的高投入和高风险是研发过程管理中必须要重点考察的问题。在研发的每一阶段和每个决策时点上，都要注意分析、识别和评估未来可能面对的风险，从而很好地规避研发过程中高风险带来的威胁。

（五）不断提高研发柔性

柔性是系统对外界环境变化的反应能力，是高度不确定环境下企业的必然选择。由于现代生物技术研发所具有的高度不确定、长周期和高风险的特征，在研发过程中寻找合适途径，不断提高研发系统应对未来的环境变化的能力是至关重要的，对于规避研发风险，应对不确定性具有关键意义。目前理论界关于研发柔性还罕有专门的研究，关于现代生物技术研发柔性问题的研究就更是空白，本章后面部分还将专门讨论生物技术企业的研发柔性问题。

第四节　现代生物技术研发的主要模式

现代生物技术研发的自身特点决定了不能将研发过程完全局限在企业内部，而需要广泛利用外部资源，根据实际情况采取多种模式。虽然自主研发是企业广泛采取和重视的研发模式，但对于生物技术企业而言，研发外包、研发联盟、研发并购等研发模式和研发战略同样需要得到高度重视和灵活应用。本小节仍将以生物制药为例，分析现代生物技术研发的主要组织模式。在第二章我们已经分析，生物制药研发不是由个别大企业所主导的，也不是由哪一类企业所主导的，而是两股力量紧密合作的结果——专家型公司和大型一体化核心公司分别承担研发过程中不同环节的任务，他们在研发过程中具有同等重要的互补地位，这两类公司之间的接力创新带来了生物制药研发的外包研发、研发联盟、并购研发等主要研发模式。

一、研发外包

（一）研发外包的性质与优势

现代生物技术研发外包与传统意义上的企业外包在性质上有相当的不同。对一般企业外包而言，其用意在于分工（division），企业将内部流程依据价值链活动进行分解，管理者依据企业核心能力与优势资源进行适当调配，结合厂商的专业技术进行重新整合，使企业自身能够专精于自身最擅长的业务以产生最大的效益。而现代生物技术研发外包的用意在于学习（learning），是以培养企业技术能力为导向，扩展企业的核心能力。企业先采取研发外包策略，将企业目前所欠缺但可能是企业未来所必需的核心能力的技术活动委托给有能力的供应商，短期间内由供应商提供其资源与技术协助，再通过外包过程来向外包供应商学习企业目前所缺乏的核心技术，达到扩张核心能力的目的。所以研发外包并非单纯只为成本考虑，而是以企业未来所需的核心技术能力为其主要目标。具体来说，研发外包对于生物技术企业具有如下优点：

1. 集中有限资源投向企业核心能力及高杠杆产品

资源基础理论与核心能力理论均指出，任何一家组织的资源和能力都是有限的，企业不可能同时拥有涵盖所有技术产品的核心能力与资源。现代生物技术体系庞大，研发过程中涉及的技术类型多样，领域广泛，而各个企业都有其专精的优势能力与优势资源（如专家型公司基础研究能力出众，而核心公司的临床和审批能力突出）。企业如何在尽量短的时间内将产品推陈出新，以获得市场先占优势，或后发企业如何缩短与领先者的研发时间差距、拉近技术距离。在有限资源与能力的情形下，现代生物技术研发广泛借助外包方式有其必要性。

2. 降低研发风险并提高研发绩效

现代生物技术研发的不仅投资大、风险高，而且很难有一家企业能够具有研发现代生物技术所需的全部技术能力，且在短期内企业无法由内部培养出属于研发该产品所需的全部技术能力，企业唯有借助整合外部资源，通过研发学习模式获取该技术，并转化为企业内部的技术能力，方能在短期内拥有该项产品。同时由于研发外包不需将企业所有的研发人力与资源投注在相同的产品上，且能在外包过程中取得企业研发部门所欠缺的技术支援，所以研发外包对生物技术企业而言的确有分散研发风险、加速研发过程、降低研发成本的优点。

3. 有利于发展新的核心技术与能力

核心能力是企业竞争优势的来源，但如果管理不当，长期以来形成的核心刚性也可能成为企业进一步发展的制约和障碍。核心刚性起因于管理者的策略迷失和缺乏弹性，因而无法改变原有惯性和调整企业能力以适应环境改变。现代生物技术发展日新月异，企业并无法长期拥有相同的核心竞争力，因此领导者必须在培养现有竞争力的同时，也积极鼓励新核心竞争力的开发。经由研发外包活动积极参与外包，由研发外包过程学习新的技术能力以提升企业本身的人力资本与知识技能，实现企业人力资本的有效开发与管理，是研发外包对生物技术企业的关键作用。

（二）研发外包的运作方式

在生物制药领域内，不论是专家型公司还是核心公司，都需要借助外包形式展开研发：（1）对于专家型公司而言，一般情况下由于自身的核心能力集中在企业所具有的基础研究能力，因此一般考虑将新药的临床和审批工作外包出去，可以外包给核心公司。一些大的制药公司由于具有广阔的临床资源和临床网络，经常由其专门的临床部门承接这类工作；也可以外包给近年来快速发展起来的 CRO（合同研究）企业，由这些专业的外包企业完成临床和审批申请；（2）对于核心公司而言，常可以采用合同研究的方式，将新药的前期发现和实验室研究等工作外包给专家型公司、大学或公共研究机构完成，并根据研发进程以里程金的形式向外包承担企业支付报酬。当然，核心公司向专家型公司外包新药研发前端的工作可以有多种方式，比如除采取单纯的合同研究外，还可以采取建立联盟、技术购买、兼并携带正在研发中的新技术的专家型公司等。从这个意义上说，研发联盟、技术并购等研发模式本身在一定程度上可以看成是研发外包的变形，是外包的具体实现手段。

另外，为了加快新药临床和审批的速度，核心公司也经常向CRO企业外包其临床和审批申请工作。

（三）研发外包的风险

虽然研发外包能让企业的有限资源做到最大化的利用，并可持续发展企业的核心技术能力，但外包活动亦可能损害许多公司能力，所以采用研发外包模式发展现代生物技术时也要评估其风险。一般而言，外包风险可分为信托风险和环境风险两类。信托风险是指受委托的企业不能执行协议所规定的责任，包含被委托企业不能执行本身角色，以至于外包企业受累的履行风险和擅自运用或误用外包企业技术知识的揭露风险（disclosure risk）；环境风险则包含管理权分散风险、价格受到牵制的运作风险，以及技术是否有效转移的移转风险（transfer risk）。研发外包除承担上述风险外，还面临两类非常严重的风险：一是可能损害企业的技术秘密与员工忠诚度；二是有可能削弱公司的知识基础。这两类风险对于技术含量高、依赖科学研究、研发活动密集的生物技术企业而言尤其关键。

具体来说，现代生物技术的研发外包风险有下面几种形式必须引起关注：

1. 外包过程造成知识产权流失

研发是生物技术企业竞争力的来源，成功开发出具有良好市场前景的创新技术产品并获得知识产权保护是生物技术企业的生命线，而知识产权本身就是可以交易的标的，特别是很多对研发至关重要的专有技术或技术秘密（know－how）。但有些时候，企业由于知识产权意识淡薄，知识产权的管理与保护机制不够健全等原因，对于那些企业内部产生或研发的技术，研发人员或企业常常忽略了申请知识产权的重要性，当企业采取研发外包模式时，可能会错误地将该项技术透露给受委托企业，从而引起受委托企业有意或无意的侵权使用，而造成企业本身的损失。

2. 过于注重于外包而造成关键技术能力丧失

研发外包面临的另一个风险是企业自身可能因过于专注在外包模式，或者是由于享受到外包带来的好处而产生路径依赖性，从而使企业忽视自主发展关键技术能力的重要性。因过于注重外包导致自主发展关键技术能力的动力不足，也可能使企业发展错误的技术（与未来所需的技术不一致），还可能丧失处理跨领域的技术能力，或者丧失发展新产品或新技术的策略弹性等。

3. 损害企业的知识基础

研发外包对生物技术企业发展有可能带来最严重的风险是损害企业的知识基础。公司竞争力与竞争优势的来源是持续的累积知识，从知识管理的角度来说，组织通过员工执行主要活动与辅助性活动时所整合出的经验分享与知识扩散可使组织成长，学习型组织能成功的原因便在于能透过持续性与整合性的经验分享，使组织能对构成未来成功要件的主要假设作彻底的评估与验证，而企业的研发外包活动由于将很多相关功能和业务外包给其他企业，使企业丧失了许多进行经验分享与知识整合的机会，可能无意间伤害上述能力。过多利用外包模式展开研发或者过于依赖研发外包可能造成企业过于注重（或迷恋）研发外包带来的短期绩效，失去了长期的学习动机，使员工对企业忠诚度降低，甚至可能造成研发技术人员流失，一旦这些情况发生，将严重损害企业的知识基础。

二、研发联盟

研发联盟是现代生物技术合作研发的又一种常见模式，在生物制药领域被应用得最多（如表 5-2 所示）。生物制药在早期发现阶段的高度不确定性以及资本市场对企业财务回报的要求需要生物制药企业提高他们的研发速度，为了加速新药开发进程，越来越多的制药公司采取战略联盟模式将新药研发早期阶段的任务交给技术平台机构（主要是一些专家型的小型生物技术公司、大学和研究院所），而当新药开发已经达到一定阶段，候选药物已经比较成熟的时候，专门的制药公司才以接力创新的形式参与到研发过程中来。

表 5-2　生物制药领域内的一些著名的研发联盟

2006 年，诺华（Novartis）与德国 MorphoSys 公司签订十年合作协议	诺华逐步支付 6 亿美元里程金	针对多种靶标合作研制及优化抗体，诺华获得潜在产品的开发权，MorphoSys 获得特许权使用费和未来销售分红
2008 年，Mpex 公司和葛兰素史克（GSK）就处于研究阶段的 EPI 药物及创新疗法签订合作协议	GSK 逐步支付 17.7 亿美元里程金	Mpex 承担候选药物开发，完成联合用药疗法的临床研究，获得销售提成，GSK 获得相关产品的独家开发权和全球销售权

续表

2008年，健赞（Genzyme）与Isis公司就反义药物Mipomersen的开发签订合作协议	健赞共支付19亿美元（包括里程金）	健赞获得Mipomersen的开发权及根据不同销售情况利润分成的权力。一旦获得反垄断法批准，健赞将以30美元每股的价格收购Isis公司500万股普通股票
2008年，Astex公司与强生公司（Johnson & Johnson）共同研发推广抗癌新药	强生总计支付资5亿美元以上里程金	强生获得Astex纤维细胞生长因子受体（FGFR）抑制剂计划下所有化合物的全球独占权。共同进行2项抗肿瘤药物研发，强生负责临床前和临床研究及产品推广，双方共有FGFR的美国市场销售权

从经济学原理来看，现代生物技术研发联盟与一般的战略联盟并无本质差异，但是其目标、联盟成员之间合作方式等则不尽相同。

（一）联盟的目标

生物制药研发联盟的成员主要是专家型公司和核心公司，它们结成联盟的共同目标是推动研发进程，加快研发速度，分担研发风险。但是他们二者之间各自的目标又存在不同：（1）核心公司由于自身在基础研究、反应速度等方面的不足，加入联盟的主要目标是通过与专家型公司的联合，获得专家型公司研发的创新技术产品，填补它们的研发管道缺口，降低研发风险，提高研发速度和效率，并提高自身的创新活力、扩展产品领域；（2）专家型公司与核心公司结成联盟主要是为了资金和未来更长远发展的需要，进入研发联盟为核心公司承担新药上游的研发任务，可以使专家型公司获得未来发展所必需的资金，否则这些公司可能因为缺乏必要的发展资金而倒闭。换句话说，加入联盟是专家型公司通过放弃一些眼前利益来保证它们的短期生存并确保整个未来的发展，而且加入联盟后可以接触到专家型公司所不具备的临床试验和通过审批的能力以及商业化能力，有利于专家型公司向核心公司发展。

特别需要指出，如果一家专家型公司拥有一个宽广的技术平台，就能够允许引导、整合和发展更多的创新技术产品，并允许专家型公司同时加入多个研发联盟。

（二）联盟成员之间的合作关系

一般来说，按照联盟协议，专家型公司在联盟中主要负责新药研发中前段的任务，而核心公司主要负责中后段的任务，但二者在联盟之间的基本合作方式却可以分为两种情况：（1）平台技术转让。主要发生在实验室研究阶段（有时也在中试阶段），专家型公司负责开发平台技术并已经在基础研究上取得了一定的成果。在这种合作方式下，专家型公司将平台技术转让给渴望提高基础研究能力的核心公司，对平台技术进一步开发有利于核心公司提高自身的基础研究能力，还可能创造出多种有市场前途的新药产品。不过购买平台技术代价高昂，并且由于自身能力的局限，对平台技术进一步开发能否成功对传统制药公司来说依然是不确定的。这种联盟方式在生物制药产业发展初期很常见，基因泰克、奇龙、生物基因公司等著名生物制药企业在发展初期都大举开发平台技术，然后向传统制药公司授权或转让，而礼来、默克、雅培等公司确实利用这些平台技术开发出了成功的生物制药产品；（2）合同研究。核心公司以合同形式委托专家型公司为其完成药品从初期发现至临床前研究的定向开发，并根据研究进展向专家型公司支付里程金，有时在合同完成后再支付一笔技术许可费，而专家型公司除了获得里程金，有时还可以获得在未来依据产品的销售额或利润提成的权利。这种合作方式在实验室研究、中试等阶段都得到了广泛应用，它可以很好地弥补传统制药公司在分子生物学知识方面的不足，也可以帮助生物制药公司跨越不同领域的知识壁垒。由于是以分阶段的里程金形式支付研发投入，也有利于核心公司规避研发风险，而处于创建初期的专家型公司则获得了宝贵的发展资金。合同研究在生物制药创新中应用广泛。世界上第一种基因工程疫苗就是奇龙公司早期为默克公司合同研究的，默克完成了后期临床、审批和商业化的活动。

三、并购研发

研发联盟和研发外包在生物制药研发的各个阶段都有可能发生，并且一般联盟行为都发生在研发的中前端。同时，通过并购携带正在研发中的创新技术成果的其他公司也是生物制药研发的重要模式（如表 5—3 所示），本书中将这种模式称为“并购研发”，但这种模式主要被核心公司所采用，并主要发生在研发链条的中后段。

表 5—3　生物制药领域内的一些著名的并购案件

案件	涉及金额	目的
2006 年，默克（Merck）收购小型生物技术公司 Sirna	11 亿美元	Merck 得到基于 2006 年诺贝尔奖“RNA 干扰”理论的新药研究成果
2007 年，罗氏（Roche）收购 454 公司	1.55 亿美元	Roche 获得下一代基因测序技术

续表

案件	涉及金额	目的
2007年，阿斯利康（Astrazeneca）并购Arrow公司	1.5亿美元	阿斯利康获得抗感染治疗技术，及HC和RSV两个处在临床阶段的候选药物
2007年，日本卫材收购Morphotek公司	3.25亿美元	卫材得到多个处于临床试验阶段治疗卵巢癌和胰腺癌的候选药物
2007年，百时美施贵宝（Bridtol Myers Squibb）收购Adnexus公司	4.3亿美元	百时美施贵宝获得将进入II期临床研究的抗肿瘤候选新药Angiocept
2007年，安进（Amgen）收购Alatos公司和Ilypsa公司	3亿美元和4.2亿美元	Amgen获得治疗II型糖尿病的一个候选新药与骨性关节炎的药物平台，以及治疗高磷血症的一个候选新药

并购研发一般发生在新药研发的临床前研究到临床试验阶段，这时专家型公司已经在特定药品的研究上取得了比较理想的阶段性成果，研发失败的风险大幅降低，但资金需求急剧放大，仅凭专家型公司自身已经无力为继，因此通常将技术向核心公司转移。但核心公司一般会将专家型公司整体收购，然后在专家型公司已有的研发基础上继续研发，这有几点好处：一是可以填补公司的产品空缺；二是可以将专家型公司的研究团队和开发平台一起购买过来，有利于提高自身的研究能力，比单纯购买技术更经济；三是专家型公司的投资者，尤其是风险投资乐于促成这样的双赢交易，获取高额利润。

第五节　现代生物技术研发柔性

由于现代生物技术研发自身所具有的投资惊人、周期长、决策阶段多、不确定性高以及风险巨大的特出特征，生物技术企业必须从研发阶段着手，提高应对漫长研发过程中的高度不确定性和未来创新过程中可能出现的内、外部环境变化的能力，这就是现代生物技术的研发柔性问题。本小节将从研发柔性的内涵入手，结合现代生物技术研发的实际特点，着重研究提高和保持其研发柔性的具体思路和措施，同时还将结合现代生物技术研发的自身特点，讨论研发失败项目对提高研发柔性的价值。

一、研发柔性

虽然柔性已经成为一个普遍的概念，但对研发柔性（R&D flexibility）的研究则很缺乏。少量先行研究以企业柔性中的学习创新维[6]、新产品柔性[7]等提法论及研发作为企业职能的一部分，是企业柔性的组成部分，但对研发柔性的概念和含义等则罕有专门研究。国内有学者提出了开发柔性的概念[8]，但该概念没有考虑“开发”之前的“研究”环节。另有学者在开发柔性的基础上提出了研发柔性的概念，即企业在进行定向技术研究和产品开发过程中，以一定时间、范围和可接受的成本应对内、外环境变化的能力[9]。但该概念不能准确反映和完整囊括研发的内涵，特别是没有考虑研发活动最前端的基础研究环节。同时，已有文献都没有进一步研究实现和提高研发柔性的途径等问题。

一般而言，研发包括基础研究、应用研究与试验开发等三个阶段，其中基础研究通常不以特定方向为目标，主要是为认识和发现规律提供知识；应用研究是以实现特定用途为目标，但不是为了市场化和商业化；试验开发是与特定市场需求紧密相关，以营利为目的的产品和工艺技术的开发。概括地说，研发活动的每一阶段都为下一阶段提供基础，最终的作用体现在增加人类知识总量和为技术商业化成功奠定基础。而柔性是系统应对环境变化的能力[10]，即柔性是系统的性质，变化是环境的性质[11]。综上所述，我们将研发柔性定义为在研发活动中，整合企业内、外部的资源和能力与企业的内、外部环境互动，以一定的时间、范围和可接受的成本对研发系统进行调整，以适应环境变化，研发在未来仍适销对路的技术产品的能力。该定义有下述基本要点：

(1) 研发柔性是研发系统的柔性。考察研发柔性时，应该把整个研发活动作为一个系统看待，企业的外部环境以及企业内部除研发系统外的环境都可视为研发系统的外部环境。

(2) 研发柔性是综合柔性。由于将整个研发活动视为一个系统，因此研发柔性是综合运用与研发有关的企业内、外部的各种资源、能力以及战略等来应对环境变化的能力，所以它是一组综合柔性，源于与研发有关的多种柔性的集成。

(3) 研发柔性以对未来环境的分析为基础。由于研发活动的效果体现在未来，特别是体现在未来的技术商业化，因此在具体的研发活动中，应该如何设计和制造柔性，需要以对未来环境变化的分析和预测为基础，否则再强的柔性都是没有意义的。

(4) 像其他企业柔性一样，研发柔性是具有研发系统的内部属性，表现为系统结构的可调整性、可变革性，并且同样可以从“范围、成本和时间三方面来表征[12]”。

由于柔性是为了更好的应对环境变化而提出的，显然，并不是每家企业都需要研发柔性，技术环境稳定的企业对研发柔性的需求就相对较小。但对于研发活动密集、技术变革迅猛、研发投入惊人、环境不确定性高的生物技术企业而言，提高和保持研发柔性是必然选择。

二、提高和保持现代生物技术研发柔性的途径和措施

提高和保持系统柔性，从总体上看要尽量发挥和协调各种柔性要素的作用，对研发柔性也不例外。结合现代生物技术研发的实际特点，我们认为提高和保持现代生物技术研发柔性，需要重点采纳如下具体的途径和措施[13]。

（一）优先选择研发平台技术

平台技术可以直接提高研发及后续商业化过程中的选择空间，为企业根据未来环境变化对研发活动进行灵活调整奠定基础。首先，平台技术研发成功后，可以灵活地为其配置不同的补充性技术或互补技术以实现不同的技术特性，研发柔性显然较高。例如，以 DNA 重组为上游技术平台在下游配置微生物发酵，可以形成基因工程制药；配置细胞融合技术，可以形成单克隆抗体，而 DNA 重组和体细胞克隆两项平台组合的结果则是乳腺动物反应器技术。其次，平台技术具有广阔的应用空间，如 DNA 重组、生物芯片、遗传信息表达等平台技术对各个领域现代生物技术的开发都不可或缺，因而技术的商业化潜力很强，一般不存在无法为其找到应用领域的情况。最后，即使平台技术研发成功后企业确实无法对其实现商业化，但由于应用领域广泛，也可以方便地通过技术转让、授权许可等途径将技术转移给其他企业使用，获取可观的回报，以弥补研发投入，回收沉淀成本。

美国生物制药企业在创建之初普遍采取平台技术研发的方式，为企业研发带来了灵活性。例如，生物基因公司（Biogen）最早研发的技术是名为“干扰素”的免疫系统蛋白质，它是后来多种生物制药技术的关键上游技术，当 Biogen 在干扰素的研发取得阶段性成果后，就将技术分别授权给默克公司和史克公司用以生产乙肝疫苗，授权给雅培公司用以开发乙肝诊断产品，授权给礼来公司用以开发人胰岛素，为这些公司赚取了大量利润，而 Biogen 自己则利用这项技术成为开发 a-干扰素产品的领导者。

（二）尽量通过不同的技术路径实现相同或类似的技术特性

通过多条不同的技术路径来实现相同或相似的技术特性，对于提高研发柔性具有如下明显优点：一是通过不同技术路径实现的技术，会有不同的优缺点，当环境发生变化后，一种技术路径实现的技术特性可能不再适用或者缺乏

足够的竞争力，而采取另一条技术路径实现的技术特性则可能在此时大放异彩。例如，就治疗性抗体而言，近年来鼠源抗体和人－鼠嵌合抗体两条技术路径逐渐被淘汰，而那些同时还采用人源抗体进行研发的企业就显得游刃有余；二是不同的技术路径一般需要不同的配套技术，配套技术发生变化时，如某种配套技术的价格大幅度下降，企业可以及时调整战略，主推受益的技术路径，对于技术商业化成功有所帮助；三是当某种技术路径所依赖的技术取得进步时，会增强在这条技术路径上实现的技术特性的竞争力，此时企业可以主推这条技术路径上的产品研发。例如，基因工程药物主要通过微生物发酵和动物反应器两条路径生产，而近年来体细胞克隆技术发展迅速，通过这条路径利用哺乳动物的乳汁生产的药品比通过微生物发酵生产的毒性更低，人体排异的可能性更小，因而此时主推乳腺动物反应器这条路径更有利于研发的成功。

（三）高度重视掌控基础研究成果

现代生物技术高度依赖基础研究，如果企业没有掌握较多的现代生命科学及相关学科的最新基础研究成果，后续研发阶段的潜在选择空间实际上就已经很小了。在生物技术产业内，不论是专家型的小公司还是大型的一体化核心公司，都对基础研究投以巨资，并普遍与大学、研究院所等展开广泛合作，其目的就是希望尽量多地掌握和接触现代生命科学的最新研究成果。例如，美国安进公司与 200 多所大学就基础研究展开合作，每年将付出 3000 万美元的研究经费，以获得 MIT 的研究成果。另外，大力投资基础领域研究还有助于企业发现未来可能创造全新市场的突破性技术，从而主动制造变化，赢取竞争优势。

（四）充分利用现代生物技术研发分阶段决策的特点

就制定研发投资决策和研发战略而言，要充分利用现代生物技术研发决策可以分阶段的天然优势，使信息随着时间的推移逐步暴露出来，从而使决策结果和战略措施更具针对性和适用性。具体来说包括三方面含义：(1) 在每一决策点上，要根据环境的变化而灵活地为下一阶段进行决策。如果环境向好的方向发展，可以选择继续投资，反之则可选择中止继续投资或等待环境变化再做决定，当然也可以转而研发其他技术。不过中止投资并不意味着将前期研究成果彻底放弃，企业同样可以通过对前期阶段成果进行技术转让、许可授权等方式回收研发成本。例如，当 1994 年 Biogen 公司发现其研发的水蛭素衍生物（Hirulog）相比替代药品没有明显优势时，就马上将其出售，转而研发 β 干扰素，并最终通过 β-1a 干扰素大获成功；(2) 避免一次性地制订研发决策和研发战略，否则就把中间众多决策点合并了，放弃了根据实际环境变化进行灵活选择的机会，这种一成不变的思路只会增加研发刚性。例如，研发一项基因工程药物，如果在早期药物靶标寻找阶段就一次性为后期的临床做好了战略并进行投资，其实并没有很大意义，因为中间的众多研发阶段能否成功以及环境会如何发展变化都是高度不确定的；(3) 特别需要指出，在现代生物技术研发的不同阶段，面临不同的不确定性和风险，需要不同的资源和能力，因此在不同阶段需要根据环境的变化和企业的优势资源、能力的不同而灵活采取不同的战略措施，前一阶段所采取的战略并不是后一阶段的必然选择，这显然要比在不同阶段采取同一战略的柔性更强、效果更好。同样以基因工程制药为例，企业的研究能力突出，可以在早期的基因克隆、分离、药物靶标寻找等阶段采取领先战略和自主研发战略，而在临床阶段如果企业的资金有限，能力不强，则可以采取临床外包，这就显著提高了研发过程中应对环境变化的能力。

(五) 创立尽量多的期权并有选择地执行

期权 (options) 给予管理者根据事物的发展变化情况再制定决策的权利[14]，创立的期权越多，以后的选择就越丰富，柔性也就越高。

对现代生物技术研发而言，企业需要尽量多的创立下述期权：(1) 同时投资于多项新技术的研发。现代生物技术研发的失败率惊人，只研发一项技术，如果这项技术在研发过程中失败，后续为其配置的柔性措施也就失去了意义。利用研发早期投资相对较低的特点，在多个新技术研发项目上投资，就为后续研发决策的调整提供了较大的选择空间，这是创立期权的直接体现。Biogen 能够果断出售 Hirulog 转而研发 β 干扰素，原因在于它同时在这两项技术上进行了研发，而基因泰克公司在最初敢于中止对人体胰岛素的研发，关键是它还同时在人体生长激素 (HGH) 的研发上取得了突破，最终以 HGH 为基础的开发的普兰品 (Protropin) 成为世界上第一种销售额超过 1 亿美元的生物技术药品；(2) 企业大量投资于基础领域研究也是创造期权的重要体现；(3) 广泛收集相关的配套技术和补充性技术的信息，可以为平台技术配置不同的互补技术以实现不同的技术特性奠定基础；(4) 密切关注相关领域内新技术、新产品的构思、创意，收集相关文献资料和基础研究成果，了解技术的发展趋势等。现代生物技术发展的一个主要趋势是与信息技术、纳米技术等其他高技术大规模融合，收集其他相关领域的信息有利于产生更多的研发创意、发现补充性技术或配套技术；(5) 收集相关的市场、宏观政策、竞争对手等方面的信息，这些期权花费不多，但却可以给企业在研发决策中提供丰富的信息，有利于对未来环境进行深入分析和预测。

当然，尽量多地创建期权并不意味着要将期权全部执行，而是需要在合适的时候有选择地执行，才能对提高研发柔性有所

（六）充分利用外部资源，广泛展开合作研发

技术研发不都是内部研发，现代生物技术研发更多的应该充分利用外部资源，运用广泛的合作完成。良好的合作可以充分发挥不同企业的优势资源和能力，通过专业化分工提高研发效率、降低研发成本、减少资产委托，分担独自研发面对的高风险和高度不确定性，并可大幅提高研发的成功率。这种做法的要点是：（1）充分依据现代生物技术研发分阶段决策的特点，将研发活动进行分解，根据外部合作伙伴的资源和能力不同，在研发的不同环节上分别选择不同的合作伙伴，并为伙伴分配不同的任务；（2）尽量多的与产业链上下游的能力和资源互补的企业建立合作关系[15]，以便有针对性地选择合作伙伴，可以防止将技术研发的成败赌注于一家企业身上，使个别企业研发的失败对整个研发活动的影响降至最低。例如，奇龙公司成功的原因之一在于积极和全球主要医疗保健公司建立战略合作关系· 有针对性地选择优势领域、优势技术不同的合作伙伴以构筑合作研发平台，其战略合作伙伴包括葛兰素史克、诺和诺德、Pharmacia& Upjohn Co. 等，共同研发了用于治疗肥胖病、II 型糖尿病、X 染色体综合征及心血管病肺癌、气管癌、哮喘的专利产品。这种研发模式使 Chiron 公司多年来在疫苗、血液检测和生物药物市场上一直占据领先地位。而生物芯片的领导者昂飞公司（Affymetrix）通过与 Rockville 公司签订商业协定，能够使用其数据库中的全部专有序列，这种合作很好地加速了 Affymetrix 的研发进程。

（七）发掘更多的技术来源

研发同样也不意味所有的技术都需要由企业自主开发出来，发掘更多技术来源，从外部获取一部分技术同样可以起到降低研发风险的作用，是现代生物技术研发柔性的另一种表现。为了发掘更多的技术源，企业除了要与大学和研究院所建立联系外，还要密切关注那些拥有处于研发阶段的创新产品的新兴生物技术企业，特别是专家型的研究公司，并与他们建立紧密的合作关系，必要时还可以通过控股兼并这类企业而直接获取已经取得一定进展的研发成果，降低现代生物技术研发前期的巨大风险。目前这已经成为大型一体化核心生物技术企业和传统企业在向现代生物技术转型时获得新技术的重要手段，有利于弥补自身在特定现代生命科学知识方面的不足，降低研发风险，提高成功率。例如，Amgen 在研发肿瘤学和抗炎药物时就是通过收购伊芒内克斯公司

(Immunex）后，利用其已有的研究成果继续研发；Biogen 为研发治疗癌症的药物而收购 Conforma、Syntonix 等公司；健赞公司（Genzyme）2008 年以 19 亿美元并购 Isis 公司的目的则是为了研发反义药物；而 Merck、SmithKline、Abbot、Eli Lilly、Roche Holding、先灵葆雅（Schering-Plough）等传统大型制药企业在研发生物技术药品时主要从 Genetech、Biogen、Chiron 等公司获得的阶段性研发成果的基础上继续研发，甚至直接收购其他携带创新成果的生物技术公司；国际矿产品和化学品公司、孟山都公司等传统的化工企业在向现代生物技术转型时也使用了同样的战略。

（八）不要贸然进入新领域

贸然进入一个全新的技术领域，会使企业原有的资源和能力无法得到充分利用，从而使研发的刚性成分增加，也不符合“靠近边缘的雪先融化”的管理思维。在制定现代生物技术研发投资决策时，要充分审视企业资源和能力的存量，尽量坚持“逐步进入”而非“一步进入”的原则，尽量选择跨度小的技术领域，以便能充分借用原有的资源和能力，这是提高和保持研发柔性的基本要求。例如，一家从事抗原培养研究的企业去研发生物传感器，就不如去开发单克隆抗体，抗体可以充分发挥企业在抗原培养方面的技术存量，而生物传感器与抗原培养就大相径庭了。Genzyme 在发展生物技术制药时，沿着“开发胆固醇测试中需要的一种酶，进而开发胆固醇测试所需的透明质酸，最终深入到取材于透明质酸的基因工程药品的研发”[6]这一路径稳步发展，就是谨慎进入新领域，充分利用已有资源和能力的典型。

此外，对于大型生物技术企业，还可以孵化（spin-off）一些原子型公司，让他们独立自主开展研发活动，以充分发挥新创生物技术企业在创造性、敏捷性和成长性方面的突出优势，如果被孵化的企业所研发的技术符合企业的需要，就可以将这些企业吸收合并，否则，可不需要投入过多资源，这显然对企业提高研发柔性大有裨益。同时，依据现代生物技术研发投资巨大、对研发人才有特殊需求的实际特点，开辟更广阔的融资渠道、培养或引进更多高质量的研发人才，同样将为企业根据环境变化灵活调整研发战略奠定基础，是提高和保持现代生物技术研发柔性的必要措施。

三、灵活利用研发失败项目提高现代生物技术研发柔性

现代生物技术研发固然面临着极高的失败风险，但我们发现很多失败项目如能进一步挖掘利用，仍具有再次获得成功的机会和潜力，有时候这种潜力甚

至超过最初的研发设想，这就为企业应对研发系统的内部不确定性（如技术研发失败）和外部不确定性（如竞争对手提前研发成功、审批规则变化）提供了调整和选择的空间，是提高现代生物技术研发柔性的重要思路[16]。

（一）生物制药研发失败的典型情况

研发成功的药物具有共同特性——达到了安全、有效和质量可控的标准，但药物失败的原因各不相同。生物制药研发是由序贯相连的多个阶段构成，每个阶段又可细分为多个环节，面临众多不确定因素，任何一个阶段或环节遇到困难都可能造成研发失败。归纳起来，生物制药研发失败的典型情况包括：

1. 基础研究无法突破

对致病机理、新基因或基因的新功能等展开的现代生命科学研究是创制新药的起点，由于科学探索本身的性质，造成科学研究能否取得突破、何时取得突破是根本不确定的，如果科学突破不能实现，后续的研发就无从谈起。

2. 找不到药物靶标

即使基础研究取得突破，还要在科学发现的基础上进一步寻找和确认药物靶标，在当前的技术水平下这是漫长的试错过程，需要从海量目的基因中逐一进行筛查，能否找到靶标、何时能够确认靶标是高度不确定的。

3. 技术风险

靶标确认后一般不存在找不到化合物和备选药物的情况，但补充性技术和辅助技术能否得到，配套技术开发是否及时等都会影响研发进程。例如，药物主成分确定后，如果缺乏工艺、检测、中试放大等配套技术，则无法保证生产质量，研发还是无法获得成功。

4. 临床前研究不达标

备选药物确定后，需要通过临床前研究（动物实验）对其病理、毒理、安全性等众多指标进行全面的测试和评估，其中一项或多项标准达不到要求就不能进入临床试验。例如，我国2005～2008年申请临床试验未被批准的新药中，药效学结果不支持临床试验的占47%、安全性不支持临床方案的占29%[4]。

5. 临床试验失败

生物制药研发最大的风险是由于种种原因造成临床试验失败或停滞，如药物在人体实际使用中得不到预期效果，联合用药存在不良反应，甚至找不到满足要求的、足够的临床患者资源等。临床试验是整个研发过程中最不具有创新性的阶段，但却是最昂贵的阶段，绝大多数备选药物从此被排除掉。

6. 无法通过审批

如果临床结果不能证明新药的效益（有效性）远大于风险（安全性），则无法通过药品监管部门审批。药品审批失败有时是由于对临床优势理解不清、临床方案设计欠佳、剂型或给药量选择不合理，有时是由于临床过程中采集的数据不能证明药品的特性指标，有时是由于对审批的流程和规则不熟悉，甚至可能是在某些国家由于某些原因对某些企业故意设置障碍等。例如，我国天士力制药公司在美国进行了多年临床试验，投入了大量的人力、物力和财力，并委托全球著名 CRO（合同研究组织）承担第三阶段临床，但仍无法通过 FDA 审批。

除上述技术因素外，一些管理因素也可能造成研发失败，这些因素包括：在研发过程中对新产品的差异性定位不足，没有确切找到“市场优势”；现代生命科学主要针对基因、遗传信息等敏感问题展开研究，获得人为操纵遗传过程的原理和规律，可能因为伦理道德、文化、风俗等原因面临社会公众的压力和反对，乃至政策性禁止；等等。

（二）利用失败新药项目提高研发柔性的主要思路

有些失败的情况对于提高生物制药研发柔性的价值不大，如基础科学研究无法突破就不是企业可以掌控的（事实上生物制药的基础研究通常在大学中完成）；又如找不到药物靶标而造成研发失败，补救办法也不多。但有些情况下的研发失败的项目通过合适的思路是完全可以挽救和利用的，重点是在研发中后段，根据我们在图 5-4 中的归纳，主要有如下 6 条思路。

■：表示存在的对应途径

利用研发失败的途径	基础科学研究	初期发现	实验室研究与中试发展	临床前	临床试验	审批
改正低级错误			■	■	■	
提高使用方便性				■	■	
灵活驾驭毒性				■	■	
配置补充性产品					■	
转向个性化治疗					■	■
选择新的适应症					■	■

1. 选择新的适应证重新验证

药物在临床试验环节失败对企业造成的损失是最大的，是提高生物制药研发柔性的重点。同时，在进入临床试验以前，药品已经通过了基础研究、靶标确认、化合物和候选药物筛选、临床前研究等一道道“难关”，前期的技术路径已经被证明是成功的，研发不确定性大为降低。事实上，大量进入临床试验的生物技术新药之所以会失败，主要是因为针对最初设定的适应证疗效不够显著。这时可以考虑对已有的临床试验数据进行分析，从中发现和选择新的适应证重新进行验证。如果针对新的适应证的临床试验结果良好，就相当于又开发出了一种新药，而这时付出的代价仅是重新进行临床试验的成本和时间，临床之前的各阶段已经不用重复了。从失败的原理看，申报审批失败的药物也可以通过这种思路加以利用。历史上有许多药物最初的临床试验并不成功，但并不影响它们在其他治疗领域大放异彩。辉瑞公司（Pfizer）的 Viagra 最初的适应证是治疗心绞痛和心肌缺血，但临床试验证明治疗效果并不好。不过研究人员在试验中发现 Viagra 具有明显刺激男性性器官勃起的药效，辉瑞公司据此重新选择设计适应证，通过大规模临床试验证实其治疗性功能障碍的疗效确切，从而诞生了第一个口服治疗阳痿的重磅药物。又如，礼来公司（Eli Lilly）的 Raloxifene 最初是作为避孕药进行临床试验的，但效果不理想。礼来公司没有放弃，通过药理学研究发现其可能是治疗骨质疏松的良药，因此将适应证调整为针对绝经后妇女骨质疏松重新展开临床试验，最终诞生了年销售额超过 10 亿美元的重磅新药。

选择新的适应证对药物的潜力进行深度挖掘，不仅是挽救失败药物的重要途径，而且还显示出成为生物制药研发的重要方向的苗头，它比从头开始研发一种创新药物的速度更快、成本更低、不确定性和风险更小。美国国家卫生研究院（NIH）2011 年提出“药物救援和新作用项目[17]”，就是为那些被制药公司放弃的失败药物寻找新的适应证。

2. 转向个性化治疗

很多新药研发失败不是因为效果问题，而只是因为临床患者样本选择不当，造成在疗效、安全性等方面的统计结果不佳，只能终止临床试验或者无法通过审批，校正这种错误就有可能将一种失败的药物重新复活，而代价却很低廉。因为人体是有差异的，药物的种类和剂量选择也是因人而异，对一类人群疗效或安全性不佳的药物对另一类人群却可能是疗效显著且安全的。因此，一种新药针对普适性人群进行临床试验，其实验结果可能很差，但如果只针对其中特定的一类人群进行临床试验，实验结果却可能很好（因为全部样本中实验结果不好的那部分抵消了实验结果好的那部分，在整体上降低了实验效果）。在这种情况下，可以考虑转向针对特定患者群体的个性化治疗方式，将药物的效果更加精确地识别出来。例如，利用药物基因组学和生物标记等方法，将对某种药物有先天性毒副作用反应甚至威胁生命的患者剔除，针对剩下的那些安全性合格的患者重新进行临床试验或者仅是对原有的临床数据重新进行分析，就可能让一种药物的临床结论与之前大相径庭，从而使曾经被放弃的药物重见天日，也为合理用药提供依据。诺华公司（Novartis）的 Gleevec 就是采用基因组学对患者特定遗传基因进行检测，精确定位适用的患者人群，规避了不适用人群的安全风险，才使临床试验得以成功，诞生了这种治疗慢性髓性白血病和恶性胃肠道间质肿瘤最为神奇的特效药。基因泰克公司（Genetech）的 Herceptin 采取了与 Gleevec 相似的做法，使 Herceptin 成为治疗阳性乳腺癌的重磅药物。基因泰克的其他明星药物，如治疗晚期乳腺癌的 Avastin 也是经历了最初临床试验失败，然后精确定位适用人群开展个性化治疗后才获成功。

随着基因分析技术的发展和分析成本的降低，针对特定患者人群和单一的特定适应证展开个性化精确用药已经成为生物制药研发的主要趋势。基于这种原理，从已经有数据积累的中外失败药物库中，可以找出某些有标志性的基因组记号，使不适合某种新药治疗的患者事先被排除在外。按照这一路径继续深入研究，就有可能从已经失败的药物中找到更多的成功机遇，对于创新药物研究起步较晚的我国企业而言，这应该成为一种值得关注的低成本、低风险、高效率的研发模式。

3. 聪明的驾驭毒性

有些药物的潜在治疗效果很好，但因为毒性过大而不得不将其放弃。从研发柔性的角度看，这种失败同样蕴藏着成功的机会，可以将各种毒性分离开来重新进行细致的评估，并通过改变剂型、剂量等巧妙的方法灵活控制毒性，就可能重新获得一种有前途的新药。全球最畅销的治疗结肠癌的创新药物 Eloxatin 就是这样被挽救的。

Eloxatin 是日本化学家木古发现的抗癌药物，有放射性和一定毒性，15 年间一直找不到开发伙伴，欧洲几家大药厂花了 4 年多时间参与开发，在做完一期临床后发现该药神经毒性过大而纷纷放弃。但瑞士德彪集团（Debio）董事长毛沃内发现 Eloxatin 没有肾毒性，没有骨髓抑制，消化道毒性低，神经毒性可控，无交叉耐药。他认为 Eloxatin 毒性大是因为具有放射性，其毒性与注射次数有关，只要减少用量、拉开注射间隔就可能消除毒性。1989 年德彪集团以极低价格购买了 Eloxatin 专利（对方还赠送了几公斤原料，每公斤价值超过 3 万美元），通过详细分析以往的临床资料，确定以结肠癌为适应症，重新进行细胞水平、动物模型等摸索，创造出最佳结肠癌化疗方案，解决了毒性问题。1996 年 Eloxatin 获得了第一个新药注册证书，两年后又在欧盟注册，2002 年 FDA 只用了 7 周就批准了 Eloxatin 在美国上市，比以往所有抗肿瘤药物的审批时间都短，这个本已经夭折的新药 2007 年销售额高达 23.5 亿美元。

4. 提高临床使用方便性

生物制药研发失败最可悲的一种情况是由于药物在实际使用中不够方便而被放弃，如用药频率太高、使用条件苛刻等，这与药物的疗效、毒性等关键指标毫无关系。如果能够通过合适的手段提高产品的易用性，研发就可能重新回到成功的轨道上来。瑞士德彪集团在这方面同样独有心得。1971 年美国科学家沙里发现了促性腺激素的结构，并因此获得 1977 年诺贝尔奖。这组激素中的 Trelstar 可用于治疗前列腺癌，曾被转让给多家美国药企但又被纷纷放弃，原因是 Trelstar 需要每天至少注射两次，临床应用很不方便。但德彪集团针对 Trelstar 开发出了每月只需注射一次的缓释剂型，解决了产品的易用性难题，并完成了临床试验，获得法国和瑞士的上市许可，接下来德彪集团又陆续开发 3 个月和 6 个月的缓释剂型。对 Trelstar 的巧妙改造不仅以极低的成本将一种失败药物变成了重磅新药，而且帮助德彪集团提升了技术能力，使该公司在缓释控释技术方面一直居于世界领先水平。

5. 有针对性的配置补充性产品

有一些药物研发失败确实是由于临床效果不佳，看起来已经无力回天。但如果能有针对性的为药物配置一些补充性产品，弥补或抵消药物的不良反应，还是有可能使一些药物起死回生。礼来公司曾经投入巨资研发的 Alimta 在关键的第三期临床发生了病人用药后突然死亡的事件，被迫中止试验，这意味着巨大的损失以及对公司的沉重打击。但医学临床研究主管 Paoletti 恳求公司给他两个星期时间寻找拯救该药物的机会，他与研发人员仔细分析所有临床数据，通过对临床试验患者的血液样本和医疗记录进行分析，发现凡是出现严重毒副反应的患者血液中都有高浓度的同型半胱氨酸和低浓度的叶酸，于是产生了一个非常大胆的创新方案——给每个使用 Alimta 的患者同时补充叶酸。新的临床方案很快启动并获成功，Alimta 于 2004 年获得 FDA 批准用于治疗间质瘤，成为礼来最重要的产品之一。

6. 重视被低级错误掩盖的机会

还有一些药物研发失败仅仅是因为实验中发生的小错误，但这类低级错误经常被忽略，所以很可能意味着错失一次发现新药的机会。相对于生物制药研发的惊人投入而言，修正这类小错误几乎不会产生什么成本，却可能获得极具潜力的创新药物。由于生物制药研发总是在与大量的实验和海量的数据打交道，因此这类小错误在整个研发过程中都可能发生，但在临床前研究及临床试验环节发生的概率最大，影响也最致命。礼来公司的重磅药物 Cymbalta 最初试验的适应证是忧郁症，在上市前就被普遍看好，但实际的临床试验效果并不理想。研究人员没有轻易放弃，而是通过仔细分析临床数据发现问题出在临床试验给药的剂量过低，于是重新改变试验方案提高剂量，临床试验终获成功，相继被 FDA 批准用于治疗忧郁症、慢性疼痛与纤维肌痛等适应证。给药剂量过低只是临床方案设计中一个不起眼的小错误，但却差点毁掉了这个年销售额十数亿美元的明星药物。

除前述思路外，企业还可以灵活采用其他思路为药物寻找更多的成功机会。例如，关注基础研究领域的最新发现，从中发现新机会。第一种治疗艾滋病的药物 AZT 就是原宝来惠康公司（Burroughs Wellcome），得知国家癌症研究所的研究小组与杜克大学的研究人员发现 AZT 在试管测试和早期临床试验中对艾滋病毒有效后，立即注册了这种药物，并通过后续实验在 1987 年通过了 FDA 批准，花费的研究时间仅为几个月。又如，企业可以参与开放式创新，将中前期失败的化合物提交给开放式创新网络进行测试，利用全球的科学信息资源尝试获得新的机会。

（三）管理启示

前述分析的从研发失败药物中搜寻成功机会的思路并不复杂，却很少有企业能像礼来、德彪等那样善于利用和发掘这种机会。从前述研究中可以得到一些管理的启示，对我国企业提高研发柔性有所裨益。

1. 建立对待研发失败的正确态度

生物制药研发自身的特性决定了失败是成功的必经之路，企业首先要建立对待研发失败的正确态度。第一是接受研发失败存在的客观性，害怕失败、避讳失败、不能容忍失败将造成研发人员害怕承担风险、不敢面对挑战、竭力推脱责任，必然不能正确和冷静地对待失败项目，也就丧失了通过失败项目再次搜寻成功的机会；第二是将失败视为向成功转化的基础和条件。正如爱迪生发明灯泡最初试验的 1200 多种材料都失败了，但爱迪生却说，我现在知道有 1200 种材料不适合做灯丝了；第三是鼓励研发人员勇于承担风险、面对挑战，不要轻易放弃花费多年心血的研究项目。礼来公司长期以来一直营造一种正确对待失败，挽救失败项目的文化。20 世纪 90 年代初礼来发起了名为“失败的聚会”的活动，旨在纪念那些尽管最终失败，但仍不失卓越的科学原创性工作。如果一个候选药物在临床试验中没有达到预期效果，礼来会鼓励研发人员继续寻找其他适应证。

2. 制定挽救失败项目的工作流程

建立一套挽救研发失败项目的工作流程，有利于支持和指导研发人员正确对待失败项目，这种流程和策略应该是灵活的，同时还能激发研发人员的斗志。首先，规定一项技术研发失败后不能马上放弃，相反应给予一个较长的冷静期，让研发人员对每一个研发环节进行回顾性分析；接下来，在审核失败项目时做到坦诚深入，保证研发人员能够客观、冷静、负责任地对失败原因进行剖析；第三，建立广泛收集和利用各种创新思想的渠道和途径，不论是来自公司内部还是外部的观点，还是关于技术、市场、政策、统计方法的知识和信息，只要有利于挽救失败项目，都应该以开放式的态度积极采纳和奖励；第四，保证做到对失败项目的各种数据进行认真、仔细、严密的分析，最大程度地将不经意的马虎和错误找出来；第五，建立头脑风暴等催生新思想的集体思考制度，采取多种不同的视角分析研发失败的原因及挽救失败的办法，可能带来“横看成岭侧成峰”“柳暗花明又一村”的效果。

3. 开发特定的专有技术

善于从研发失败项目中挖掘成功机会的公司，通常都拥有自己的专有技术，能够利用这些技术特长对失败项目进行某种方式的二次研究。企业如果想从研发失败项目中挖掘价值，必须把有针对性地开发特色专有技术作为重要的基础工作，这些技术可能是生产技术，也可能是管理技术。例如，基因泰克公司深厚的基础研究能力是其能够持续开展个性化治疗研究的保障；礼来公司对失败项目的特殊管理方法支持其从失败项目中挖掘出多种重磅新药；德彪集团研发成功的两个重磅新药 Eloxatin 和 Trelstar 都是从失败的药物中发现的，可谓点石成金，主要依靠的是在缓释控释技术方面的突出优势，克服了药物的毒理、易用性等难题。

4. 发展转化医学

生物制药研发失败归根结底是因为没能实现从基础研究向临床治疗产品的转化，如能开发出相应的技术手段，提高转化能力，不仅初次研发的成功率会提高，对失败药物的挽救思路也会更广阔。为达到这样的目的企业应该重视转化医学研究。转化医学是“从实验室到临床”的一个连续、双向、开放的研究过程，旨在让基础知识向临床治疗转化。美国 NIH 在 2003 年率先提出“转化医学”研究，主要目的就是打破基础医学与药物研发、临床及公共卫生之间的固有屏障，把基础研究获得的知识成果快速转化为临床和公共卫生方面的防治新方法[18]。

5. 参与广泛的信息网络

生物制药研发失败的原因纷繁复杂，利用失败项目的途径也多种多样，需要大量的新思路、新想法和新技术，仅靠一家公司的内部信息会使挖掘失败项目价值的能力和效率大打折扣。因此，企业需要重视参与和经营广泛的信息网络，最大程度从外部获取研发失败的信息以及挽救特定药物的有益建议。例如，德彪集团拥有庞大的咨询网络，由500多名遍布全球的科学顾问组成。另有一个覆盖全球的搜索与评估部门，员工长年穿梭于世界各地参加专业会议，或在互联网上搜索各种新药项目合作海报，不停地四处联络获取信息；而礼来公司的开放式创新平台更是最大程度地网罗和利用全球的科研力量和研发信息。

本章参考文献

[1] George S D, Paul J H. Schoemaker with Robert E. Gunther. WHARTON on Managing Emerging Technologies [M]. New York: John Wiley & Sons, Inc., 2000.

[2] [美] 小艾尔佛雷德·钱德勒. 塑造工业时代——现代化学工业和制药工业的非凡历程 [M]. 罗仲伟，译. 北京：华夏出版社，2006.

[3] 梁正. 现代生物工程技术的产生及其带来的启示 [J]. 科技导报，2000，(04)：37-41.

[4] 李天柱，马佳，梁萌萌，冯薇. 生物制药产业技术轨道变迁与机会分析 [J]. 技术经济，2013，32 (7)：4-12.

[5] 鲁若愚，银路. 企业技术管理 [J]. 北京：高等教育出版社，2006.

[6] 万伦来，达庆利. 企业柔性的本质及其构建策略 [J]. 管理科学学报，2003，6 (02)：89-94.

[7] Vikely S, Calantone R, Droge C. Supply Chain Flexibility: an Empirical Study [J]. Journal of Supply Chain Management, 1999, 35 (03): 16-24.

[8] 樊耘，赵波，顾敏. 不确定环境下的产品开发柔性研究 [J]. 管理工程学报，2003，17 (01)：34-39.

[9] 谭跃雄，陈学章. 基于研发柔性的产品开发价值与开发策略研究 [J]. 科技进步与对策，2006，(08)：10-12.

[10] Mandelbaum M. Flexibility in Decision Making [D]. Canada: Department of Engineering, University of Toronto, 1978.

[11] 刘曙光，陈荣秋，鞠静. 柔性的比较定义和性质 [J]. 华中理工大学学报，1997，25 (10)：41-44.

[12] 侯玉莲，王英军. 战略柔性的内涵界定与分类 [J]. 经济管理，2003，(14)：28-32.

[13] 李天柱，银路，程跃. 现代生物技术研发柔性研究 [J]. 科学学研究，2010，28 (02)：189-194.

[14] 玛莎·阿姆拉姆，纳林·库拉蒂拉卡. 实物期权——不确定环境下的战略投资管理 [M]. 张维等，译. 北京：机械工业出版社，2001. 8.

[15] Quintana G C, Benavides C A. Agglomeration Economies and Vertical Alliance: the

Route to Product Innovation in Biotechnology Firms [J]. International Journal of Produvtion Research，2005，43 (22)：48－53.

[16] 李天柱，马佳，刘小琴，冯薇. 挖掘研发失败项目的价值——提高生物制药研发柔性的思路及启示 [J]. 科学学研究，2013，31 (8)：1165－1170，1127.

[17] 王丹红. 美 NIH 新项目欲发掘废弃药物新用 [J/OL]. [2011－7－6]. http：//www. bioon. com/trends/news/490152. shtml.

[18] 潘锋，李惠钰. 陈竺院士：推动转化医学发展，应对人民健康挑战 [J/OL]. [2011－02－16]. http://www. ebiotrade. com/newsf/2011－2/201121595527832. htm.

第六章　现代生物技术融投资评价

前述研究已经不断证明，发展现代生物技术需要惊人的资金投入，融投资问题对于生物技术企业的生存和发展具有关键意义。本章从生物技术企业的融资特征入手，分析适合现代生物技术的融资渠道与融资方式，并研究生物技术企业的动态融资策略。最后，讨论现代生物技术价值评估问题，对于指导企业投资现代生物技术具有一定现实意义。需要专门指出，本章中所指的生物技术企业是特指专门致力于发展现代生物技术的企业，而不包括那些由传统的制药、化工，乃至信息技术产业等其他产业向现代生物技术逐步渗透和转型的企业，但本章的研究结论对这类转型企业也同样具有参考和借鉴价值。

第一节　生物技术企业的融资基础分析

生物技术企业在融资方面具有其自身的突出特征，决定了生物技术企业在融资渠道、融资方式及融资策略等面均具存在特殊难点。本节将对生物技术企业在融资方面的一些基本问题进行归纳，包括生物技术企业的资金需求特征、融资风险、融资困境、主要的融资渠道等。

一、生物技术企业的资金需求特征

企业的资金运用形式主要包括固定资金、流动资金和发展资金[1]。固定资金主要是指企业用来购置固定资产的资金，包括办公设备、生产设备、交通工具、房地产等；流动资金主要是用来支持企业在短期内正常运营所需的资金，如办公费、员工工资、差旅费、宣传费用等；企业的发展资金也称为增长资金，主要用来进行基础研究、技术开发、产品研制、市场开发等。生物技术企业的资金需求总体上也符合上述三种形式，但是在不同发展阶段的侧重点却明显不同。以生物制药为例，生物技术企业在其生命周期不同阶段的业务重点和资金需求特点可以归纳如表 6－1 所示（划分企业发展阶段依据当前生物制药产业发展的实际情况）。

表 6－1　生物技术制药企业的典型发展阶段与资金需求特征

		初创期	发展初期	加速发展期	扩张期
时间段		第 0—2 年	第 3—5 年	第 6—15 年	16 年—
业务重点		研究目标筛选，基础研究，新药成分初期发现等	新药的发现和开发	新药临床、审批及上市销售，生产设施与营销网络建设	持续研发新药，完善生产设施和营销网络，进一步扩张
年资金需求量		100 万～200 万美元	500 万～1000 万美元	以亿美元计算	依发展战略而定，至少以亿美元计算
资金需求比例	研发	50%	40%	20%	10%
	生产	10%	20%	30%	35%
	市场营销	5%	10%	25%	35%
	人力资源	35%	30%	25%	20%

资料来源：根据文献［2、3、4］等整理得到。

注：表 6－1 表示了生物技术制药企业典型的发展阶段及各阶段的平均情况，不同的企业可能存在一定的差异，有些生物制药企业一直到扩张期其研发投入一直还保持在企业全部资金需求的 15%以上。

（一）资金需求量呈现加速增长趋势

从资金需求量上看，生物技术企业的资金需求惊人，随着企业的发展，在企业发展的不同阶段，每年资金的需求量显示出加速递增的趋势。例如，生物制药企业在初创期一般每年需要 100～200 万美元，在发展初期资金需求则被迅速放大到每年 500～1000 万美元，到快速成长期每年的资金需求则达到以亿美元计算的程度，而到了扩张期，每年的资金需求一般将是数亿美元。

（二）资金需求重点呈现规律性变化

在生物技术企业生命周期的不同阶段，资金的使用重点存在明显不同。一般而言，生物技术企业主要从学术研究起步，在初创期和发展初期几乎其全部业务都是研发活动，而生产和营销等方面的业务较少，因而在这段时期内主要的资金需求形式是用于基础研究、技术开发和产品研制的增长资金，员工工资等流动资金所占的比重也较高（这是由现代生物技术研发需要大量高层次的研发人才的特征所决定的)，其他形式的资金需求则相对较少；在加速发展期和扩张期，虽然研发活动依然密集，但随着新技术逐步走向商品化，对生产设施、市场拓展等方面的资金需求猛增，而在研发等方面的资金需求占企业资金总需求的比重则迅速下降（但研发资金的绝对数量一直是在增加的)，研发人员和管理人员的工资等人力资源方面的资金需求所占比重虽有下降，但仍然较高。

（三）资金需求周期漫长

生物技术企业主要进行新产品、新技术的研究与生产，而生物技术产品一般研发周期长，市场开拓较为缓慢，有时市场开拓还面临一些特殊困境，短期内无法通过新技术产品的商业化获得现金流入，所以需要长期的资金投入。尤其是具有前瞻性的项目的开发，更是需要大量的战略性投资，要有足够的现金流量作为支撑。而巨大的资金投入以及漫长的商业化投入也决定了生物技术企业资金需求周期的漫长。

二、生物技术企业的融资困境分析

生物技术企业资金需求迫切，但在融资方面却面临一些特殊困境。

（一）需要一种完善的接力融资机制

风险投资是高技术企业创业融资的基本选择，同样也是现代生物技术企业创业和发展的基石。但现代生物技术产品的形成所经历的周期特别长，面临的管制也特别多、特别严格，在最终新产品上市之前，生物技术企业其实一直都是在进行持续的投入。这就意味着对生物技术企业的投资不仅面临着很高的风险，而且还会需要较长的时期才能得到回报。在其他高科技产业，风险投资在3～5年内基本上能有一个与高风险相对应的高回报，但在生物技术产业内，在3～5年的投资期内，研发的产品才刚见雏形。一些业内人士形象的将生物技术企业的发展比喻为“烧钱”就是这个道理。因此，按照常规的投资思想，风险投资难以从生物技术企业获得预期的回报。但这并不意味着生物技术企业对投资的吸引力较低，恰恰相反，生物技术企业对风险投资的吸引力是巨大的，关键是需要设计一种独特的接力性融资机制，从而在没有新产品上市的情况下，能够有多种其他投资方式通过制度性安排来承接包括风险投资在内的各阶段的投资，将生物技术产品的开发延续下去，并使前一阶段的投资者获得相应的回报。在国外资本市场比较成熟的情况下，原始投资人、投资成长型企业的投资机构和投资成熟型企业的投资机构之间形成一个有效的资本循环，构成一个支持产业充分成长的投资接力。虽然投资者可能在长达十年左右的时间内都不会看到可以进行商业化的成熟产品的“影子”，但这种接力融资机制却可以保证生物技术企业及产业的持续创业与发展。但是对于很多地方（如目前的中国）还很难形成这样的资本链条，就会给生物技术企业融资带来困难，极大地制约生物技术产业发展。

（二）企业缺乏实物资产与定价方法

本书第二章已经分析，生物技术企业的资产主要以知识产权和人力资本为主，很少具有甚至几乎没有实物资产（尤其是处于种子期和创业期的企业）。这就为企业融资带来了现实的困难，由于缺乏可以用来抵押和提供担保的资产，在从银行等渠道获得资金的难度就会增加，获取民间资本的难度也很大。比如，我国的生物技术企业在发展初期就普遍面临这样的困难，虽然有些地方已经针对高技术企业在创业初期缺乏实物资产这种现实情况，建立中小型企业担保等制度和方法，但是在实际操作上难度不小，效果也不甚理想。事实上，知识产权可以作为融资抵押这种思路，在很多国家都是被认可的。在生物技术企业的融资实践中，投资者在很大程度上也是因为看上了企业研发管道中具有前途的创新技术产品（包括产品的概念和雏形）。但是现代生物技术研发面临巨大不确定性，在研发管道上的新概念、新产品其价值主要体现在未来，而如何对这类面临高度不确定性的技术产品（包括正在研发中的技术产品）进行定价却是一个难题。原有的关于传统技术产品的定价思路和方法对现代生物技术来说已经不够，需要针对现代生物技术研发的实际特点发展专门的定价思路和方法。

（三）不同阶段面对不同困难

生物技术企业在其发展的不同阶段有不同的资金需求特征，而不同的时期的融资困境也是不同的，这也就决定了生物技术企业在融资过程中不能采取一成不变的融资策略。一般而言，生物技术企业在创业期和成长期最容易遇到严重的融资困境。因为生物技术企业在种子期的资金需求相对较少，一般自有资金或政府投入可以满足要求；而在成熟期，产品商业化模式已经非常明确，不确定性和风险相对较低，同时新技术研发的成功也可以为企业吸引丰富的资金注入，一些成功的企业可以通过上市进行融资。而在企业的创业期和成长期，生物技术企业正处在新技术产品研发不断深入的关键阶段，新技术尚未研发成功，而资金需求却被迅速放大，因而融资的困难最为突出。

三、生物技术企业融资风险分析

在融资决策中，资金结构是指各种资金来源占全部资金的比重，融资风险是指各种确定性给企业融资带来损失的可能性。在市场经济条件下，企业从不同的方式筹集的资金，由于使用时间、使用条件的限制、成本各不相同，给企业带来的风险大小也就不相同。只有在融资过程中，合理选择和优化融资结构，做到长短期资金，债务资金和自有资金的有机结合，才可以有效地规避和降低风险。此外，企业的发展需要不断地补充资金，因此在任何一次融资过程中都要注重保持继续融资的能力，为企业的不断发展打下基础。在生物技术企业成长的过程中，不同的阶段所面临的风险大小是不一样的，在产品和企业成长的初期其风险远较中后期为大。主要存在如下风险[5]：

（一）技术风险

生物技术产品开发需要众多环节，而且主要取决于实验的结果，与基础科学研究的性质极为接近，因而技术方面的不确定性比较高，开发成功率比较低，在开发过程中很容易由于各种原因而失败或放弃，而这些是事前是很难估计的。例如，一个新的生物医药技术产品的投资从生物筛选、药理、毒理等临床前实验、制剂处方及稳定性实验、生物利用度测试直到用于人体的临床试验以及注册上市和售后监督一系列步骤，可谓是耗资巨大的系统工程。任何一个环节失败，都将导致整个产品开发失败。

（二）市场风险

与其他高技术产品相比，生物技术产品（如转基因食品、克隆技术及其产品、生殖技术、基因工程技术及其产品等）由于受到传统观念、伦理、道德等社会因素，能否被社会所接受，什么时候接受，以及该生物技术产品的扩散速度，竞争能力等市场和企业经营方面的有许多不确定因素，使生物技术产品走向市场面临着较大不可预测性，因而导致应用不够广泛，投资难以收回。其次，生物技术产品包括基因产品研究开发，尽管在技术上具有较强的独创性和技术垄断性，但在面对人类健康、疾病、死亡等问题时，则无法独占或垄断市场获得预期盈利目标。一个典型的案例是，2001 年 3 月西方大医药公司被迫放弃南非市场，允许南非仿制艾滋病治疗药物，就是其中最典型的例子。西方大制药公司成功研制了一些疗效显著的抗感染和治疗艾滋病药品，但价格高昂，在美国，一个艾滋病感染者仅药费每年就需 1 万美元以上。然而面对人数达 420 万的南非艾滋病感染者，西方制药公司按照西方价格在非洲推销药品是不现实的。虽然40家包括美国和英国的大制药商在内的西方大制药公司，以侵犯抗艾滋病药品专利权罪名把南非政府告到了法庭。然而在巨大的社会道德、国际舆论和民意压力下，西方大制药公司不得不在人道主义和巨额利益的艰难选择中，放弃了后者。

（三）安全性

现代生物技术融资过程中，不仅存在着因技术失败而造成损失的风险，而且社会对生物技术产品安全性有极其高的要求，生物技术产品的开发较其他高技术产品孕育着巨大不确定风险。与其他高新技术相比，生物技术产品直接或间接影响着人类的繁衍、生存和健康，因此所涉及的诸如伦理、道德、社会安全等社会问题，远远高于其他高技术产业，由此而引发的非市场风险也较高，而且面临着更多的不确定因素。任何安全性不确定都将使整个产品的开发前功尽弃，并且某些药物具有“两重性”，可能会在使用过程中出现不良反应而需要重新评价。

（四）人才风险

如第二章所述，现代生物技术的核心基因工程直接建立在分子生物学的发展特别是实验成果的基础之上，这决定了现代生物技术领域的研发人才除了具有高智力和创新精神外，还必须具有丰富的实际操作技能和实验室工作经验，企业在初创期能否取得成功，取决于创业团队是否具备技术、管理、营销几方面的才能。主要包括：公司启动时是否有一支恰当的技术和管理队伍，管理层是否有较强的适应能力；与投资者是否能够保持良好的关系；技术和管理人员的利益是否和投资利益挂钩；公司是否有能力替换表现差的管理人员；等等。

（五）知识产权风险

基于长期以来人们认识上的障碍，认为生物技术所涉及的是属于自然范畴的具有生命现象的活生物，它与其他技术不同，而专利保护的范围只限于人类的创造物。尽管随着科技发展，人类对通过专利保护生物技术产品的意识有了很大提高，但在对生物技术产品实施专利保护的具体操作过程中，仍遇到一些特殊困难。例如，1992年美国通用电气公司科学家Chakrabarty向美国专利和商标局提出专利申请，申请专利保护两种经基因工程改造过的、用于清除海上原油污染的细菌，这是历史上第一次有人为一种新重组细菌申请专利。但这个专利申请很快即被美国专利和商标局驳回，原因是因为微生物是自然产物。后经过长达数年的争论，证明了该专利所申请的细菌与自然界所发现的任何微生物有明显不同，同时具有很好的应用价值，最终获得美国专利保护。另一方面，各国在生物技术方面发展不平衡，以及受到宗教、伦理和社会道德观念影响，世界各地在对生物技术产品进行专利保护的态度方面具有较大差异。例如，美国对生物技术产品进行全面保护，欧洲专利公约则采取对生物技术产品实施限制性保护，而巴西等国对生物技术实行不保护政策。

四、适合现代生物技术企业的融资渠道

与大多数高技术、新兴技术融资一样，生物技术企业的融资方式可以根据资金来源的多渠道，资本市场投资的多层次，具有多种不同的融资渠道。不同的融资渠道可能适用于不同的企业和企业发展的不同阶段，下面对适合生物技术企业的典型融资途径进行介绍。

（一）政府扶持

政府扶持方式包括政府直接投入、政府促进合作和间接扶持等形式[6]。它的特点是经费能得以保证并能及时到位，效果也十分显著。政府扶持的方式主要包括：(1) 政府直接投入。即政府以确立科技项目计划为载体，对科技项目在立项评估、经费投入、组织管理等方面予以具体支持，如各级政府的研发项目资金投入、科技攻关投入，创新基金投入、生产发展基金等，发展现代生物技术的企业要充分了解和掌握这方面的信息，积极申报政府的各类扶持计划，以便在特定阶段、特定时期在一定程度上缓解资金紧张的局面。政府的直接投入在大多数情况下是以“种子”资金的形式出现，对处于研发、中试等阶段的企业，扶持的效果会相对明显；(2) 政府促进企业融资合作。政府为促进高技术企业和金融界的对接，加快企业迅速发展，以各种形式组织银企合作和对外合作。由于政府的权威性和信誉性，对企业实现融资起到积极推动作用；(3) 政府间接扶持。主要包括：对高技术企业或项目实行税收优惠，实际上减轻了企业支出，从而为企业发展提供了节余的资金；向企业提供资信担保或担保资金，使融资企业更好地创造融资能力，以促进融资；实施政府采购，政府采购是政府向企业发送订单，不仅使企业产品有了一定的市场，而且还因拥有订单能取得银行贷款的支持；实施项目用地优惠，提供项目孵化设施，建立中试和公共技术平台（如测试平台、小批量生产平台）；等等。

（二）信贷融资

企业以举债融资方式进行银行信贷，这一方式在中国现阶段仍是各类企业融资的主要方式之一。但对正在成长中的生物技术而言企业，信贷融资则会因需要担保或抵押而显得困难。当然，企业所拥有的技术专利和知识产权是获得

信贷的保证之一，但需要针对实际情况予以选择。

（三）企业间的技术—资金合作融资

由于高技术（包括现代生物技术）具有很好的成长性，因此以技术作为依托进行融资具有一定的可行性。企业间的优势互补是合作的基础，将现代生物技术付诸商业化以实现双赢是合作的目的。随着投资向技术创新链的后端推进，生物技术技术需要的资金数量会急剧增加，那些以技术见长的企业往往无法完全满足迅速增加的资金的要求；而一些以资金实力见长的企业，往往又苦于自己没有成长性好的项目进行投资。这点已经在专家型公司与核心公司之间的接力创新过程中得到反映。因此，实现技术与资金的合作，是中小企业发展现代生物技术的一种现实选择。这种融资大体分为两种主要路径：一种是以技术作价出资入股与资金提供方共同组建新的企业，实现技术与资金的有机结合；二是通过引进战略投资者进行融资，拥有技术的企业通过增资扩股、让渡一定数量的股份达到融资的目的。

（四）知识产权融资

生物技术企业在发展前期，特别是专家型公司最具吸引力的资产就是企业研发的阶段性成果、技术专利及其他知识产权，通过将技术向其他大型传统企业进行授权许可，获得技术的许可费用是生物技术企业需要高度重视的一种融资方式。这种融资方式可以充分发挥专家型公司的技术优势，而且不需要出让企业的所有权，因而被国外的生物技术企业在发展过程中广泛采用。基因泰克、生物基因公司等著名的生物技术企业在发展初期都广泛利用了这种融资渠道。

（五）风险（创业）投资

风险投资现已成为国外发达国家新兴技术和现代生物技术融资的一条主要途径，根据 BioCentury 从 2000 年 1 月 1 日到 2004 年 3 月 31 日的统计，风险资本投资美国未上市生物技术公司共计 132 亿美元，投资企业 743 家，平均每家投资金额约 1780 万美元[7]。生物技术企业的“风险资本＋科学家”的创业模式就是典型反映。风险投资是在高技术企业发展的关键阶段介入，使高技术企业发展的各个阶段均有特定的资金来源。同时，通过阅读管理报告、定期访问企业，担任企业董事会成员或派人到企业兼职等途径，来对企业实行监督和控制，及时掌握企业发展情况、共同解决问题。风险投资一般会根据高技术的不同发展阶段和资金需求分期投入，并在资金注入 3 到 7 年、企业跨过快速增长的成长期后，带着丰厚的回报（一般期望在 30％以上）将投入资本撤回。

（六）融资租赁

融资租赁是由出租方为承租方提供所需设备，具有融资、融物双重职能的租赁交易。融资租赁是用融物方式达到融资目的，既能很好地解决企业的设备需求，又能解决资金供求矛盾，是一种有效的、新型的资金来源。以前融资租赁方式在我国主要是被用来解决国企的设备陈旧、技术落后问题，现在我们可以充分发挥其分期付款、还租方式灵活、受限制少、能够租用到先进设备等特点为高技术产业的发展服务。我国融资租赁业在近 20 年间累计租赁额达 1900 亿元，但租赁业务在固定资产投资中所占比例还太小，不到美国的三分之一，可见我国在发展租赁业务上还大有作为[8]。当生物技术企业需要筹措资金购买生产设备时，可考虑通过租赁公司以租赁设备的方式来代替融资购买设备，从而达到缓解资金紧张的状况。这一融资方式虽然被采用较少，但却是一种值得关注的较好融资方式，特别是在新产品生产线设备购置阶段是有效的，从一些地区试行情况看，这一办法值得推广[9]。

（七）企业债券融资

企业债券是企业作为借款人必须定期向贷款者支付固定金额的契约性合约。在债券融资中，债务的利息计入成本，有冲减税基的作用。可以利用外部资金扩大企业规模，增加公司股东的利润，同时使企业原有股本结构不受影响。对投资者来说，以合约安排可规避由于信息不对称带来的风险，保证投资者获得稳定的投资收益。随着企业债券市场的不断创新，出现了可转换公司债券等新品种，它是一种典型的混合金融产品，兼具债券、股票和期权的某些特征，这些新品种为投资者提供更多的选择和想象空间。

（八）证券市场融资

具有一定规模的生物技术企业可通过股票发行市场新发股票或增发股票等形式，将投资者手中短期的、分散的、非生产性的货币，转化为长期的、稳定的生产性资本，且可募集数量较大的资金，股票市场已成为生物技术企业发展壮大到一定阶段后的一个重要融资渠道。同时又是风险投资的一个重要退出渠道。股票市场的新股发行和增发，一般采取溢价发行，还可以实现创业资本的增值。在现代生物技术产品大批量商业化阶段，上市融资可作为一种主要选择，企业可根据自身能力和融资大小，既可选择在主板市场上市，也可选择在二板市场上市。

（九）天使投资者融资

除前述的资金来源外，在民间还分散着大量的资金。民间投资中有些富有的人愿意将资金投向高风险、高回报并存的生物技术产业，而这些投资者对于获得公司股权又不是非常关注，因而在国外被形象地称为“天使投资者”。美国的高新技术企业、生物技术企业过程中，天使投资者发挥了显著的作用，应该被密切关注。

第二节　生物技术企业的融资策略分析

与融资渠道多元化的特点相应，企业融资方式呈多样性，可分为内部融资与外部融资。内部融资的资金源于企业的内部积蓄，而外部融资则来源于企业以外的各个方面。生物技术企业由于成立时间短，资本积累少，通常只有依靠外部融资来解决资金需求。下面将依据生物技术企业发展的典型阶段分别分析不同阶段的融资策略。

一、生物技术企业动态融资思路

企业融资应制定系统、合理的融资策略，才有可能在现代生物技术发展的不同阶段，获得所需要的资金支持。合理的融资策略不仅可以提高融资成功率，而且可以加快融资进度，降低融资成本，取得较好的融资效果。生物技术企业融资策略建议考虑以下几个方面：

（一）正确分析融资项目面临的机会和风险

在融资策划中，企业应对融资数量和融资成本有一个合理的预期，并将它贯穿到融资策划方案中。融资项目的发展前景和所面临的风险是被融资方关心的两个主要问题，企业在融资过程中应对融资项目的市场空间和可能存在的风险做公正、详细的论述，尤其要充分考虑和分析竞争对手的各种可能情况。企业在融资过程中最容易犯的错误是夸大市场、回避风险，采取估算或推算的方法确定市场需求，并将大部分市场需求作为自己公司的实际需求。在通过引进战略投资者或技术作价入股等形式融资时，要对自己的技术或企业有一个合理的估价，过高的定价往往会增加融资的难度。

（二）统筹规划不同阶段的资金需求

前已谈到，在现代生物技术发展的不同阶段会对资金有不同的需求量，在融资策划时，要制定详细的资金需求计划，明确不同阶段的资金需求总量，在本阶段的融资过程中就为下一阶段的融资做好准备，并对不同阶段的资金流量、流速做好安排。在当前阶段的融资时，既要考虑资金量有一定富余，又不能将后续阶段的资金需求一并解决，这样会增加资金使用的成本，降低企业的赢利能力。统筹规划与分阶段实施，是新兴技术项目融资的一个特点，多种融资方式的有机组合，是新兴技术融资的现实要求，它可以解决资金短期需求与长期需求的矛盾，解决稳定性投资与临时性周转的资金需求。

（三）正确选择融资方式

生物技术企业融资必须综合考虑所选择的融资方式所带来的融资难度、融资成本、融资期限。融资企业应认真地、仔细地对这些因素给企业造成的利弊加以权衡，抓住要解决的主要矛盾，尽量采取利大于弊的融资方式。例如，企业在研发、创业阶段通过银行信贷的方式解决资金问题，可能就不是一种好的选择，因为企业的能力较难支撑这种融资方式；在现代生物技术研发阶段，政府的无偿投入，如研发基金投入、中小企业创新基金投入等，融资成本最低，操作性与可行性也很强。又如，很多生物技术技术企业都将在股票市场上市作为一个长远目标，这种融资方式虽然融资金额较大，但上市评估费用高，准备时间长，如果企业规模尚小，会加大当前的资金压力，同时“远水难解近渴”。

（四）全面衡量融资的风险

企业融资在一定程度上也存在风险，在融资策略中应该对融资风险加以重视并采取有力措施予以规避。这种风险主要包括信息外泄的风险（特别是技术研发的信息、核心技术和专有技术的泄露等），丧失控制权的风险，融资规模不当增加运营成本的风险，企业间文化融合的风险等等。例如，企业的融资过程中必须提供企业产品、市场等方面的信息，这些信息被一些“有心人”得到，可能会成为企业的潜在竞争对手；企业在创业板或主板上市要求及时披露信息，随着信息披露量的增加，相应地增加了信息披露成本，同时，由于信息相对过早、过量的披露，有可能因此而造成企业丧失市场优势，让竞争对手在第一时间采取相应的对策，使本企业处于被动境地。以技术作价入股方式融资，一般会丧失对项目的控制权；引进战略投资者会出让一部分股权，虽然解决了资金上的困难，但同时也会受到投资方监督与控制，会产生两种企业文化之间的碰撞而降低企业运营效率。

二、生物技术企业融资方式选择

企业融资主要是解决企业不同发展阶段对资金的不同需求。单靠企业自有资金发展现代生物技术是根本不可能的。在有条件进行融资发展的情况下，生物技术企业应尽量借助外部资金，加速技术研发进程、迅速推出创新产品、占领市场。

由于企业在不同发展阶段具有不同的特点和资金需求特征，因而生物技术企业处于不同的发展阶段，应该重点选择不同的融资方式。比如，在企业的种子阶段，可选择政府直接投入、技术入股组建新公司、风险投资等融资方式。而同一种融资方式，也可能会适用于生物技术企业几个不同的发展阶段。例如，引进战略投资者，可适用于创业阶段、成长阶段和成熟阶段。分析现代生物技术企业生命周期各阶段，可以看出，处于种子阶段、创业阶段、成长阶段的企业由于规模小，生产经营的不确定性，面临的风险大，融资是这一时期资本运营的重点。处于成熟阶段的现代生物技术企业，由于在生产、销售和服务等方面具备了一定市场竞争力，抵御风险的能力大大增强，虽然在这个阶段现代生物技术企业仍然有融资的需求，但其融资条件已大为改善，此时的资本运营的重点应在于资本的扩张，也就是通过资本结构优化，盘活存量资本，实现企业的规模生产，并注重持续的技术研发。简单地说，生物技术企业应该依据其发展阶段的变化采取一种动态融资策略，企业发展各阶段的资本运营策略如表 6-2 所示。

表 6-2　生物技术企业生命周期各阶段的融资策略

	种子期和创业期	成长期	成熟期
主要融资策略	吸引种子基金（天使投资、政府资金等）	吸引风险 创业板或主板上市 组成战略联盟 适度使用银行信贷	主板上市 收购兼并 发行可转换债券 发行金融衍生产品 利用银行信贷

（一）种子期（实验室阶段）的融资渠道

在这一时期，现代生物技术企业在种子期主要从事研究开发工作，创业者拥有新技术、新设想。由于仅有产品构想，因此难以确定产品在技术上、商业上的可行性，企业面临着很大的风险。企业此时尚未有收入来源，只有费用支出。企业取得的资金主要用来维持日常运作，一部分资金作为工资提供给创业者们，另一部分则用来购买研发所需要的原材料。

由于生物技术企业在种子期的风险大、不确定性高、没有收入或收入很少，吸引外部投资相对较难，但此阶段一般项目的资金需求量相对较小。一般来说，投资者在所研究开发阶段投入资金非常谨慎。因为他们必须关注行业的最新发展动向，只有在确实证明该产业或产品具有较高的投资回报时，才会大胆地将资金投入企业。如美国成功的风险投资者仅将其资金的5%投入到研究开发阶段，而且目的在于关注行业的最新发展动态，而非直接获利。因此，这一时期的融资方式主要表现为政府的财政投资、企业的无偿捐助，天使投资者的资金以及创业者的个人资金。他们提供的资金能够适应种子期周期长，无直接回报的特点，且政府机构为鼓励缺乏研发资金的中小企业和缺乏资金支持的高科技发明创造，设立专项财政基金和其他各种形式的资金。由于投资风险较高，规范的投资机构如商业银行、创业投资机构很少涉足这一领域。

（二）创业期（产品化阶段）的融资渠道

生物技术企业进入创业阶段时已掌握了新产品的样品，或较为完善的生产工艺路线和生产方案，但还需在许多方面进行改进，尤其需要获得政府的安全性检查，在与市场相结合的过程中加以完善，通过各种临床或实地试验，使新产品成为安全可靠、市场乐于接受的定型产品，为工业化生产和应用做好准备。这一阶段的资金主要用于开发产品、形成生产能力和各种性能试验。企业资金除了花在中试上外，更多的是投入到改进型研发上。此外，由于此时企业不具备批量生产的条件，销售量、销售收入自然有限，企业仍处于亏损阶段。加之该阶段需要的资金较大（约是种子期所需资金的10倍以上），而且企业没有以往的经营记录，投资风险仍然比较大，约有60%的现代生物技术企业在创业阶段败下阵来。

因此，在这一阶段，现代生物技术企业从以稳健经营著称的银行那里取得贷款的可能性很小，更难以从资本市场上直接融资（当然也存在特例，如安进、基因泰克等企业就做到了看似不可能完成的任务），只能依靠风险投资。风险投资基金或风险投资公司将以战略伙伴或以控股者的身份进入生物技术企业。对企业而言，风险投资基金或风险投资公司的介入，能为企业提供资金、管理等方面的支持，从而降低创业期所带来的风险，并使企业获得明显的成长。对风险投资基金或风险投资公司来说，创业期风险更高，而一旦投资成功，将可以获得高额利润，资本收益通常达每年35%～50%。

（三）成长期（商业化阶段）的融资渠道

经受了创业阶段的考验后，生物技术企业在新产品的设计和制造方法大都已经定型，企业具备了批量生产的能力，但比较完善的销售渠道还未建立，企业的品牌形象也需进一步巩固。因此，企业在成长期需要扩大生产能力，组建起自己的销售队伍，大力开拓国内、国际市场，牢固树立起企业的品牌形象，确立了企业在业界的主导地位。换句话说，成长期的主要工作是市场开拓，包括资金市场和商品市场的开拓。能有机会进入成长期的现代生物技术企业，其发展前景大都比较明朗。与种子阶段、创业阶段相比，影响成长阶段企业发展的各种不确定因素大为减少，风险也随之降低。企业为扩充设备，拓展产品市场，以求在竞争中脱颖而出，所需资金约是创业阶段的10倍以上。在此阶段，企业的资金来源主要包括内部融资、风险资本和借贷资本。

1. 内部融资

生物技术企业的高效益，为企业资金的自我积累创造了条件。通过发展已有产品和控制股利分配政策，企业在一定时期内可积累一定的利润，通过留存收益进行合理的再投入，不断地增强企业资金自我积累能力，并最终保证企业成长所需的资金投入。通过自我积累方式筹措成长资金，要求企业有符合市场需求的产品，所有者能够放弃近期的物质利益，经营者能够合理地使用积累资金实现价值增值。自有资金积累率一般是根据经营者的提议，经过企业所有者的协商同意后确定的。

2. 股权融资

当企业发展到一定规模时，企业可以通过扩张股本的方式募集成长资金。只要外部条件许可，企业高效益的前景使得企业在成长期的后期易于从外部环境中募集资金，其中包括新的风险投资公司的投资和原有风险投资公司的后续投资，以及公开发行股票并上市融资。国外成功的生物制药企业大多采用这种方式募集成长资金。该阶段主要的股权融资方式依然是风险资本。

3. 借贷资本

在成长期，企业已有一定规模，随着生产经营规模的扩大，企业的资产规模迅速扩大，企业可提供抵押的资产也随之增加，这就为采取债务融资提供了条件。资金借贷方式要求外部有意愿提供资金的主体。企业一旦经营失败，由于有企业的资产抵押，借款有一定的保障。借贷资金具有到期必须归还的特征，且要支付一定的利息。因此，借贷资金对于企业经营者的资金运作水平有较高的要求，并要求企业有较强的风险承受能力，能承担起失败的风险。通过一定的资产作抵押向外部富余资金借贷，可以获得企业成长期所需的资金。

4. 成熟期（产业化阶段）的融资渠道

成熟期主要是指技术开发成功并且市场需求迅速扩大时进行大规模生产的阶段。经过前三个阶段的发展，进入这个阶段的生物制药企业的产品在市场上占有较大的份额，风险资本的投资也得到完全回报，公司的价值得到进一步的确认。这时企业突出表现为组织创新，即改革组织模式，使企业适应规模发展和创新的要求，增强或重建创新管理的制度，进行管理和机制的创新；加大技术创新投入，增强创新能力，寻找新的创业机会。此时，企业风险已渐渐减少，企业可以通过争取在国内外的资本市场上市，发行股票等资本经营形成较大的规模，这是一条较长期且较稳定的融资渠道。也可以利用追求稳定经营的银行等金融机构的信贷资金扩大规模。

第三节　风险投资与战略联盟融资策略运用

从现实的产业发展情况看，在生物技术企业的所有融资方式中，风险投资、战略联盟或引进战略投资者、知识产权融资、股票上市融资等是最重要的融资途径。知识产权融资本质上是通过专家型公司与核心公司的和接力合作而获取资金，在第二章中我们已经进行了分析；股票上市这种融资方式与传统的企业上市融资并无本质区别，因此不再详述。下面重点分析一下风险投资和战略联盟融资这两种融资方式。

一、风险投资

风险投资（venture capital ）也称风险资本、创业投资或创业资本，它是一种特指的投融资行为及资本形式。风险投资具有的三大功能，包括：

资金放大器：风险投资通过吸收社会上包括私人、保险公司、养老基金、企业等在内的资金组成风险投资公司（基金），将分散的资金集中起来，组成更大的资金量，而后又通过风险投资公司（基金）对风险投资的成功运作，获得比投入高出许多的收益。

风险调节器：风险投资的对象虽然具有较高风险的项目或企业，但风险投资的资金来源是多元的，这样其项目或企业的风险就由各个投资者分担了；另外，风险投资公司采取组合投资的形式，从而降低与分散了风险投资的运作风险。

企业孵化器：风险投资为现代生物技术企业的创业成长提供资金，同时参与企业管理、协助经营、分担创业风险，为企业创造良好环境使之成熟。

风险投资是高科技与金融相结合的产物，它追求的不仅是投资项目的高额利润，更重视资本的增值和扩张，追求资本变现这个时间点上资本的市场价值，就蕴含了资本运营的职能。

（一）风险投资和现代生物技术产业发展的关系

风险投资与现代生物技术企业之间能够融合的基础和前提在于它们之间的

联系密切：

1. 风险投资和生物技术企业的同源性

风险投资和生物技术企业的同源性表现在二者具有相同的基本源泉。风险投资的基本源泉是资本及资本的发展演化，生物技术企业的基本源泉是企业及企业的发展演化，而资本和企业在逻辑上和历史上都是同时诞生的，资本和企业已开始就密不可分地结合在一起。企业以资本为创立和成长的基础性条件，资本以企业为载体和组织形式，实现其增值的目的。可以说风险投资和生物技术企业之间在其各自的基本源泉上具有相互融合的基础，风险投资总是与高新技术发展共存。

2. 风险投资和生物技术企业的互补性

风险投资和生物技术企业的互补性存在的根源在于资本和企业的互补性以及资本和技术的互补性。资本和企业的互补性即资本成为企业创业成长的前提和基础，企业同时成为资本增值的载体和依托。风险投资作为资本的性质和生物技术企业作为企业的性质决定它们之间同样存在互补的一面。就资本和技术的互补性而言，表现在它们各自作为生产要素这一层次上的互补。资本的增值既要借助于企业这样的载体和组织形式又需要与包括技术在内的其他要素资源以一定的方式进行结合，而且技术水平在很大程度上决定要素资源转化成产品进一步转化成商品的能力，决定着资本增值的幅度，这使得技术成为资本所必须借助和依赖的工具。当然，技术的发展本身也离不开资本的支持。生物技术企业的存在是以高新技术为基础的，这也是风险投资与生物技术企业在要素层面上能够互补的原因。

3. 风险投资和生物技术企业共同的增值性

风险投资较之于其他资本追求高额回报的动机性更为强烈，这就决定了风险投资倾向于能够带来更大回报的企业的方向性。生物技术企业的成长需要大量资金，但由于存在很大风险，这种高风险性成为其从传统渠道融资的障碍。然而生物技术企业一旦成功则会带来巨大收益，这种高收益的潜在优势恰好满足风险投资的要求，所以两者之间互相满足对方增值和成长的条件要求。

（二）风险投资的特点

风险投资有其自身的特点：首先，风险投资主要集中于技术产业。高科技产业是当今世界经济发展的火车头，风险投资就是为了支持这种创新产业而产生。高科技产业具有知识密集、技术密集和人才密集的特点，与之相应，风险投资行业也是知识密集的行业。其次，风险投资的项目又具有高风险高收益的特点。依靠风险投资建立起来的高技术企业生产的产品，成本低、效益高、性能好、附加值高、市场竞争能力强，企业一旦成功，其投资利润率远远高于传统产业和产品。美国风险企业的资金利润率平均为30%以上，如苹果电脑公司的资金利润率曾经超过原始投资200倍以上。可见，风险投资的风险虽高，收益也高。风险投资的高收益特点是促进风险投资发展的重要原因。同时，风险投资又是一种长期投资。风险投资将一项科学研究成果转化为新技术产品，要经历研究开发、产品试制、正式生产、扩大生产和达到盈利规模、进一步扩大生产和销售等阶段，到企业股票上市，股价上升时投资者才能回收风险投资获得投资利润。这一过程少则需要3～5年，多则要7～10年[10]。

风险投资与银行贷款相比，无论从投资对象、投资审查、投资方式、投资管理、投资回报、投资风险、市场重点等方面都有很大不同，如表6－3所示[11]。

表6－3　风险投资与银行贷款特征比较

	风险投资	银行贷款
投资对象	投资高新技术创业及新产品开发，以中小型企业为主	投资传统企业扩展，传统技术新产品的开发，以大中型企业为主
投资审查	以技术实现的可能性为审察重点，技术创新与市场前景的研究是关键	以财务分析与资产保证为审察重点，有无偿还能力是关键
投资方式	通常采用股权式投资，无须财产担保，失败后无须偿还，投资者关心的是企业的发展前景	采用贷款方式，需要按期还本付息，投资者关心的是安全性，须要财产担保
投资管理	参与企业经营管理与决策，投资管理较严格，一般是合作开发关系	向企业经营管理者提供咨询，一般不介入企业决策系统，是借贷关系
投资回报	风险共担，利润共享，企业若获得巨大发展，股票进入市场运作，可转让股权，收回投资	按贷款合同规定期限收回木金和利息
投资风险	风险大，投资失败可能性大，但是一旦成功，收益足以弥补全部损失	风险小，若到期不能收回本金，追究企业经营者的责任，所欠本金和利息不能豁免
市场重点	未来潜在市场，难以预测	现有市场，易于预测

（三）生物技术企业如何获得风险投资

企业获得风险投资需要遵循特定的思路和程序，主要包括：

1．风险投资的决策评估体系

要获得风险投资，企业首先要熟知风险投资的决策评估体系。在风险投资决策评估指标体系方面的定性研究最早始于Wells（1974），其次是Poindexter

(1976)，而最为典型的则是 Tyebjje 和 Bruno (1984) 的研究。表 6-4 列出了他们研究所得出的风险投资决策评估指标体系[12]。

表 6-4　风险投资评估决策指标体系

序号	Wells (1974)		Poindexter (1976)	Tyebjje 和 Bruno (1984)	
	因素	平均权重	按重要性顺序排列的指标	因素	频数%
1	管理层承诺	10.0	管理层素质	管理层技能和历史	89
2	产品	8.8	期望收益率	市场规模增长	50
3	市场	8.3	期望风险	回报率	46
4	营销技能	8.2	权益比例	市场位置	20
5	工程技能	7.4	管理层在企业中的利害关系	财务历史	11
6	营销计划	7.2	保护投资者权力的财务条款	企业所在地	11
7	财务技能	6.4	企业发展阶段	增长潜力	11
8	制造技能	6.2	限制性内容	进入壁垒	11
9	同行参考	5.9	利率或红利率	投资规模	9
10	其他交易者	5.0	现有资本	行业经验	7
11	行业/技术	4.2	投资者控制	企业阶段	4
12	变现方法	2.3	税收考虑	企业家利害关系	4

从表 6-4 中可以清楚地看到，大部分风险投资家在投资决策中，最为强调的是企业家的个人素质及其管理团队，即将人才放在了第一位。在风险投资界有这样一句名言：一流的技术加二流的人才会使你满盘皆输；相反，二流的技术加上一流的人才会使你跑完全程，可见风险投资家对于人才的重视程度。此外，风险投资家主要考虑的因素还包括：产品、技术或服务的独特性、产品的市场以及期望收益和风险等。这些构成了决策评估指标体系的主要部分。继 Tyebjee 和 Bruno 之后，许多学者对这一问题进行了进一步深入细致的研究，得出了相似的结论。例如，MacMillan 等人 (1985) 研究并确认了 27 项风险投资评价标准，并将其分成六大类，即企业家个人素质、企业家经验、产品特色、市场特征、财政补偿情况、投资人员构成；Ray (1991) 对新加坡和日木的风险投资公司所采用的评价标准进行了案例研究和分析，得出的结论是，企业家的个人素质和经验是风险投资最重要的，其次是资金报酬；Fried 和 Hisrich (1994) 认为管理团队的重要性无论怎么强调都不过分。尽管还有其他一些学者对评价因素的重点和先后顺序存在分歧，但总的来说评估因素大体相

同，这些因素包括：管理团队、产品服务、目标市场和投资收益等。

2. 现代生物技术企业获得风险投资的策略

生物技术产业的特征是高风险、高回报、长周期，同时又是典型的知识密集型产业，企业获得风险投资要特别注意以下几点：

(1) 有较高素质的创业企业领导者。

风险投资是对人的投资，投资者对企业管理团队的素质与能力的重视程度高于对项目或产品本身的重视。风险资本的运行需要两类人才，一类是有很好经验的企业管理者，知道从哪个力而投资，懂得如何运作资金；另一类就是企业的科学家和工程技术人员，他们有丰富的专业经验，技术知识面都很广，能较准确地分析出一个项目的技术见险和可行性。企业应重视对这两类人才的培养和引进。要获得高素质的人才，除重视外部选拔外，还应建立企业内部的人才培养机制。中小型生物技术企业对人才的培养，应该是对具有风险意识和战略眼光的企业家及企业高层管理人员的培养，并通过这些管理者实现对企业管理人才和技术人才广泛的培养，尤其要重视对风险管理意识的培养，只有这样才能顺利实现风险融资及其在企业内的运行。风险投资在项目决策时，需要考察的重要内容之一是企业家的素质。他必须能够对生物技术前景非常了解，对本公司的现有生物技术可能存在的潜在市场判断清晰，他应该是一名技术型的领导者。除此之外，还应有献身精神，有决策能力，有信心，并能激励下属为目标而努力工作。

风险投资业内有这样一个形象的比喻：马（产品或项目）、赛马场（市场）和机会（财务指标），都不是最重要的，决定风险投资家的是骑手（创业家或创业团队）[13]。优秀的创业家及其创业团队的品性、创新能力至关重要，因为环境与市场的变化难以预见，也无法控制，只有优秀的创业团队才能克服困难迎接挑战，确保成功。

(2) 应定位于科技含量高、具有良好市场前景的现代生物技术项目。

开发技术成果应该具有专利或有独占权；所开发出来的产品的技术水平与市场上的竞争对手相比，要具有明显的优势；所依赖的技术要有持续开发后劲；创业企业的技术要具有市场可行性；中小型生物技术企业的成长应围绕着企业主营业务的主导产品，着眼于以研究开发能力为基础的核心能力的培育，提高企业物质资源的利用效率，以核心能力、核心产品带动企业规模的扩张。

(3) 要有清晰的盈利模式。

生物技术企业应清楚地告诉投资者你靠什么赚钱，这是获得风险投资非常重要的条件。90%的投资项目错过投资机会就是因为这些企业没有清晰的盈利模式。对于生物技术企业，核心业务不能摇摆不定，盲目多元化，要明白企业的核心技术优势在哪里，企业的投资价值在哪里。企业经营计划既有远见又符合实际的。这个计划要阐明企业的未来价值，明确企业的发展目标和发展趋势、发展阶段，明确企业的优势和劣势，同时指明每个阶段所缺少的资金及发展途径。

（4）要熟知风险投资的风险性。

凡事利弊相随，许多事实证明，风险投资商与企业有相生相克的一重可能，就像把“双刃剑”，风险投资商携资进入企业的同时，也可能给企业带来另外种风险，不要一味认为钱来了就是好事儿。风险投资一般有两种不同的进入方式：第一种是将风险资本分期分批投入被投资企业，这种情况比较常见，因为风险投资机构这样做既可以降低投资风险，又有利于加速资金周转；第二种是一次性投入，一般是天使投资人比较多地采取这种方式。通常一次投入后，很难也不愿意再提供后续的资金支持。

要想兴利除弊，首先需要对风险投资商进行选择和评估，要看其是否对自己的战略发展有所帮助，如果选择不慎，遇到了总是指手画脚的投资商，就会对企业的战略发展造成不良的影响；其次当风险投资商对企业投资达到控股的程度，投资商也就有了企业的相应决策权，也许会参与对企业各项经营事务的决策。此时原有创业团队与风险投资人的合作沟通至关重要。最后，风险投资商之所以投资可能有三个目的——并购、拆散和发展，这三种情况在市场中都有存在[14]。这个时候，中小生物技术企业要注意那些是以并购或拆散为目的的投资商，尤其是那些有产业背景的投资商。该类事件在现代生物技术产业并购联盟潮中更应注意，最好在投资协议中，事先确定风险投资商的退出方式。

二、战略联盟

生物技术公司建立战略联盟的动机分为两种：一是对原来就从事生物技术产业的上市公司来说，如果其优势在于生产销售而非研发，那么会采用战略联方式获得技术领先和新产品开发优势；二是对非生物技术产业的上市公司来说，某些公司处于传统产业，其主营业务竞争激烈，前景不佳，急需改善自身产业结构和产品结构，为此选择生物技术产业作为未来新的利润增长点，从而分散投资风险和增强公司可持续发展能力。通过建立战略联盟，实现快速产业转型的战略目标。这两个原因都使得战略联盟成为生物技术企业重要的融资手段，有时候这种融资手段的重要性并不直接体现在企业获得资金方面，但联盟直接或间接的帮助生物技术企业跨越了发展过程中的很多障碍，这本质上也是融资。

（一）战略联盟的概念和理论基础

战略联盟（strategic alliance）是企业为取得竞争优势而寻求在投资、生产、科技、市场等方面的协作，经过资本要素的重新配置和合理流动，优势得到加强，劣势得到弥补，最终实现双赢而形成的经济联合体。

战略联盟存在着广泛的理论基础。价值链理论认为，战略联盟使彼此在各自的关键成功因素和价值链的优势环节上展开合作，可达到“双赢”的协同效应，求得整体收益最大化。战略管理理论认为，联盟内分工与协作的深化可提高产品的差别化，细分市场能够促进需求的增长，还可使联盟内企业在技术发展、新产品开发、产品标准化、共同开发市场等方面借助资源共享效应，将研究开发、生产和服务周期压缩到最低程度。资源基础理论基于企业的资源和能力观点上，强调组织持续竞争优势的获取主要依赖组织内部一些关键性资源，这些资源必须是有价值的、稀缺的、难以替代或仿制的，并且必须服从“隔离机制”或“移动障碍”。一个企业的资源包括资本、知识、组织结构、进程等企业可以控制的所有一切。而建立战略联盟正是一种有效的获取资源的方式。

（二）生物技术企业建立战略联盟的优点

1. 利用合作伙伴的产品开发设施或市场渠道

生物技术产品的研究与开发要经过许多步骤，既耗费巨额资金，又延续很长时间。现代生物技术企业建立良好的战略联盟，得到的不仅仅是资金收入，还可以从合作伙伴那里获取宝贵的经验。因此，以技术研发见长的生物技术公司都热衷与有合作潜力的大公司建立战略联盟，寻求更好的发展机会。

2. 实现战略目标，开拓市场的需要

对于一些相对规模较小的生物技术企业来说，由于资金、市场营销能力不足，很难在产品研制成功以后，及时地打开国内外市场。在这种情况下，依靠和大公司建立战略联盟可以解决这一问题，实现快速扩张。特别是国际市场上竞争激烈，变化迅速，很多机会都是稍纵即逝，现代生物技术企业通常有研究开发和生产能力，但缺乏国际市场知识和经营经验，依靠当地合作伙伴可以在很大程度上弥补这方面的不足。

3. 降低经营风险

生物技术企业的研究与开发的技术风险高，尽管研制成功会带来丰厚的收益，但一旦失败，即使是一次失败，也会导致生物技术企业的破产。因此与大公司建立战略联盟，共同投资、共担风险、共享成果自然是一条降低经营风险的有效途径。同时，对生物技术企业来说，研究和开发一项新技术、新产品需要花费很高的代价，而且常常受到自身能力、信息不完全和消费者态度等因素的制约。与大公司建立联盟可以扩大信息传递渠道的密度与速度，避免研究开发中的盲目性，加快新技术成果的转化。

（三）现代生物技术企业战略联盟形式

对于以研发见长的中小型现代生物技术企业，通过和大公司组成战略联盟的可以获得发展所需的巨额资金，大公司在公共金融和私人市场对于生物技术的接受能力普遍下降的情况下，正在取代以前投资方的位置，成为生物技术公司的主要资金来源。

现代生物技术企业和大公司之间的联盟一般包括以下几种[15]。

1. 授权协议联盟

生物技术企业将技术的使用权授予作为其合伙人的大公司，同时向其收取一定的手续费。这种联盟是大企业在研究开发某技术项目过程中，为了获得某种短期所急需的研究开发资源而与现代生物技术企业建立的技术战略联盟，一旦通过联盟获取了此项资源，完成了研究开发任务，联盟也就随之解体。

2. 契约式联盟

在合约规定的期限内最初一般是 3～5 年，大公司支付生物技术企业研究开发所需的费用，其中包括完成工作所要支付的雇员报酬和其他费用。联盟成员间相互交流技术资料，通过“知识”的学习以增强竞争实力，并且大公司在联盟内注入优势力量，共同开发新品种。

3. 阶段式联盟

生物技术企业将项目推进到一个新的阶段，或达到一个新的目标，并且该阶段或该目标对产品的商业化至关重要，那么它就会得到大公司的分期付款，这就是所谓的里程金。

4. 股权式联盟

作为合伙人的大公司购买生物技术企业的股权。股权突出了双方联盟合伙人之间的长期业务，使双方能够利用彼此的互补优势，在众多的领域内合作，合作贯穿研究开发到生产过程。这种联盟具有很强的稳定性，并且联盟解体后也可以长期保持一种高协作、低竞争的友善关系。

在以上的交易中，生物技术企业联盟能否成功取决于以下两点：公司知名度及其技术的质量。即公司的技术在同一领域中是领先水平还是处于末流位置；该技术对大公司内部策略的重要程度及大公司对候选产品的渴求程度。

第四节　现代生物技术动态价值评估

与融资相对的就是投资问题，现代生物技术的融投资必须以对技术科学的价值评估为基础。投资开发一项现代生物技术的潜在回报是相当难确定的，这是由技术本身和其所针对的市场不断发展变化的本质所决定的。当然，投资回报越难确定，进行投资决策的挑战性就越大。进行一项现代生物技术的投资，最重要的，或者大部分的价值就在于投资产生的期权。这其间的不确定性越大，灵活管理可产生的价值就越大，因此与之相关的实物期权也越大。

一、传统评价方法在现代生物技术投资评价中的缺陷

大部分传统评价方法在未来高风险、高不确定性条件下，有着理论自身内在的缺陷，因而应用于现代生物技术投资时有很大的局限性。

传统的财务分析（以 DCF 为代表）无法很好地运用灵活性策略指导人们处理现代生物技术投资中的不确定性问题，这是由其假设条件决定的：第一，投资人事先可以完全正确地估计到项目寿命期产生的净现金流量和贴现率；第二，项目实施过程中外部市场环境保持不变；第三，各个项目之间是孤立的，一个项目的价值仅仅取决于其本身的预期的净现值以及贴现率，不存在项目之间的相互影响以及由此带来的关联效应；第四，投资人只能采取“要么立即投资，要么永远放弃投资”这两种极端行动，没有任何灵活的选择余地；第五，投资人的决策行动只有一次，以后只能消极地坐视环境的变化，无法再采取任何机动性措施。

显然，现代生物技术的投资情况正好与上述假设条件相反：第一，投资人事先不可能估计到项目寿命期产生的净现金流量和贴现率，也不必要求这么做；第二，项目实施过程中外部市场环境处于变化之中，而且技术状况也在变化之中；第三，存在项目之间（子项目之间）的相互影响以及由此带来的关联效应（如技术研发与中试之间，研发不成功，中试就无从谈起）；第四，项目管理者可以根据子项目之间的关联效应，对后续子项目采取保持投资、追加投资、暂停投资或放弃投资等多种灵活措施，完全不必“从一而终”；第五，在项目的每一个子项目的起始时刻，如研发、中试、商业化等，都对应着一个决策点，整个项目的决策行动构成一条决策链。每一个决策点都对应着处理不确定性的选择权。

由上述简单分析可见，现代生物技术的投资特点并不符合传统财务分析方法的假设，因此，传统的财务分析方法无法很好地解决这类技术的投资评价问题。下面选择几种目前常用的传统评价方法，简要分析其在进行现代生物技术投资评价时的局限性[16,17]：

（一）现金流贴现法（DCF 法）

该方法的思想是任何资产的价值等于其未来全部预期现金流折现得到现值的总和。DCF 法应用的前提假设是项目或企业经营持续稳定，未来现金流可预期。这样一来，在企业或项目的投资评价和价值评估中，往往隐含了这样两个假设条件：企业决策不能延迟而且只能选择投资或不投资，同时项目在未来不会做任何调整。但是，在对现代生物技术进行投资时，许多项目不仅可选择投资或不投资，而且即使选择投资还可以选择推迟投资以及分步投资。DCF 方法只能估计公司已经公开的投资机会和现有业务未来增长所能产生的现金流的价值，而忽略了企业当前隐含的未来增长机会的价值以及当前潜在的投资机会可能在未来产生的投资收益。具体讲，DCF 法主要的内在局限是：(1) DCF 法不能体现投资所能创造的未来机会价值。DCF 法实际上考虑的仅是资金的时间价值问题，而现代生物技术投资的直接成果并不立即表现在企业经营资金流上，而主要表现在能为企业将来带来资金流的新产品或新技术上，有时还表现在企业的影响力和竞争地位的增强上。(2) DCF 法不能正确反映投资活动所具有的不确定性。应用 DCF 法进行投资分析时，必定要选择一个贴现率，通常选较大的值，以反映其不确定性，这就会造成许多潜在战略价值的项目得不到应有的重视，从而导致投资不足；如果采用低贴现率的方法又容易使得投入过高。(3) DCF 法将投资项目看成是静态的和一次性的。实际上随着市场等因素条件的变化，当某些不确定因素成为确定性因素时，决策者会做出推迟生产经营、扩大或缩小生产经营规模等决策、而 DCF 法是无法反映这些因素的。

（二）敏感性分析

其思路是从决定现金流的诸多可变因素（如项目寿命期、残值、产品价格、经营成本、市场规模、产品市场占有率等）中找出对净现值影响大的敏感因素，从而帮助决策者研究如何预防、控制项目投资的风险。然而，敏感性分析在分析某一变量时锁定其他变量以求出此变量对项目的敏感系数的做法有着其内在的局限：它忽略了较高不确定性条件下项目的不同时期有许多不同的主要影响变量，同一变量在项目的不同时期其影响作用也不相同以及许多变量一起变化时会有相互影响和相互作用等问题，敏感性分析显然没有考虑这些因素，必将使分析结果与实际情况有较大差异。

（三）风险分析法

是指在计算内部收益率、净现值评价指标所依据的产品价格、产量、成本、投资等可以事先估计它们的取值服从某种概率分布时，根据这些概率分布，估算经济评价内部收益率、NPV的概率分布，以确定项目可行及不可行的概率，从而定量地分析项目所承担的风险。但该方法在使用时存在两个问题：(1) 虽然有风险的项目的贴现率高于一般项目这一假设可以接受，但针对不同的风险程度，应增加多少贴现率，在很大程度上是主观确定的；(2) 由于风险项目的贴现率增加，使未来收益的贴现值大为降低，显然，若风险贴现率调整不当，将失去项目的投资机会。(3) 收益的“不确定性”只是表明未来收益与当前预期的收益偏离程度高，这种“偏离”是双向的：既有向下的偏离——损失，也有向上的偏离——意外的收益。因此，较大的不确定性并不意味着“损失”的机会大，不分情况地对投资项目的现金流按照不确定的程度来压缩是没有道理的[18]。在高技术行业，项目的业主察觉到项目的巨大商机，更倾向于乐观地估计项目的现金流。

（四）蒙特卡洛模拟法

这是传统模拟方法中最常用的方法，该方法的理论基础是用一个输入变量的样本参数（样本平均数和样本方差）来估计总体的参数，并通过数学运算产生所需的随机变量值来模拟项目的经济效果指标，模拟方法虽然较敏感性分析等方法更进了一步，但还是存在着一些局限：(1) 在现实中很难正确地确定各变量之间的相互关系；(2) 合适贴现率选取的问题依然没能很好解决；(3) 还是从孤立、单一项目角度考虑问题，不能将不同项目结合起来考虑。

（五）决策树分析方法（DTA法）

DTA法的最大特点是它的灵活性，是以上诸方法所缺少的。DTA法帮助管理者通过建立决策问题的框架，画出在各可能状态下的各种可行的管理决策，从而根据不同的情形做出不同的决策，有较大的灵活性。但是DTA法亦有自身的局限：(1) 在现实决策中往往出现分支繁多，这一点在新兴技术的投资评价中尤其突出（未来的高度不确定性），从而大大削弱其实用性和有效性；(2) 现实事件的发生往往更多的不是离散而是连续的；(3) 合适贴现率的确定问题仍然没能解决。

（六）企业价值的间接评估法

传统的企业价值评估方法主要有两大类：直接评估法和间接评估法。间接估价法是选取市场中同类可比企业的某种市场评价指数作为参照来评估企业的价值，其中最常见的是用市盈率倍数法。市盈率倍数法是利用市盈率作为基本参考依据，经过对上市公司与被评估企业的相关因素进行对比分析后得到企业价值的方法。市盈率法被广泛使用的原因如下：市盈率将股价与当期收益联系起来，是一种比较直观、易懂的统计量；市盈率对于大多数股票而言，计算简单易行，数据查找方便，同时便于股票之间的互相比较。市盈率法也有它的缺陷，其他定价法（如现金流量贴现定价法等）都对风险、增长和股东权益进行了估计和预测，而市盈率法却没有对这些因素做出假设；市盈率法忽略了许多基本因素，用它计算出的股票价值不能反映股票的内在价值；市盈率反映市场人气和看法，受主观因素影响较大；新兴技术项目投资或企业评价，往往很难找到与之类似的项目或企业。

二、现代生物技术的投资评价思路

传统评价方法在短期、低风险、较低不确定性情形下有其独到之处，在实际应用中亦很广泛，但是随着投资的风险和不确定性的增加，在对未来价值的评估上，传统的分析工具已经不能满足人们的需要。现代生物技术的投资评价，恰恰是在高度不确定的环境下对其未来价值的评价。相反，实物期权方法可以较好地解决未来价值的评价问题，对投资风险和不确定性进行有效管理。实物期权方法着眼于描述实际投资中的真实情况，是以动态的角度来考虑问题，管理者不但需要对是否进行投资做出决策，而且需在项目投资后进行管理，根据变化的具体情况趋利避害。因此，应用实物期权方法可使管理者拥有可根据变化了的未来状况而改变其未来行为的灵活性，能在提高投资获利潜力的同时限制投资的损失，在不确定性较高的环境中，实物期权方法不失为一种比较理想的投资分析和价值评价方法。

（一）运用实物期权评价现代生物技术的原理

所有与现代生物技术相关的投资，都是在为未来管理上的灵活机动提供先机，这也是其他大多数实物资产投资的共同之处。在对现代生物技术进行投资时，实物期权方法包括可灵活地延缓项目、扩大规模、签订项目合约，或者终止项目，也可以对项目进行调整。只要对项目实施积极和连续的管理，以上这些期权都是具有可操作性的。期权方法不仅承认这种灵活可变性具有价值，而且认为不确定性越大，期权的价值也越高。人们已经普遍认识到运用传统的财务分析在对新兴技术投资进行评估时的局限性。运用计算净现值（NPV）和其他现金流折现（DCF）的方法无法体现新兴技术投资中可不断创造价值的特征。在一个相对稳定的市场中，具有成熟的技术和完善的配套，运用现金流折现法可为项目的发展潜力评估提供理论充分、分析周到的结论。在这种前提下，现金流折现被认为是一种简便、有力的投资评价工具而获得普遍认同也没有什么大惊小怪。然而与新兴技术相关的环境总是变化迅速、极不稳定，现金流折现法就显得问题重重了。

实物期权法尤其适用于对现代生物技术（也包括新兴技术）投资的分析，这是因为这种方法清晰地体现了与期权价值相关的特性：(1) 投资回报高度不对称——看涨可能性和看跌可能性之间相差越大，期权的价值越高。(2) 未来收益和成本极不确定——总的来说是，不确定性越大，管理决策的价值越高。(3) 与未来跟进的投资（形成生产规模或者完全商业化）相比，初始投资（技术开发或者收购行动）比较小，这也增加了灵活机动的优势。(4) 由于大多数技术投资决策要经历几个自然阶段，或者需要做出一系列的决策，这就创造出多种期权，也增加了期权的价值。(5) 从研发到投资生产往往有一段时间，这段时间提供了进一步了解关键信息和最新信息的机会，更有利于做出最终决策（更大的投资或不投资），这也从另一个方面提高了期权价值。如果实力强劲的竞争对手抢先推出技术、占领市场，那么放弃行权总比一次性投资的损失要小得多。

现代生物技术的投资大多数都会在以下几方面具有现实或潜在的益处：首先，也是最明显和最现实的，是在未来可将技术成功商业化，从而产生现金流、带来利润回报；其次，投资价值还来源于具有优势的战略定位，它可以为今后制定战略或建立新的独特的生产能力提供先机；最后，由投资现代生物技术获得的新知识和新能力，对于帮助企业扩展视野、指导企业将来在相关领域扩展，也具有重要战略意义。

以上每种益处都可代表一种重要的实物期权类型，因此以估值为目的从概念上将它们归为某一种期权。在实际操作中，必须认识到，对于大多数战略定位和知识价值的评估，即便有可能进行定量计算，但也是极其困难的。因此，对实物期权进行估值大多集中在如何衡量与投资直接相关的财务回报大小上。

在实物期权的文献中，讨论最多的是各种各样的价值评估模型。其中绝大多数都是在著名的布莱克－斯科尔斯金融期权计算模型基础上的延伸或变形。将实物期权比作金融上的买入期权是很具有吸引力和说服力的。以最简单的形式为例，一项对实物资产（现代生物技术）进行投资（如研究开发的投入）赋予的是一种在未来按照履行价格（即进行商业化的成本）履行期权（即承诺将技术商业化）的权利，而非义务。从期权的角度来看，除去期权的标的物不同外，对实物资产的投资与买入某种金融期权在很大程度上具有相似性，但与卖出某种金融期权则完全不相似。由于布莱克－斯科尔斯模型可以成功计算出金融期权的价值，因此，这很自然地使许多管理者错误地希望能够以类似的数学公式替代传统的财务模型，用于计算实物期权的价值。然而有形资产投资，特别是现代生物技术的投资，在组成构架（如期权的数量、类型以及何时测算相互关联的决策等）和可用数据方面，要比金融期权复杂得多。这就很难最好地发挥金融期权计算模型的作用，甚至还会经常发生误导。

实物期权思维方式比实物期权工具定量分析应用范围更广，能提高战略动态管理能力[19]。他选择了很有代表性的三个行业进行简单比较，如图 6－1。至少我们可以从中明白两点：一是管理者应该广义的理解实物期权思维方式；二是生物技术的技术和市场不确定性都很高，实物期权方法是很适合该行业的一种分析工具，传统方法（NPV）则根本不适合生物技术的评估分析。

图 6－1　实物期权思维和实物期权方法应用的行业范围比较

（二）如何运用实物期权进行现代生物技术投资评价[20]

实物期权思维和方法的应用可以被理解为一个循环渐进的过程。这个过程包括：

1. 认识期权并以期权为出发点思考问题

对于实物期权方法的争论焦点，大多集中在如何对期权进行估值。估值是确定对特定选择机会的具体价值的评定。但是，那些寻求以实物期权方法代替标准的现金流折现法（DCF）的管理者恰恰忽视了重要的一点，这就是期权法并不仅仅是提供了一个评估管理决策价值的框架，而是体现了如何管理和构架这些决策过程。作为一种独特的估值方法，期权的定价方法具有重要的价值，但这只是实物期权方法要研究的内容的一部分，对于企业的中高层管理者来说，这还不是最重要的内容。在大多数情况下，实物期权思维所能发挥的重要作用和对企业的指导价值，毫不逊色于实物期权方法。管理者所处的管理层级越高，思维所起的作用就越大。

首先是要牢固树立期权大量存在的观念，尤其是在高技术领域。在大多数的经营决策中都体现着期权，只是有时人们不了解和没有静下心来思考它，甚至不少管理者在现实管理工作中，已经按照期权思维做了，只是没有进行系统的整理和归纳而已。倘若从传统的财务分析角度来形成经营决策，往往就会忽视期权的存在，或者低估期权的价值。因此，如果不彻底转变管理者的思维方式，未来潜在的机会可能就不会被当作为实物期权看待，也无法了解和掌握这些看不见的期权，或计算其价值。在看到了期权的存在之后，管理者接下来要做的主要工作是深入学习和理解期权的思维方式，并运用期权思维方式来思考决策问题。

传统的以现金流折现法（DCF）为基础的项目财务分析在过去几十年中曾经成为管理者们思考和行动之本。然而在新兴技术项目的投资分析中，这一切正在逐步发生根本性的改变。这种改变的根本之处在于对不确定性的认识和对未来信息的价值的认识上。Terrence W. Faulkner 指出[21]：传统的 DCF 方法认为不确定性是降低投资价值的风险，而实物期权方法却认为不确定性可能增加投资的价值，在对待不确定性的态度上，这两类不同方法是截然不同的；传统的 DCF 方法认为未来产生的信息只有有限的价值，认为决策的形成是清晰固定的，而且只承认有形的利润和成本；而实物期权方法认为未来产生的信息价值很高，认为决策形成受未来产生信息和管理者的自主决策能力的影响，除了承认有形的利润和成本之外，还承认灵活性等其他无形的价值。

一项非金融性投资几乎不可能不对公司将来的发展带来管理上的自由抉择，认可这种观点正是期权思维模式的根本所在[22]。

2. 辨识期权

有一点需要特别强调，这就是期权是需要辨识的，就像石油深藏于地下不会自己冒出来一样。虽然期权无时无刻不在你的周围，但如果不具备期权的思维方式，就只能对其视而不见了。有一些期权是自然（无意识）形成的，而更多的期权是需要做出一定的投入或付出的。所谓自然形成的期权，其实也是以前所做的某种投入或付出的结果，只是在做这种投入或付出时还没有建立期权的思想，在无意识之中就建立了某种期权。因此，在建立了期权思维之后，我们要回过头来认真审视原来的投入或付出是否为我们建立了某种期权，建立了多少期权，哪些期权是近期可以使用的，哪些期权为企业的决策提供了可选择的机会，哪些期权是具有战略意义和还需要继续投入以扩大和保持的。

严格讲，只要现在的付出或者相对较小的投入可以为你赢得未来某种较大权利，都包含着期权的思想。举个日常生活中经常能见到的例子，为什么不少应届大学毕业生愿意以较低的薪酬待遇应聘到一些企业工作？这是因为他们看到了自己缺乏实践能力这一弱势，一旦他们以较低的待遇作代价（也是一种付出或投资）补足了自己的能力缺项时，就完全有机会获得他们心目中预期的收入。再如，一些小项目、小产品、小技术可能为不少企业所不屑，但殊不知不少“小”的东西却可以让企业进入一个全新的“大”领域，当今世界上许多大企业都是从“小”做起的，杜邦公司最开始是一家生产火药的小厂，摩托罗拉也不是一开始就生产移动通信设备和终端的。以“小”博“大”，就蕴涵着期权思想。

3. 创造期权

仅仅不断辩识身边的实物期权是不够的，还需要有目的地不断创造期权。一旦管理者认识到实物期权是投资决策中不可缺少的一部分，他们就会不断构建和创造期权。除了一些“自然”（其实更多是无意识情况下）产生的期权外，管理者们应考虑如何有意识地组织其投资结构，为将来更多的决策选择和新增价值创造更多机会。在高技术领域以及其他一些领域，创造期权已经成为保持战略灵活性的一个重要组成部分，企业应该把创造期权作为战略规划和战略决策的一个重要基础工作来对待。有意识、有目的地创造期权，是有效管理新兴技术，降低新兴技术不确定性的一个重要思维方式，会收到意想不到的效果。同时，实物期权并不是一成不变的。有些实物期权是投资过程中固有的，如对新技术的创意、研发、中试、试探性生产和销售等，这些环节的投资过程，就是实物期权的创造过程。有些是可以通过决策过程中增加灵活性的成分创造出来的。例如，在石油价格较低时，油井钻探完成后可以暂时封闭不让其产油，待油价上涨后再大量出油；在高技术领域，类似的情况也会经常遇见，一项新兴技术在研发完成后，如果发现大规模开发市场的风险较大，则可以暂时放弃率先启动市场的举措，主动让其他公司去率先开发，待市场风险得到一定化解，市场前景明显后，再大批量进行生产，与率先者竞争以挤占一部分市场。通过设置将来可斟酌决定的机会，管理者们可以在制定经营决策的过程中创造新的、价值更多的期权。

以下三种分析法可帮助管理者有意识地创造和构架更多的期权：

（1）分解决策。

现代生物技术投资项目从最初提出、策划到最终完成，都是由多个或者一系列的决策所构成的。前期的决策只是为后续的决策打下基础，前期的投资并不代表后期一定要继续投资。虽然绝大多数企业在进行项目策划时制定了项目的最终目标，但是否会最终达到预定的目标以及是否有必要按预定的目标继续投资，在很大程度上还需视环境的变化和企业自身条件、能力的情况。其实这并不是什么新理论，在一些传统的决策分析方法中，也是按照这种过程来进行的，只是没有有意识地贯穿期权的思想而已。期权的思想是，现在的投资是为后续投资或决策建立期权。有意识地将决策过程进行分解，创造条件使决策分阶段来进行，就为我们尽量多地创造期权提供了基础。因此，分解决策可以使投资项目带有更大的灵活性，前期的投资或决策可以重组成为由不同目标组成的多阶段的投资决策，这就使管理者们拥有了在不同阶段及时调整项目方向、范围和规模的自主权。这才符合高技术领域决策制定的科学规律和相关期权的动态特点。

（2）为未来寻找先机。

创造条件掌握先机是期权思想的一种具体体现，为先机创造条件就是在创造期权。为了在今后占得先机，有必要在现在就开始准备。这里所讲的先机，绝非就是简单的商机，而是比商机涵盖面更广的机会，但其中绝大多数都是围绕着未来商机展开的。那么怎样为未来寻找先机呢？起码有两个方面的工作可做：一方面是为了在未来发现和识别商机，现在就开始做准备；需要准备的内容是多方面的，并不局限于新兴技术的研发或中试，如安排专人进行新兴技术的文献收集、市场调研、为新技术构思新用途等。另一方面的工作是为了在未来抓住商机进行必要的辅助条件准备。比如，一些企业为了能在以后与某高等院校的合作中占得先机，采用在该大学设立奖学金或建立实验室等方式与之建立经常性的联系和感情交流，一旦有一天该企业真要与该高校洽谈合作时，显然就会比其他企业占据更加有利的位置。

围绕企业的战略目标所做小规模投资和付出，甚至有目的的广交朋友等，都是在创造期权。

(3) 扩展思路，寻求更多的未来行动机会。

在现代生物技术领域，大多数投资都蕴涵着未来由管理者进行自主抉择的机会。如果既仔细考虑对自己形成互补的机会，又考虑到对自己形成竞争的可能性，常常会发现出更多、更广泛的期权。这些可供选择的期权包括收购、产权分离、结成战略合作伙伴、技术许可，以及各种类型的拓展和多元化发展。

4. 确定期权的价值

期权一旦被辨识或创造出来，其价值在理论上是可以计算的。即使是这样，估值的过程也不是一蹴而就的事。实物期权及其价值不是一成不变的。环境在不断发生着变化，例如市场的快速变化、竞争对手的一举一动、出乎意料的研究结果、战略重点的转移等，实物期权的价值也随之发生变化；当做出一个决策，并发现其间的效果时，余下的期权的价值也将随之改变。当谈到实物期权的价值时，大都集中于讨论在某个时间点上的实物期权价值，其实这在新兴技术投资评价时是不够的。估值是一个连续不断的过程。这就要求企业要有专门的管理人员从事这方面的工作，密切关注与期权价值变化有关的因素的变化情况，随时或者定期计算（或估算）出创造出来的期权的价值，供企业决策层参考和决策。

在对实物期权进行估值时，一般是利用现有的金融期权模型来进行的，或者进行相关的决策分析。有些计算金融期权的模型曾被成功地用于估算一些经过选择的，而且常常是十分简单的实物期权投资的价值，但是可实际运用到与新兴技术相关的情况是非常少的。为满足金融期权模型的要求，有人建议用近似值法或启发式的方法得出期权价值的一个合理估值，以替代夸大的猜测和过于简化的假设。其实，用经典的布莱克－斯科尔斯期权定价模型或者其他模型，对期权进行估值都是一件十分复杂和烦琐的工作[23]。为了在一定程度上解决这一问题并让管理者们对所拥有的期权价值有一个大体的把握，当今研究实物期权思维的代表人物马莎·阿姆拉姆在其专著《如何评估企业增长机会》中[24]，专门为管理者们设计了若干表格，通过这些表格，管理者们可以像查三角函数一样，确定所拥有期权的大体价值，这对企业的高层管理者来说，应该是十分有用的。

5. 实施期权

实物期权关注的是未来的价值。根据这一特点，期权的价值在我们对其进行评估时尚不存在。无论我们怎样想方设法去创造期权、去辨识期权，如何周密地制定分阶段的投资决策，其实这些都只是基础和前奏，实物期权的价值要想得到真正体现，唯一的方法是通过认真的管理并在规定期限内选择最佳行权时机执行期权，即追加投资或转让期权。在期权的执行上，实物期权与金融期权对信息的要求有很大差别。总体来说，金融期权对掌握信息的要求很低，执行起来也相对简单；而执行实物期权要求对执行标的物的发展趋势进行持续的监测，不断掌握信息的动态变化并及时做出决定。要管理好期权并最终实施期权，必须对以下几个环节给予高度重视：

（1）密切关注项目的发展变化。

实物期权最终执行与否，取决于期权创造之后与项目相关的环境和企业的内部条件的发展变化情况。因此定期更新与项目相关的信息是一件至关重要的工作，最好要有专人来具体负责。这是期权执行与否的基础，最终决策层做出什么样的决策，在很大程度上就取决于这些信息的充分性和准确性。

（2）验证原来的假设并不断更新。

创造期权总是在一定的假设条件之下进行的。例如，投资进行一项现代生物技术的研发，是假设这项技术在未来会有很大的市场需求量；研发出一项新技术而做出暂时不进行大批量生产的决策，是基于竞争对手在短期内也不会大批量生产，或者市场启动时机尚未处于最佳状态的假设。但是，情况总是在不断发展变化的，在建立期权到执行期权这一段时间中，许多情况已经发生了变化，一些变化可能是以前预计到的，而另一些变化则会是意想不到的。因此，在信息更新的同时，还需要对照发展变化情况对建立期权时的假设进行验证。尤其是在项目进行到关键转折点和出现“导火索事件”时，对假设进行验证是十分必要的。所谓“导火索事件”，可能是客观环境发生了重大变化，可能是竞争对手采取了某种行动，可能是出现了新的竞争者，可能是市场情况与原来预想的好得多或者差得多，也可能是出现了其他意想不到的情况等。项目开发周期越长，不确定性因素越多，对项目原先的假设进行验证的次数也应该越多。在每次做出决策之前，都需要突击更新信息并对原来的假设进行验证和修正。

（3）确定最佳行权时机并执行期权。

在现代生物技术的创新链上（从创意到商业化），存在着多个决策点，理论上可以多达十余个。如果把前一个决策的制定看作是创造（建立）期权的话，那么下一个决策的制定就是执行上一个期权，与此同时又在为再下一次决策建立期权。所以，运用实物期权思维管理投资的过程，就是一个不断创造期权和不断执行期权的过程。如何确定期权的最佳行权时机，会由于项目的不同和环境的不同而有很大差异。而且，一项技术从创意到大批量商业化生产，会经历若干个投入和风险有很大悬殊的决策点，因此，要想找出期权的最佳行权时机的规律，显然是一件十分困难的工作，倒不如采取就事论事的方法，反而会使问题简单化。既然如此，就举一个例子来加以说明。例如，在一项新技术的创意完成后，由于有消息表明有其他竞争对手也对该技术十分关注，那么此时就可以考虑马上行权，并尽量加大资金投入的强度来缩短技术研发的周期；研发成功后，如果市场启动的时机不成熟，那么就可以暂缓做出大批量生产的决策，直到市场中关键的不确定性因素得以解决，或者竞争对手的压力已经达到临界值时，再考虑作为最佳的行权时机执行研发所建立的期权。

现代生物技术的投资和决策存在着高度的复杂性和不确定性。对待这类复杂性和高度不确定性并存的技术，可以而且也应该把其投资看作是创造一系列期权。这些期权给投资者权利而不是进一步投资的义务。对于现代生物技术，投资决策不能像传统决策那样一次性制定，然后按时间表执行；而应该分阶段制定投资决策，把投资现代生物技术看作创造一系列期权，以最大限度降低其不确定性。

首先要制定的是是否投资研发某种现代生物技术的决策；一项技术的研发投资相对于一项技术的商业化投资来说，是十分微小的。国外经过大量的统计调查，技术研发—中试—商业化的投资比例大约为 1：10：100。换成期权思想的说法，投资一项新技术的研究与开发，就相当于创造（购买）了一份实物期权，这份实物期权的作用，是掌握了今后决策是否继续投资对这项技术进行中试和商业化的权利而不是义务。对于从事现代生物技术研发和生产的企业来说，由于在新技术的研发、中试、商业化、市场开拓、技术管理等方面都存在巨大的不确定性，因此研发一、二项新技术是远远不够得，必须在企业的总投资中分出适当大的比例，进行多项技术的研发，创造多项期权。有了众多的期权，手上就掌握了一手好牌，可以进行不同的排列组合，到该出牌的时候，就会得心应手。

只有判断这些项目的不确定性和模糊性已经降到最低，且市场曙光出现时，才能做出大规模投资的决策。为了降低新技术的复杂性和不确定性，试探性地少量投资是必要的，但大规模的投资必须等待把不确定降低至可控制的程度。如果不确定性一直很高，那么可以不再进一步投资而终止期权，或者将之延迟至情况更加明确时再做决策。

本章参考文献

[1] Pissarides F. Is lack of Funds the Main Obstacle to Growth? Ebrd's Experience with Small-sized and Medium-sized Businesses in Central and Eastern Europe [J]. Journal of

Business Venturing，1999，14（5）：519－539.

[2] Day G S，Schoemaker P J H，Gunther R E. Wharton on Managing Emerging Technologies [M]. New York：John Wiley & Sons，Inc.，2000.

[3] 宋思扬，楼士林. 生物技术概论（第三版）[M]. 北京：科学出版社，2007.

[4] 陈伟文. 企业介入生物产业模式研究 [D]. 重庆大学工程硕士论文，2005

[5] 高峻峰. 加快成都市生物技术产业发展的若干问题探讨 [D]. 电子科技大学硕士论文，2005

[6] 邢兰兰. 高技术企业融资方式及其选择 [J]. 软件工程师，2001，(7)：60－63.

[7] 王静波. 全球生物技术产业投融资态势简析 [J]. 高科技与产业化，2005，（5）：7－8.

[8] 赵昕. 我国高新技术产业融资方式创新研究 [J]. 经济论坛，2004，(17)：32－33.

[9] 银路. 从行为主体看科技成果产业化的困难与对策 [J]. 科技导报，1996，（1）：11－13.

[10] 唐丽桂. 农业生物技术产业风险投资项目评估研究 [D]. 西南大学硕士论文，2006

[11] 李代红. 风险投资在生物技术产业中的投资风险研究 [D]. 重庆大学硕士论文，2005

[12] 姚丽琼. 风险投资项目筛选和价值评估研究综述 [J]. 浙江工贸职业技术学院学报，2005，5（2）：26－33

[13] 李民，王雄伟. 中小科技企业如何获得风险投资家的青睐 [J]. 经济师，2007（6）：197－197

[14] 冯曙军. 中小企业如何获得风险投资的青睐 [J]. 创新科技，2007（6）：52－53

[15] 王建辉. 基于技术合作的生物技术战略联盟 [J]. 科学学与科学技术进步，2002（12）：49－51

[16] 刘照德. 传统投资分析法与现实期权法的比较分析 [J]. 重庆工学院学报，2002，(1) 70－73.

[17] 王桂华，齐海淘. 实物期权方法在高科技企业价值评估中的应用 [J]. 企业经济，2002，(7) 155－156.

[18] 李磊宁. 新技术投资中的期权分析 [J]. 数量经济技术经济研究，2004，(1)：68－74.

[19] Benroch M，Kauffman R J. Justifying Electronic Banking Network Expansion Using Real Options Analysis [J]. MIS Quarterly，2000，24（2）：197－225.

[20] 银路，王敏等. 新兴技术管理导论 [M]. 北京：科学出版社，2010.

[21] Terrence W F. Applying ‘Options Thinking’ to R&D Valuation [J]. Research Technology Management，1996 (5/6)：50－56.

[22] [美] 乔治·戴，保罗·休梅克. 沃顿论新兴技术管理 [M]. 石莹等，译. 北京：华夏出版社，2002：225.

[23] [美] 约翰·赫尔. 期权，期货和其他衍生工具（第三版）[M]. 张陶伟，译. 北京：华夏出版社，2000.

[24] [美] 马莎·阿姆拉姆. 如何评估企业增长机会 [M]. 王朝阳等，译. 北京：机械工业出版社，2004.

第七章　生物技术企业的知识产权战略

知识产权是生物技术企业管理的核心问题之一，对于中国企业而言，知识产权问题显得尤为迫切。本章就结合现代生物技术的管理特征和我国的实际情况，重点研究现代生物技术的知识产权管理问题。

第一节　制定生物技术企业知识产权战略的必要性

一、生物技术企业的知识产权保护概述

正如《与贸易有关的知识产权协定》（Agreement on Trade-Related Aspects of Intellectual Property Rights，TRIPS）所指出的，“知识产权保护的目标，是促进技术的革新、技术的转让与技术的传播，以有利于社会及经济福利的方式去促进生产者与技术知识使用者互利，并促进权利与义务的平衡”。在知识经济的时代，知识产权保护已经成为捍卫投资者和发明创造者利益的有力武器，对于以技术创新为生命的生物技术企业来说更是如此。生物技术企业知识产权管理的核心是如何保护与利用知识产权，即如何将企业的科研成果、无形资产迅速转化为新产品和新市场。正确运用知识产权法律制度，制定正确的企业知识产权战略，依靠杰出的科研人才和管理人才，为企业制造利润。

基于上述原因，国际上一些投资开发生物技术的组织和机构视知识产权保护如生命，将知识产权保护看成是生存发展的关键所在。以美国为代表的一些发达国家在生物技术的知识产权保护方面表现出了不同寻常的超前意识，抢占基本专利、向专利禁区挑战和先期收购专利及专有技术，是这些国家的生物技术研究机构和生物技术公司所采取的基本战略[1]。目前，绝大部分生物技术创新和专利源于发达国家。以生物制药为例，正在研发的生物技术药物品种63%在北美，25%在欧洲，7%在日本；生物技术专利的59%来自美国，19%

来自欧洲，17%来自日本[2]；我国除极少数生物技术药品原创外，其他大多为仿制品。

在国外生物技术企业手中，知识产权不再仅仅作为法律手段来运用，而是成为一种有效的市场策略。其目的主要有三点：一是利用生物剽窃等手段攫取中国等发展中国家丰富的生物资源并从中获取巨大利润；二是通过收缴专利费提高中国生物技术企业的产品成本，限制中国企业向中高端产品发展，保卫自己原有的市场；三是为了打压中国竞争对手，降低中国企业品牌的美誉度和可信度。

二、我国生物技术企业面临的知识产权问题

归纳起来，我国生物技术企业在知识产权管理方面主要面临如下问题：

（一）企业知识产权意识淡薄，知识产权尚未成为企业经营战略的组成部分

大多数现代生物技术企业知识产权管理工作缺乏成功经验。目前从总体上看，整个现代生物技术企业的知识产权意识仍然显得很不到位，企业对知识产权的重视程度不够，与迅速发展的现代生物技术不相适应。大多数企业知识产权工作已经开始起步，但仍然处在十分初级的阶级。

调查研究表明，大多数现代生物技术企业远未将知识产权工作提升至战略高度，企业知识产权战略意识极其淡薄，甚至根本没有。主要表现在，企业对于知识产权的战略管理缺乏基本的思想，通盘的考虑，以及长远的规划。即使设有专门的知识产权管理部门，或是配备了专职知识产权管理人员，或是由相关部门、相关人员代行知识产权管理职能，大多数企业的知识产权工作都只是从满足于处理与应付企业遇到的一些知识产权的相关事务的需要着眼，似乎企业设立知识产权机构只是为了顺应潮流的“应景之作”，仅有为数很少的企业开始将知识产权的战略管理提上日程，并着手制定了相应的专利战略等，这部分企业当前知识产权工作重点主要是新产品开发和市场开拓。

（二）企业知识产权能力低下，难以支撑企业的自主创新

知识产权能力是指企业创造、应用和保护知识产权，将知识产权资源与其他资源整合，参与市场竞争尤其是国际市场竞争的能力。按照知识产权在企业价值创造中的功能和地位划分，可以将企业分为负值型、防御型、整合型、利润型四种不同的发展阶段或状态。负值型阶段的企业只是产品的加工制造或经营，甚至贴牌生产或销售，常常为使用他人的知识产权而付出高额费用；防御

型阶段的企业处于知识产权储备阶段，重视发明专利、商标的大量申请，把知识产权作为保护手段，以防御其他竞争对手利用知识产权手段对其打压，从而为产品制造服务。整合型阶段的企业具备知识产权防御和进攻能力，拥有一部分核心发明专利等高质量的知识产权，不以专利为盈利的主要手段，而是以商品经营的模式经营专利技术，并为其垄断市场带来丰厚的价值回报。利润型阶段的企业在其技术领域拥有大量核心和基础专利，具备很强的知识产权运营能力，并为其带来高额利润，主要靠知识产权盈利，不制造产品，以专利许可、技术标准为主要利润来源。我国生物技术企业的知识产权创造能力、管理能力、应用能力和保护能力都处于比较低下的水平，而企业知识产权能力不足直接导致自主创新的能力低下。自主创新要求企业要有相当的知识产权的积累，研发过程中知识产权工作应该跟进，注重后期知识产权保护，以及加强市场拓展中知识产权的工作。企业发展模式由投资拉动向创新驱动转变，从模仿引进转向自主创新，而低水平的知识产权能力不能适应这种转变。以生物制药企业为例，我国生物制药企业大多是靠仿制国外新药为生。由于缺乏独立的核心技术，目前我国拥有自主知识产权的一类新药仅占批准新药总数的 2.6%，而仿制品种达 97%。专利弱势从一定程度上反映了行业弱势。以仿制新药为发展手段的我国制药企业正面临知识产权带来的双重窘境：自主开发新药，面临资金与科研水平等诸多难题；而仿制国外已过专利期药品竞争激烈，利润微薄。我国医药企业正面临严峻的知识产权考验[3]。

（三）企业知识产权管理环节缺位，面临巨大的知识产权风险

企业知识产权管理环节缺位主要表现在：知识产权工作尚未延伸至研发工作的前端；组织支撑薄弱，很多企业没有设立专门的知识产权管理部门；对竞争对手及合作伙伴的知识产权状况缺乏了解；海内外市场拓展中缺乏知识产权工作的预先介入及后期跟进。如图 7-1 所示，在日益激烈的市场竞争环境下，由于未能将知识产权管理整合到技术研发、转移和市场拓展的整个过程，中国现代生物技术企业面临着三个方面的风险，即技术研发中的知识产权成本沉没风险，技术转移中的知识产权价值分享风险和技术扩散中的知识产权诉讼争议风险。

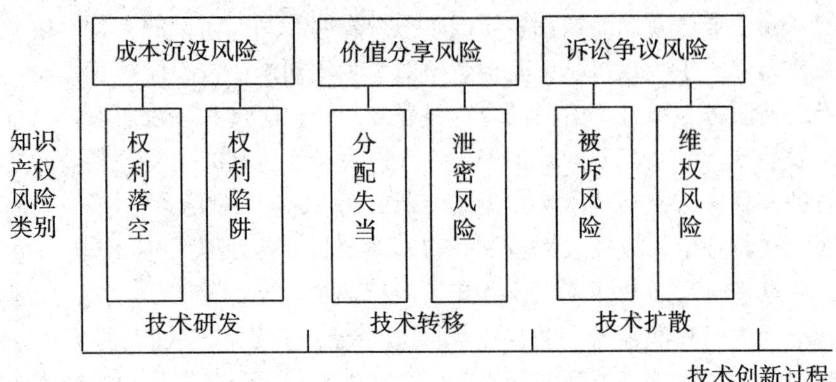

图 7－1　企业的知识产权风险

1. 知识产权成本沉没风险

企业技术研发的过程也是知识产权的创造过程，即通过技术研发形成并取得技术创新成果的知识产权的过程。在技术研发过程中，创新者面临巨大的知识产权成本沉没风险。具体表现为：第一，权利落空风险。这是指创新者的知识产权创造与企业价值创造不匹配，知识产权确认的技术成果对企业价值创造及其技术发展战略没有贡献，或者贡献相对于预期大大降低。在不确定环境中，如果企业停留在已有优势地位，仅仅追求已存在的竞争优势，难以识别突破性创新的微弱信号，新进入者一旦抓住机会，采用另一种更容易被市场接受的技术实现路径，并获得相应的知识产权，那么在先企业很快会被更具创新优势的竞争对手所取代。其先前的知识产权创造就没能对企业价值创造做出应有的贡献。第二，权利陷阱风险。这是指创新者的研发成果落入先动者的知识产权网，从而使企业丧失可能的市场机会或竞争优势，最终使技术成果的价值无法实现，研发投入化为泡影。如果在研发过程中没有掌握足够的信息，及时跟上技术变化和技术成长的步伐，研发成果落入他人的知识产权网的风险就比较大。对处于技术领域的后动者、模仿创新者和中小企业来说，这方面的知识产权风险中表现尤为明显。

2. 知识产权分享风险

技术转移是指技术提供方通过某种方式向技术需求方出让技术的部分或全部权益的行为。技术转移的过程，事实上也是知识产权让渡的过程，主要包括知识产权许可和知识产权转让两种形式。技术转移的过程，也是知识产权分享的过程。这一过程中的风险主要包括：第一，价值分配失当风险。这是指技术提供方和需求方在让渡知识产权时，出现的知识产权价值高估或低估的不确定性。导致知识产权价值分配失当的原因是技术位势的巨大差异，使技术提供方和需求方在谈判时处于不对等地位，导致需求方不得不接受苛刻的让渡条件或价格。第二，泄密风险。由于人力资本流动和知识转移速度快，很容易导致企业在信息不对称的情况下过失或故意侵犯在先用工单位的知识产权，特别是商业秘密。人力资本特别是研发人员在不同的用工单位之间的流动，其实也是一种技术转移方式。如果后来的用工单位稍不注意，就有可能因雇用新的员工而触犯在先用工单位的知识产权。

3. 知识产权讼争风险

技术扩散是指在一定时期内，技术创新成果通过某种途径在系统中各单位之间进行传播的过程，描述的是技术成果在市场上得到消费者认可的过程。技术扩散中的知识产权诉讼争议风险包括两个方面：第一，被诉风险。这是指企业向顾客或用户传播其产品或服务的过程中可能遭遇的知识产权诉讼，包括在国内市场拓展中的知识产权诉讼和国外市场拓展中的知识产权诉讼。知识产权诉讼可能会导致企业无法向市场推出相应的产品或服务，或者阻止企业进入特定的市场，从而使企业先期的大量投入等无法收回。因此知识产权诉讼风险对于进出口企业的市场拓展来说，特别是对于处于模仿引进和模仿创新中的中国现代生物技术企业来说，往往构成致命的威胁，必须引起高度的重视；第二，维权风险。这是指出现知识产权侵权或潜在侵权可能性时，技术创新主体或其他利害关系人出于维护自身的权益而采取相应行为所面临的不确定性。知识产权维权风险主要表现在，一是知识产权维权的货币成本高，二是知识产权维权的时间成本高，三是知识产权维权失败，特别是知识产权无效。

（四）企业知识产权工作的外部环境有待改善

企业知识产权工作的外部环境的问题主要表现在：第一，中介机构服务层次较低。目前，知识产权代理机构工作的重点是单项专利代理和商标注册代理，律师事务所则集中在知识产权纠纷的代理，忽视也无力承担企业目前最需要的高段、集成服务，即集法律、管理、经济、科技为一体的知识产权管理咨询和战略分析。第二，政府公共服务资源分散。一方面，很大一部分资金不是用于公共服务平台建设和知识产权管理人员培训，而是分散资助具体的专利实施项目；另一方面，政府维权体制存在一些分裂现象，人为导致企业维权成本的增加。

第二节　现代生物技术的知识产权保护手段

一、为现代生物企业赢得创新所得

生物技术产业具有高风险、高投入、高收益的特征。企业的高投入必然期待高回报，问题在于，如何保证高投入的企业，做出创新贡献的企业能够获得高收益呢？生物技术企业管理的最终目的是为企业赢得创新所得。为了达到上述目的，需要创造一种获取利润的广泛可行的战略，国外权威机构研究认为，这一战略主要包括以下三种因素：补充性资产（complementary capabilities）、专利和相关的法律保护、生产过程和产品秘密（process and product secrecy）。[4]

这里补充性资产指的是各种资源，包括分销渠道、服务能力、客户关系、与产品供应商的关系以及补充性产品等。相对于专利技术或技术秘密而言，补充性资产对于一个企业来说，更难以被对手模仿，因此，补充性资产也就成为生物技术企业保护自己的创新所得，从革新中赢取收益的重要手段之一。例如，某些小的生物技术企业可能拥有某种新药的专利权，但缺乏把新药投入市场所需的补充性资产，如安排临床试验、获得有关部门的批准、配置生产设备、获得生产许可，以及建立成熟的市场销售渠道等，这些补充性资产往往掌握在大企业手中。

对于不同行业的企业来讲，上述三种因素在赢得创新所得的过程中发挥的作用和重要性是不同的。研究表明，专利权保护对生物技术企业是非常有效的。1983 年的“耶鲁调查”和 1994 年的“CMU 调查”都显示了这一点。我国生物技术企业的专利权保护能力还十分薄弱。虽然知识产权保护不是达到赢得创新所得这一目的的唯一途径，但它无疑是不可或缺的一种方式。笔者把上述后两种因素都归为知识产权保护的范畴。知识产权的保护包括著作权、商标、专利等许多方面，结合现代生物技术的特点，本节将重点论述生物技术企业为赢得利润而应采取的知识产权保护手段。当然，这并不表明补充性资产的管理对生物技术企业不重要，正相反，如前所述，在某些行业某些企业中，补充性资产的作用可能比知识产权保护的力量更强大。因此，为企业赢得利润的几种因素或机制不是互相排斥，而是互相补充的，只有充分认识到它们之间的相互作用，才能在生物技术这样的新兴技术领域成功地获取利润。

二、现代生物技术企业的保护手段

（一）专利保护与技术秘密保护

现有知识产权保护手段中最具生物技术特色也最为重要的保护就是专利权的保护。对于以新技术为基础的行业来说，历史早已证明专利保护的力量。贝尔电话机公司通过其电话机的专利权获得了丰厚的利润，直到 1894 年该项专利权期满终止后，那些独立的竞争对手才得到机会。而一种名为“克汉－波依”的涉及基因结合的生物技术专利，据估计能为其所有者斯坦福大学赢得 2.2 亿美元以上的利润。有学者的研究指出，从排他性、风险、保护期、费用几个因素考虑，专利保护是所有知识产权保护手段中综合评价指数最高的一种。然而，专利权保护的局限性也同样是有目共睹的。这也就使生物技术企业不得不考虑其他形式的知识产权保护，如技术秘密的保护，就能够在一定程度上克服专利权保护的局限性。为方便论述，笔者把专利保护和技术秘密保护这两种最常用的现代生物技术知识产权保护手段做一个比较详细的对比。

1. 法律性质及法律保护手段

专利权是国家专利机关依法授予专利申请人在法定期限内对其发明创造享有的专有权，它是一种法定的专有权。虽然具体种类和形式不尽相同，世界各国都以《专利法》对权利人的专利权提供专门和直接的法律保护。我国的《专利法》中把专利分为发明（对产品、方法或其改进所提出的新的技术方案）、实用新型（对产品的形状、构造或其结合所提出的适于实用的新的技术方案）和外观设计（对产品的形状、图案或其结合，以及色彩与形状、图案的结合所做出的富有美感并适于工业应用的新设计）三种。

对于生物技术企业来讲，最重要的专利保护类型是发明和实用新型。为了配合当时入世的需要，我国的《专利法》在 2001 年进行了重大修改，提高了对发明和实用新型专利的保护程度。例如，增加了专利权人的许诺销售权和进口权。这种法律保护的手段虽然很强有力，但是要获得专利权的条件却非常严格。以我国为例，授予发明和实用新型专利要求具备新颖性、创造性和实用性。可以看出，这里最具有可操作性的标准是“新颖性”。实际上，对于大部分专利申请的审查，国家专利机关都把时间和精力花在了“查新”这一个阶段上。除了形式审查之外，发明专利还要经过实质审查。为了获得专利权，企业必须付出相当的时间和费用，并且要承担申请失败的风险。

技术秘密则是通过保密而获取的事实上的专有权。有些国家有所谓的《技术秘密法》或《商业秘密法》对技术秘密进行保护。我国目前暂时没有这样的专门法律，因此，技术秘密在我国只能通过《合同法》《反不正当竞争法》等获得间接保护。2005 年最高人民法院实施的《关于审理技术合同纠纷案件适用法律若干问题的解释》中首次定义了"技术秘密"。该规定第一条第二款称："技术秘密，是指不为公众所知悉、具有商业价值并经权利人采取保密措施的技术信息。"从而结束了我国实践中通常引用《反不正当竞争法》中有关"商业秘密"的概念来间接定义"技术秘密"的历史。可见，一项技术信息，只要满足上述条件，即未公开、经济性、实用性和已采取保密措施，就可以成为技术秘密而获得法律的保护，不必经过任何的申请和审批。而这些条件的要求显然低于《专利法》的规定。因此，对于企业来说，获得技术秘密的保护显然成本更低，也更有可能。

2. 保护方式和程度

发明和实用新型的专利保护范围以权利要求书的内容为准。获得专利权的保护以权利人公开自己的发明为代价，《专利法》提供的是一种"其他人知道了有关专利技术也不能用"的法定保护模式。《专利法》禁止一切"营利性的使用"，即使其他使用者是独立研制出来的相同的技术或产品也不能使用。这样的法律保障对于先申请了有关专利权（如某种新药）的生物技术企业来说无疑是十分有效的。《专利法》以法律的形式肯认了专利权人在法定期限内的垄断权。

技术秘密的保护则相对较弱，它只禁止他人通过不法途径获取该技术秘密而进行的使用。例如，我国《反不正当竞争法》规定：经营者不得采用下列手段侵犯商业秘密：以盗窃、利诱、胁迫或者其他不正当手段获取权利人的商业秘密；披露、使用或者允许他人使用以前项手段获取的权利人的商业秘密；违反约定或者违反权利人有关保守商业秘密的要求，披露、使用或者允许他人使用其所掌握的商业秘密。第三人明知或应知前款所列违法行为，获取、使用或者披露他人的商业秘密，视为侵犯商业秘密。我国《合同法》规定：当事人在订立合同过程中知悉的商业秘密，无论合同是否成立，不得泄露或者不正当地使用。泄露或者不正当地使用该商业秘密给对方造成损失的，应当承担损害赔偿责任。也就是说，如果竞争对手通过合法途径，如自己研制，掌握了该技术信息，那么该"技术秘密"也就不再"秘密"了，权利人也就自然丧失了相应的权利。可见，采用技术秘密保护的生物技术企业需要面临的最大风险是自己的产品、方法或生产过程由于不够先进和复杂，或是人为的保密措施不够严密，而被竞争对手成功"破译"。

3. 保护期限及保护客体的动态性

众所周知，专利权的保护是有法定期限的。TRIPS 协议要求缔约方对于该国境内的专利提供的保护期限为自申请提交之日起不少于 20 年。相应地，一旦授予专利权，在法定期限内该专利权的客体是固定的，任何方法或产品的改进都不可能自动受到该项已确定的专利权的保护。如果权利人对该项方法或产品又做出了“实质性”的改进，那么只能重新申请新的专利。这就使专利人常常受到技术进步的困扰：在法定的保护期内，已经出现了更先进的产品或方法而使自己的专利提前“寿终正寝”。

技术秘密的保护则没有固定的期限。一项技术秘密生命周期的长短取决于技术本身的先进性以及其保密程度。一个最典型的例子是“可口可乐”，尽管对于“可口可乐”饮料，全世界几乎是家喻户晓，而可口可乐的产品配方对外界仍是一个谜，可口可乐公司对外许可生产过程中，对其配方采用半成品保护，即不提供生产技术和配方，只提供浓缩的原浆让被许可方配成可口可乐成品。技术秘密的内容具有可变性，不存在任何限制，只要权利人有新的思路，有新的实施办法，随时可以改变一项技术秘密的内容，无须经他人同意，包括被许可使用人，权利人对新的技术秘密实施保护后，许可原被许可人使用新的技术秘密，仍可要求其另行交纳使用费。

（二）商标保护

根据我国现行商标法规定，商标是指由文字、图形、字母、数字、三维标志和颜色组合以及上述要素的组合构成，使用于商品，用于区别不同商品生产者或者经营者所生产或经营的同一种类似商品的显著标记，广义的商标包括服务标记。可见，商标最基本的功能在于它的区分功能，这就使商标成为现代生物技术企业在市场化阶段不可或缺的一种知识产权保护手段。中国加入 WTO 之后，外国各行业的知名品牌奔涌而来。其中也不乏安进等知名的美国生物技术企业的品牌。与此同时，中国政府也鼓励中国企业能够走向世界，然而，由于不重视商品商标和企业品牌，我国传统企业在这方面有过非常沉痛的教训。在中国最有价值的商标排名中，仅有同仁堂、云南白药等中成药商标榜上有名，现代生物技术行业则一片空白。一个驰名商标往往能为企业带来巨大的收益，例如：华为商标在 2007 年的价值为 396.43 亿元，联想为 238.46 亿元[5]。因此，要为现代生物技术企业赢得创新所得，也必须运用好商标保护这一知识产权手段。

（三）著作权保护

著作权的保护手段虽然在现代生物技术企业中运用较少，但是在企业对于生物技术项目研发的项目选定阶段也能发挥重要作用。项目选定阶段包括项目选定、组织、评估等。这一阶段的基本工作是研究。研究成果包括技术方案、构想、评估报告等，仍然属于思想的范畴。因其缺少工业实用性，不可获得专利法的保护，但其思想的表达方式则可以得到版权法的保护。另外，著作权在中药配方的保护等方面也能发挥独特的作用。著作权因其自动产生，无须登记，保护原创，费用较少等优点，能够成为现代生物技术企业知识产权保护战略中的有效补充手段。

第三节　现代生物技术的知识产权战略选择

一、知识产权是企业获得和保持核心竞争力的柔性战略资源

1990 年，英国学者哈默和美国学者普拉哈拉德在《哈佛商业评论》上合作发表了《企业的核心能力》一文，正式确立了核心能力在管理理论与实践上的地位，开创了核心竞争力研究的先河。二十世纪 90 年代中期开始，对企业核心竞争力的认识主要有两种代表性观点，第一种观点是从核心竞争力的构成要素角度来定义，认为企业核心竞争力是指企业的研究开发、生产制造和市场营销的能力。第二种观点则着重从核心竞争力的特性方面，即是否能为外部获得或模仿的角度来定义，认为企业核心竞争力是指具有企业特性、不易外泄的企业专有知识和信息。概而言之，企业核心竞争力是指企业文化能力、企业学习能力和企业创新能力的结合，是分布于企业中的、持续支撑企业竞争优势的能量源。

在知识经济条件下，企业的核心竞争力更加决定于知识资源。从企业知识价值链的角度来看，智力资本是指存在于企业员工头脑中的所有知识的总和。智力资产是经过辨别、证明的智力资本，它可以在组织中共享和复制。而知识产权是指那些受到相关法律保护的智力资产。也就是说，智力资产是组成智力资本的一个具有重要价值的子集，而知识产权又是组成智力资产的一个更具重要价值的子集。知识产权居于企业知识价值体系的高端。

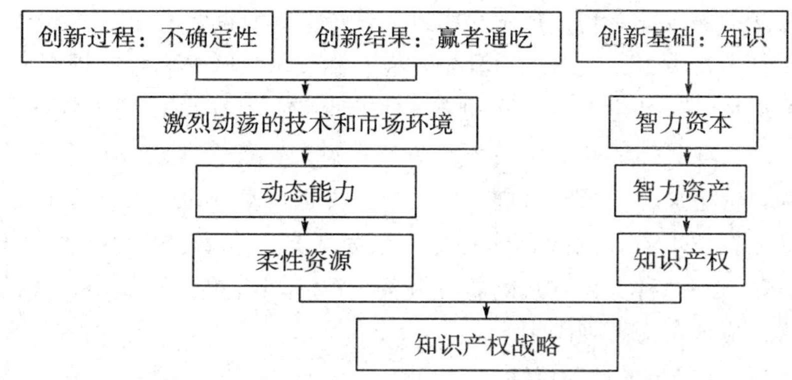

图 7－1　不确定环境下知识产权的作用机理示意图

与其他有形资源不同，知识产权作为企业知识资源的重要组成部分，具有企业在不确定技术和市场环境下形成和保持动态能力所需要的柔性资源特质。一方面，知识产权具有自我创造和再生的能力，企业可以通过集成、整合其他资源特别是在先知识产权和人力资本，创造出新的知识产权，从而使企业知识产权之间具有连续性和关联性。知识产权的柔性资源特质，使其成为企业应对不确定的技术和市场环境，获得和保持动态能力的重要战略工具，知识产权战略成为企业经营战略的重要组成部分。

二、生物技术企业知识产权战略的选择

（一）综合运用多种手段，建立复合型，全方位，立体保护的知识产权战略

如前所述，在现代生物技术企业中，以专利和技术秘密为主的多种知识产权保护手段绝不是孤立和互相排斥的。在企业研发到市场化的不同阶段，各种手段发挥的作用也是不同的。例如，在项目选定阶段，对于有关技术方案，著作权法的保护能够发挥重要作用；在项目应用开发阶段，可能需要更多地依赖专利保护或者技术秘密保护；而在市场化阶段，商标的保护则又显得尤为重要。因此，知识产权的保护手段是相辅相成，互为补充的。在知识产权战略的制定中，要在充分认识到不同保护手段的法律特性及优缺点的基础上，结合企业自身的实际和不同发展阶段的不同目标，选择适合自己企业的知识产权战略。

（二）现代生物技术企业管理中如何进行知识产权保护的选择

在实际的知识产权战略制定中，企业最经常面对的是如何对两种最重要的

知识产权保护手段即专利和技术秘密进行选择。尽管两者并不是非此即彼的关系，但是在生物技术企业管理过程中，专利和技术秘密这两种知识产权保护的途径各有优劣，一个是采用公开的方式进行保护，一个则以秘密保护为前提，对于企业的一项具体的产品、技术或方法来说，往往会出现如何取舍的问题。笔者认为，这里显然不可能有固定的公式，生物技术企业必须分析企业本身和某一项产品、技术或方法的具体特性，全面考察专利和技术秘密两种保护方式，充分认识到两种保护方式的相互补充而又不可互换性，做出正确的选择。具体来讲，应该考虑下列因素。

1. 产品或方法本身的特性

总体来说，产品保密比程序保密更困难一些。如果一个生物技术企业研制了一种新药，专利权保护在通常情况下应该是一种比较明智的选择。专利权的有效性在不同的行业里差异巨大。调查表明，专利权在制药行业是非常有效的[6]。当然，专利保护的实际效果还将取决于该企业运用专利权保护的技巧。例如，几味中药可以形成药方再加上制作过程、方法可以申请方法专利，主要的中药以及剂量幅度按照专利法要求应当写在权利要求书中，但药量可以是一个幅度，但公开的不一定是最佳剂量，有时要制出成果，还要加上微量药品。企业的最佳剂量数据和微量药品等可以作为技术秘密不写在权利要求书中、不公开。也就是说，按照写在要求书中的方案，可以制出企业的成果，但不是最佳的；只有再加上企业的技术秘密才会制出你真正的成果。这就称为专利和技术秘密的双重保护。当然，这就要求专利申请代理人撰写文件要有技巧，既能申请到专利，又能给技术秘密留下余地。

2. 企业的规模与实力

生物技术这类新兴技术企业赢得创新所得可以通过多种途径，除知识产权保护之外，还可以通过补充性资产、时间领先等多种方式。作为大规模公司，在补充性资产等方面无疑具有较大的优势。在专利权保护和技术秘密保护的选择上，它也会因为拥有更为可靠的先进技术和保密措施而从容选择技术秘密的保护。但对于小规模的公司来说，它很可能要花费心血来评价对它自己的创新起补充作用的资产和能力，它也可能会担心保密的作用不够大，而强大的竞争对手将有时间通过“反向工程”设计出产品并且赶上满足第一批需求。此时，强有力的专利权保护可能是唯一的资源。因此，对于新兴的生物技术企业来说，面对老牌的竞争对手时，双方根据不同的实际情况，可能会做出不同的选择。

3. 创新能力

无论选择何种途径，现代生物技术企业知识产权保护的最终目的仍然是在企业管理中赢得企业利润。那么，没有比有能力以一个适度增加的成本来开发出下一代革新产品、方法或程序更有效的防止利润流失的更有效方法了。知识产权保护解决的是如何保护可以获得的利润的问题，而根本问题却是如何创造出可以获得的利润。因此，虽然我们强调知识产权保护的重要性，但最基本的问题还在于一个生物技术企业必须拥有一批富有创造性的，杰出的科研人才和管理人才。对于他们而言，培养与维持一种创新能力显然更为重要，而不是陷入冗长的专利权或技术秘密诉讼的误区中。而另一方面，如何激励企业内部的这种创新能力呢？企业已有的创新能够通过适当的知识产权保护途径的选择，获取相应的利润，无疑是企业保有这种创新能力的关键因素。由此可见，生物技术企业的知识产权管理策略可以概括为“二靠一为”，即一靠“人”，进行技术创新，创造知识产权；二靠“法”，保护知识产权；为企业创造和赢得利润。

第四节　现代生物技术企业的知识产权战略实施

一、企业应高度重视知识产权创造

（一）加强知识产权情报分析

企业应该在每个研发项目启动前，进行专利情报检索和分析，研究在线技术或者他人在先的知识产权是否对自己所准备研发的项目发明构成威胁，并对侵权风险进行预警，防止侵权投入，重复投入，无效投入。否则企业艰辛投入研发出来的技术成果有可能因侵犯他人的知识产权而无法用于生产运营或需要支付赔偿金、许可使用费，导致无效的侵权研发投入。

（二）重视研发投入

知识产权是智力成果的权利化，企业积极、持续地投入研发，是获得智力成果，保证知识产权来源的前提条件。例如，2001 年美国投入的研发费用为 57.3 亿美元，比 2000 年增长了 3%，欧洲的研发费用为 20.8 亿美元，比 2000 年增长了 56%。正是这种高投入使得美国、欧洲等国家的现代生物技术企业始终处于世界领先水平。

（三）明确知识产权归属

企业应该与员工签订职务智力成果归属合同，规定员工的职务创造成果以及利用公司资源创造的非职责范围的创造性成果归属于企业，这样的条款可以写入聘用合约。如果是双方合作研发或委托开发的，合作或委托的一方都应该通过合约争取对开发成果享有共同甚至完全独立的所有权。

企业内的知识产权管理部门建立一套高效率、运转快的收集机制会为后面的管理打下良好基础。并非个个发明创造人都是专业的知识产权人士，发明人只知道创造、产出，本身并不具备判断发明创造是否具有知识产权价值的能力。在企业的知识产权管理人员人手不足的情况下，可以将各个研发项目组的负责人助理或者主要的研发工程师发展成为知识产权部的发明创造前线情报员，并建立定时联系机制。当一种新产品或者新业务要投入市场时，提前安排专利代理人或律师与公司的技术人员共同研究能获得具有市场价值又具有知识产权价值的技术方案，这将会有助于及时发现重要的发明创造。

企业的新产品名称或者新技术、新材料的名称，建议都进行商标注册，这样可以为将来的知识产权许可准备“权利包”。除此之外，对一些常用的经典广告语，因为其代表着企业的精神宗旨或是产品形象、承诺，经过广告宣传，产生了与被代表的企业存在归属关系的客观事实，具备了商标的显著性，也可以进行商标注册保护。

（四）充分利用失效专利这座研发的富矿

有效利用他人已失效专利进行技术研发是非常有价值和迅捷的方法。当前，在全世界 2 000 多万件专利中，除 350 万件有效外，其余大部分都超过了保护期，成为失效专利，不再受国家法律保护。据统计，到 1997 年底，我国失效专利及失效专利申请已经超过了 21 万件以上，到 1998 年 9 月底已达 23 万件，总量已达国家知识产权局受理专利申请的 30%，并且每年还以 10%左右的速度在递增，其数量不可小看。失效专利从法律角度上讲，已经失去国家法律保护，成为“公知公用”。但从技术角度上讲，仍然具有一定的含金量和应用价值，它是广大科技工作者辛勤劳动和智慧的结晶。在实施“科教兴国”和技术创新活动中，失效专利是一种亟待开发的重要信息资源。然而，人们对此普遍存在认识上的误区，认为失效专利既然已经失效，就没有什么使用价值，因而就将其“搁在一旁”，任其“自生自灭”，造成了严重的资源浪费。为此，提高对失效专利作为一种重要的信息资源认识，搞清其形成的原因和应用价值，明确其开发利用的途径和方法就显得很有必要。

企业在失效专利中找到可直接免费使用的适用技术的同时，还应从失效的专利技术中受到启发，萌发新的发明点，并开发出新的产品。从免费使用中获得，从免费使用中提高，从免费使用中再创新，并申请自己的专利，形成企业创新与保护的良性循环。世界上每年都有很多药品的专利过期，印度等国家主要依靠研究和继续生产这些专利过期的生物药品来获取利润。对于研发能力还处于较低水平的中国的生物制药企业而言，这的确不失为一项值得借鉴的成功战略。

二、企业应从战略高度加强知识产权的管理

知识产权的管理，又称为知识产权的维护与保养，是企业实施知识产权战略中重要的一环。管理一方面是指对已创造的智力成果的法律管理，另一方面则要求企业自己应将知识产权工作纳入运营管理环节，包括培育知识产权的创造土壤。

（一）提升知识产权战略高度

企业的知识产权战略一定要与企业的发展经营战略相结合并形成合力。知识产权建设作为“一把手工程”，能有效助推企业的知识产权战略。为了便于驱动企业的知识产权管理工作，企业应为其内部的知识产权管理部门设定高于一般行政管理部门的级别，同时做到垂直布局——在企业的技术开发部门、营销部门设置知识产权前哨。总之，合适的组织架构定位会使得一个企业的知识产权工作执行到位、管理高效。

（二）拓宽知识产权的人才通道

知识产权就是对智力劳动成果的法律化、权利化。知识产权强调专业性，特别是技术发明专利方面，作为该项发明专利的技术创造人员或管理人员是最初的知识产权管理者。各企业知识产权管理人才的需求应促进企业内有着知识产权管理兴趣和志向的员工得到人才发展的机会，拓宽企业的人才通道。知识产权管理人员的素质与职业水平的高低决定了所获知识产权的质和量。因此，他们的作用不小于甚至大于初始的技术发明者，所以改善知识产权管理人员的待遇应等同于激励研发，创造智力成果。企业还应该针对高层管理人员、研发人员和知识产权管理人员以及新入职员工进行知识产权的强化培训，讲授知识产权的价值与规则，普及知识产权保护的意识。

（三）建立完善的知识产权管理制度

建立一套涵盖预研、研发、管理、使用、保护的知识产权规章制度，能有

效管理其企业知识产权的各环节，堵住漏洞，促进减冗增效。

1. 建立保密制度

保密工作就像是潘多拉的盒子，它装着企业的无数“看家宝贝”，严格的保密工作可以避免让敏感信息过早暴露在阳光下，这对一个企业保存市场竞争优势，保护自己的知识产权顺利确权具有重要意义。漏洞百出的保密制度会在谋求获得对某项智力创新的独占权时功亏一篑。更为企业管理者坐立不安的是，一些技术秘密或新发明专利可能会落入员工或访客手里，他们反过来与之竞争。因此，产业各主体应该重视保密工作。

建立科学的保密机制，具体做法有：

(1) 制定发布一套保密制度和工作制度，规范员工的信息资料获取渠道和方式；保密制度应该在员工入职时发放，并让员工签收。

(2) 与所有雇员都签订保密协议和竞业限制合同，并支付适当的保密费和合法的竞业限制补偿费；支付保密费是为了让员工在离职后仍然对其任职期间接触的商业秘密进行保密；签订竞业限制合同是为了限制离职员工不得参与同原企业的竞争。竞业限制的利益问题，一直让司法仲裁者在劳动自由和保护创新的博弈中艰难地平衡。如果企业想让自己的竞业限制协议经得起司法的挑战，建议这个协议最好要做到两个避免：一个是竞业限制范围要避免空泛；另一个是竞业限制补偿费要避免显失公平。

(3) 建立对所有即将随新产品入市的产品或技术说明书、由公司人员公之于众的演讲（无论是否商业性）或出版物的内容都进行泄密性审查的制度，同时还应当限制实习生选择尚在研发中或筹划中的新技术/新业务内容用于毕业设计。

(4) 在所有的商业秘密文件上都打上“机密”“要密”“绝密”等不同级别的信息安全符号；用保险柜存放秘密文件；给保密的电子载体的文件进行安全备份。

(5) 必须对全体员工都进行保密培训，告诉员工有关商业秘密保护的概念、法律规定、以及介绍本企业的做法和态度，较好的做法是通俗地根据受训员工的职位特点，强调不同的保密信息的授密级别。对离职员工进行最后访谈时，与其签订离职承诺书，提醒他们注意履行应尽的保密义务。

(6) 对前来洽谈合作的客户，与其签订保密备忘录，要求其就己方披露的保密内容、敏感资料等承担保密责任。

2. 建立监测制度

目前，根据我国知识产权的授权方式制度和现行政策，建立针对专利和商标的监测制度比较容易操作。各企业一般只需委托专业的知识产权服务公司为其建立监测制度即可。

建立监测机制的目的在于监控自己的商标是否被别人抢注或者是否被别人模仿注册了近似的商标，以便及时启动异议或撤销程序进行狙击，打击搭便车的行为；或者是监测国内外竞争对手的专利或者同领域的专利申请情况，对一些不符合专利申请条件的专利申请发出挑战。同时，这也是了解竞争对手的运营趋势、跟踪与本企业有关的技术最新发展的一条捷径。

此外，还应该对市场进行监测，对知识产权侵权行为进行跟踪，方便自己在必要时给予打击。

3. 建立审查与滤网制度

对发明创造需要建立一套审查与滤网制度，企业内部知识产权管理部门如法务部、专利部联合研发、销售部门一起来审查。审查的内容主要是根据研发、销售部门所反馈的技术领域、市场情报和知识产权的战略需要，做出是否申请专利、是否马上将商品或服务名称注册商标的决定；或者将其作为商业秘密进行更深入的研究；或者决定不申请专利而向公众公开以防止他人就相同的发明申请专利。

除了建立对发明创造的审查机制外，对即将入市销售的新产品或新业务最好再设置一套称为滤网的流程，通过该流程对新产品或新业务的专利性评审、商标使用的规范性、说明书编写内容泄密可能性等进行检查。这套机制就好比是淘金用的漂洗池，能有效地将知识产权淘洗出来。例如滤网流程中的专利评审，能对当初收集不到的智力发明或技术新颖点等具有专利价值的成果在最后关头进行查缺补漏。

4. 实施知识产权奖惩措施

企业还可以发布创新激励制度，对积极创造智力成果的员工，根据智力成果的含金量给予经济和精神奖励。为了激励员工参与专利发明，公司可以制定专利申请奖、初审合格奖、专利授权奖、专利实施奖等奖励类型。同时，知识产权的奖励措施还可以尝试把知识产权工作与员工、部门的绩效、评级、工资考核有机结合起来，运用经济与精神综合奖励以达到激励目的。

（四）预防与控制知识产权流失

1. 控制人才流动带来的知识产权流失

作为社会资源的人才是根据市场需求自由配置的，同时人才又是知识产权创造的基础，所以知识产权竞争背后往往就是对人才的激烈争夺。因此，除与员工签订保密与竞业限制协议外，如何优化环境、留住人才更是根本。另外，对技术研发过程进行合理拆分，将一项技术研发的整个过程分割成几个段，然后把各段分配给不同的技术研发人员，并尽量减少同一技术项目段的技术研发人员合拢、接触其他技术段秘密的机会。这样能适当降低因技术人员跳槽后给原企业带来的知识产权完全失控、遭受覆灭性打击的风险。

2. 防止企业的合并分立等主体变化导致的流失

企业在兼并、分立、出售、破产时，由于无形资产的评估和审计缺失，经常容易发生流失。解决的办法是一方面企业自身要建立规范的现代管理制度；另一方面，企业应建立科学的知识产权管理制度，将公司的无形资产作为重要的财产评估其价值并进行审计。

3. 提高专利申请意识和专利撰写水平

知识产权意识缺失或者知识产权的认识不到位，很容易导致知识产权的流失。发明创造在既没有申请专利又没有得到其他有效措施予以保护的情况下，有可能会被国内外竞争对手抢先申请，结果反制原企业。由于对专利理解不到位，没有聘请到负责任的专利代理人，从而导致一项好发明创造因为申请书撰写水平低，而使得该发明无法获得应有的充分独占授权，使得该项发明创造由“香饽饽”成了“白开水”，变得不值一文，这样的教训也是层出不穷的。因此，必须提高专利申请的意识，并聘请合适的专利代理人书写权利请求书，提高专利撰写的水平。

4. 加强知识产权的维护

不按时缴纳专利维持费、不及时续展注册商标等维护不善的行为同样会造成知识产权的流失。因此，建立人工与系统自动相结合的提醒机制，针对不同专利的战略性、价值性，采取不同的续费策略维护非常有必要。需要注意的是，商标第一次注册后授权年限达 10 年，因此发生漏续少交费的可能性不大，但也存在年限过长，容易麻痹大意未及时续展而丢失商标的情况。

5. 清晰界定发明创造成果归属

为了避免员工利用工作便利，使用企业资源进行非职务发明，以及为了防止员工在任职时隐瞒专利或暗地私自申请、离职后自行申请，单位在与员工签订聘用协议的条款中，可以要求雇员应及时和完整地向单位报告其在任职期内职务成果与非职务成果，包括利用企业的全部或部分设施、资金、材料、实验室等或者员工在工作时间或以其他方式履行对工作职责时，独自或共同构思、开发或付诸实践的任何发明、发现、设计、开发、改良、业务拓展成果、技术秘密和商业秘密等知识产权信息。若雇员未及时或未完整地报告，单位保留法律追究的权利；若雇员同意所在单位对漏报的该部分知识产权享有所有权等完全的法律权利，并保证积极协助单位办理有关权利转移、权利证明等手续的，单位可以实行多种形式奖励。若雇员业已使用获利的，应向所在单位返还。

6. 防止知识产权许可导致的流失

知识产权许可后，被许可人实施知识产权时，都会发生其自行或与许可人合作进行改进或变化的情况，如果许可合同约定不明确，则可能导致新的知识产权从许可人手中流失。这时，许可人有必要在许可协议中加以约定。

三、强化企业知识产权保护

（一）有策略地向国外部署权利

目前，版权自创造完成时便产生权利得到保护的特性以及《伯尔尼公约》签约国的普遍性让版权无须像专利、商标那样需要走出国门申请权利。而专利和商标由于都是遵循注册国保护的原则，加之互联网让全球资讯交互提速，发明创造一夜可以天下知，为了不被他人抢注，及时占领高地，智力成果的权利人就需要策划如何有效地通过向国外申请专利，成功进行“跑马圈地”。向国外申请专利的策略：

1. 选定投资目标

世界上一共有 170 多个国家，显然没有必要在全球各地都安排申请专利。申请外国专利时应该挑选市场发达及有潜力的国家，挑选竞争对手所在国以及竞争对手的产品出口国家，做好专利投资。

2. 入乡随俗、因地制宜

目前，国外的专利申请制度各有不同，例如美国专利实行的是先发明制，其他大部分国家实行的是“先申请制”。在美国，一旦发明出新产品公开销售，发明人必须在一年的宽限期之内向美国专利局提交专利申请，否则，该发明应永远地进入公有领域。在其他大多数国家，没有设置宽限期。一旦发明在世界任何地方公开销售，就不可能再获得专利，该发明应进入公有领域。不过日本是个例外，日本同样没有设置宽限期，但它要求只有在日本国内公开销售才构成对发明专利性的破坏。

通过专利合作条约（PCT）可以大大简化专利的国际申请程序。按照 PCT 的规定，申请人只要提交一件国际申请，就相当于在其指定的 PCT 缔约国同时提出申请。除 PCT 外，还有一个较为简化的办法就是可以通过《欧洲专利公约》（EPC）在西欧国家获得专利。截至到目前，已有 17 个西欧国家签署了这项公约。按照该公约的规定，成立欧洲专利局（EPO），负责颁发欧洲专利。欧洲专利在任何EPC缔约国都相当于一个国家专利，并可以在这些国家的法院就专利侵权行为进行起诉。

（二）不断地投入和申请专利

企业在一项发明创造获得了专利之后，因为专利已经被公开，所以竞争对手会采取绕过手段，避开专利的围堵。因此，企业要继续投入研发，围绕原专利进行外围技术和相关领域新技术的研究，不断地申请，才能保持专利等知识产权的新鲜度，为专利增值和保值。这好比围棋博弈中从点到面的胜利，不断投入研发出来新点子、新技术就像当局者自己布下了带“气”的新棋子，正是这些带气的子，使得企业的知识产权能够实现从点到面的扩张，成为一堵墙，一张网，最后覆盖掉竞争对手。

（三）善于利用知识产权诉讼这一商业竞争手段

“诉前禁止”“侵权举证责任倒置”“高额赔偿”等法律制度都为知识产权提供了强于一般民事侵权的法律保护制度。已经在国内外发生的因为侵犯他人专利或商标而被判高额赔偿和永久禁令的司法判例，让公众感受到了知识产权诉讼的威力。

诉讼目前已经成为一种商业竞争手段，它给侵权人带来的名誉压力和高额赔偿风险甚至是被逐出市场的厄运，会让侵权人不寒而栗。知识产权的权利人也备受鼓舞，跃跃欲试。但同其他商业活动一样，诉讼过程充满着风险和变数，需要科学地管理，评估投入和收益。有益的做法有：

(1) 有策略的进行诉讼，选择较弱的竞争对手，让判决给自己的权利定论。

(2) 准备好和解方案，通过有限度的让步获得更多的知识产权权益。

(3) 与律师合作可以采取风险代理和按进程给付的方式，合理使用律师费。

(4) 维权过程中切记保持观点的前后一致，保持国内外诉讼立场的一致性。

如果不巧成为侵犯他人知识产权的被告，首先应当积极应诉，并力图证明自己并没有侵犯原告的专利；其次是从根本上无效原告专利，釜底抽薪，使其不攻自破。

（四）参与建立联盟与标准化

知识产权战略运用的高级阶段就是如何“构建技术标准”和“利用技术标准”。“标准化”的过程实际上是一个优化协调过程，单个标准技术不一定是最高水平，但所有技术整合起来形成的标准体系应是最优水平。一旦在标准化的过程中加入了知识产权，那么技术标准的强势与知识产权的优势将会使知识产权权利人的市场竞争优势倍增，可以说，企业在标准化过程中利用知识产权许可政策是追求最大化利益的最佳途径。

企业在掌握了一定量的知识产权储备后，可以考虑与同行业的其他企业联合，组成权利同盟，联合建立专利池，将专利积累提升为产品技术的统一标准。

（五）选择利用不同的知识产权保护路径

技术发明或技术改进的智力成果，适合用发明专利和实用新型专利来进行保护；工业产品设计建议用外观设计专利来保护，同时对设计原图进行版权登记，作为创作的证据。对那些不宜公开的技术配方、工艺、软件程序源代码、设计图纸，如果不方便公开的，可以采取精心设计的手段加以保密从而成为可受法律保护的商业秘密。

知识产权的保护类型虽然主要是上述几种，但并不仅限于此。人类的智力活动永不停息，知识产权的保护类型也会随之不断发展、增加。集成电路板设计图以及动植物新品种就是近年来日益受到重视的两类特殊知识产权。随着保护创新对市场竞争的激烈刺激，各类知识产权之间的界限也开始拓延，产生交叉，例如美术设计与实用艺术设计或外观设计的重叠；软件版权与商业方法趋向以发明专利保护等。因此，企业需要不断地创造，然后进行知识产权的全方位保护。

四、充分利用企业知识产权资源

知识产权是对特定智力创造成果所享有的专有权，核心是其中的财产性权利。因而知识产权创造、管理、保护的目的与归宿就在于知识产权的利用，即权利人通过知识产权的实施，实现知识产权成果的商品化和产业化，以使权利人获得最大的经济收益。从目前情况及发展趋势看，以产业、大学、研究机构为主体的“产学研”联合体在知识产权利用过程中具有非常重要的地位。充分利用“产学研”联合体之间的互补优势，可以将市场需求和技术开发有机地结合起来，将学术机构以及科研单位的创新成果转化为知识产权并迅速转移和扩散到产业领域。可以说，“产学研”联合体是一种研究开发的公共平台，这种平台的搭建以及相关保障制度的完善可以提高知识产权的利用效率，合理配置技术资源。国家提出的实施“自主创新”的经济发展道路，其核心问题就是如何将“产业、大学、研究机构”这样三个环节有效地衔接起来，使得新技术能够持续产生并迅速产业化，以产生较大的经济效益。根据我国现行法律规定，知识产权的利用主要表现为以下几种方式。

（一）自己使用

1. 自己使用属于知识产权的低层次运用

自己使用是目前产业技术自主知识产权利用的主要方式，该方式属于知识产权最原始和最简易的运用层次。它主要是指权利人排斥他方的使用，由权利人亲自使用该知识产权，将自身所拥有的知识产权商品化，并在权利不断积累和利用过程中达到知识产权的产业化。简要而言，自己使用就是权利人在本产业范围内，直接将技术转化为产品。这种简单的利用方式虽然一定程度实现了知识产权的使用价值，但很难将知识产权潜在的交换价值和权利价值体现和放大出来。

2. 自用时需要排除他人的妨害

企业在自己独占使用知识产权时，需要排斥他人共享其知识产权。该禁止权又因专利类型不同而有所区别：对于产品专利（包括发明和实用新型专利），禁止权主要包括禁止他人制造、使用、许诺销售、销售、进口该产品的权利；对于方法专利，专利权的效力不仅是方法本身，而且及于以该方法直接获得的产品，因此方法专利的禁止权内容包括禁止使用该方法、使用依该方法直接获得的产品、许诺销售依该方法直接获得的产品、销售依该方法直接获得的产品、进口依该方法直接获得的产品；对外观设计专利的禁止范围主要体现在禁止制造、销售、进口含有外观设计专利的产品，而不包括使用和许诺销售含有外观设计专利产品的行为。

（二）知识产权的许可使用

1. 选择合适的许可类型

在国际上，专利许可证有一般许可、独占许可、独家许可、分许可和交叉许可之分。一般许可是最常见的一种许可。一般许可的许可人（这里的许可人包括自然人和法人）允许被许可人在规定的地区内使用有关的专利技术，同时自己保留使用该项技术及再与第三方签订该项专利技术的许可合同的权利。被许可人要向许可人支付一定的使用费。独占许可的被许可人不仅有权自己在授权范围内使用有关的专利技术，而且有权排斥包括许可人在内的一切其他人使用该项专利技术。在发现侵权行为时，被许可人有权直接向法院起诉；独占许可的被许可人还有权向第三方进行分许可。所以，在许可合同规定的地区内，独占许可的被许可人的权力几乎与专利权受让人的权利相同。独家许可证除了不能排斥许可人自己使用专利技术外，其他情况与独占许可基本相同。独占许可或独家许可的使用费通常要高于一般许可的使用费。交叉许可是技术贸易双方以价值相当的专利技术互惠交换的一种许可。

2. 分清许可的利弊

知识产权的商业许可可以给权利人带来的益处有：

（1）通过收取许可费获得经济利益，直接获得经济回报。

（2）利用许可扩大知识产权影响的地域范围，拓展空间市场。

（3）通过许可抢占国内、国际市场份额，扩展产品市场。

（4）通过许可缩短产品或服务推向市场所需的时间，抢占潜力市场。

（5）通过互补产品来增强市场渗透力，借助被许可方的实力做大做强。

（6）通过“技术互易”，在符合法律规定的前提下约定被许可人在许可期间对被许可的知识产权所涉及的技术改进之后回授给许可人，增加知识产权积累。

（7）可以利用知识产权的许可提高自身声誉和信誉。例如商标许可可以给权利人带来品牌价值的增加，产品的扩展扩大了品牌的影响力。

知识产权许可给权利人带来的弊害一般有：

（1）容易丧失与顾客之间的联系，这种情况在独占型许可中表现的比较突出。

（2）削弱对知识产权利用的控制。虽然许可人都尝试通过合同来约束被许可人的利用行为，但由于被许可人通常会在许可谈判时讨价还价，因此一般最后达成的约束条件会与许可人预期的有差距；另一方面由于被许可人是实际业务活动的进行者，所以无论合同签得如何完美，被许可人仍然比许可人拥有更大的实际控制权。

（3）收益上过分依赖他人。许可人的收益预期及收入来源都依赖于被许可人对被许可的知识产权的利用是否成功，特别是独占型的许可。如果一旦被许可人的利用能力差或者被许可人自身出现问题，许可人则很难有效控制，从而导致许可收益预期的结果可能“竹篮打水一场空”。

（4）面临被盗用的危险。许可实际上是削弱了许可人对其知识产权的利用方式及披露使用措施的控制，例如被许可人将知识产权披露给他的雇员、合作伙伴、供应商及顾客等，这些接受方都是许可人无法管理的。此外，被许可人对许可使用的知识产权进行改良和改变后，在改良的归属问题上非常容易产生纠纷。

(5) 逐渐失去公众认识。如果许可人无法通过被许可人和自己的广告宣传为公众所知，许可人则无法因为其对被许可人产品或服务的知识产权“付出”而赢得公众的认可，使得与本该由其分享的美誉、声誉失之交臂，无形之中丧失潜在客户。

著名的计算机处理核的研发和生产公司英特尔、AMD就非常重视利用被许可人的产品广告强调许可关系，从而突出自己，加强公众对其知识产权成果的认知，从而赢得由其知识产权成果带来市场美誉度和公众信任，这一点值得借鉴。

3. 订立完善的许可协议

(1) 选择并确定适当的许可内容。许可的标的是“知识产权”，一项许可协议可能要涵盖专利、版权、商标、商业秘密、专有技术和其他新型的知识产权。每个许可协议中，许可人都可以准备自己的“权利包”，然后以一种适合双方需要的组合排列方式确定是否以及如何被许可或者被保留。

(2) 许可的对价与瑕疵担保。合法存续有效的知识产权是许可的对价基础，因此被许可人都会要求许可人对其权利承担瑕疵担保责任，有的长期许可合同中的被许可人甚至要求许可人要对被许可权利承担严格的维护保养责任，如不断地投入研发、申请权利，还有向国外部署权利等。

(3) 确保改良后的知识产权都归属许可人。许可人应该通过合同的管束条款，约定被许可人对许可的知识产权的改进必须经得许可人的认可，且改良后的知识产权归属许可人。这样有利于许可人的“权利包”如雪球般越滚越圆，越滚越大。

(三) 善于运用知识产权转让

知识产权的转让方式主要有两种：一种方式是普通意义上的一般转让即转让所有权；另一种方式就是授权有限度的转让使用知识产权即知识产权的许可。知识产权的一般转让就以普通合同形式出让专利的所有权。与实物转让类似，这种转让是所有权发生变化的一种权利转移，转让后出让人不再享有所有权，受让人在法律规定范围内对其拥有的知识产权所享有的占有、使用、收益及处分的权利。相比知识产权许可而言，知识产权的转让更侧重于整体的转让，是全部权能的转让，而许可则一般仅限于使用权，是所有权部分权能的授权他人，允许被许可人按知识产权的性能和用途加以利用，而被许可人并不能决定知识产权的命运。

纯粹的知识产权一般转让虽然类似于普通的实物转让，但是仍具有以下自身的特点。

一是知识并不因知识产权转让而消失。知识产权属于无体权利，因此它区别于有体物的转让。实物财产在转让后，卖方获得了对价的同时失去了该物，买方支付对价的同时获得了该物。而在知识产权转让过程中，知识产权的出让方在获得对价的同时并不会失去技术本身，知识产权在转让出去后，原权利人也不会失去该知识。

二是转让价格难以确定。知识产权的转让由于转让标的的特殊性，决定了转让价格存在很大的升降空间。例如专利转让价格不仅需要涵盖开发成本，而且还需要包括现有的市场状况和未来市场的前景。另外，技术更新速度和知识产权自身寿命的影响，也给知识产权价格的价格确定带来了很多不确定性。

知识产权的一般转让与技术的成熟度、现有市场规模以及市场发展阶段等因素有关，因此在转让过程中，需要结合知识产权的自身特点注意以下问题：

一是避免出让方多次转让。由于知识并不因知识产权转让而消失，知识本身并不存在排他性，因而出让方很容易出现多次转让技术的情况。如此以来使得权利受让人作为所有人享有排他权的同时，在事实上与他人共享了该技术。

二是选择合适的知识产权受让。在技术相对成熟的情况下，一般专利的可实施性以及该技术可产业化程度会比较高，潜在利益可预测性会比较明朗，这样的专利价格比较容易确定，因此该类知识产权在一般情况下并不十分适合去购买。而尚不十分成熟的专利技术则还有很大的研发空间，如果受让人有足够的研发实力，自身开发或联合开发则很有希望把握未来主要技术。

本章参考文献

[1] 何建军. 王国华. 生物技术知识产权保护策略研究，中国现代医学杂志 [J]. 2002，(10)：110－112

[2] 生物技术与生物制药. http：//803. nease. net/bio21cn/life－medical. htm

[3] 彭艳. 王凡彬. 中国医药企业知识产权战略. 中国新药杂志 [J]，2007，Vol16：1431－1434

[4] Cohen W M，Nelson R R，Walsh J. Protecting Their Intellectual Assets：Appropriability Conditions and Why U. S. Manufacturing Firms Patent (or not)，Working Paper，Pittsburgh：Carnegie Mellon University，1999，p7.

[5] http://www. wkm. cc/?action _ viewnews _ itemid _ 396 _ page _ 3. html

[6] George S D，Paul J H. WHARTON on Managing Emerging Technologies [M]. New York：John Wiley & Sons，Inc.，2000，p200.

第八章　生物技术产业的集聚与创新网络

正如本书第二章中所分析的，集聚化发展是生物技术产业的突出特征，全球主要的生物技术企业、技术和产品都集中在生物技术产业集群中。而生物技术产业集群除了符合产业集群的总体特征和规律外，还具有自身的突出特点，需要具备特定的条件、遵循特定的制度安排，特别是需要形成强劲的竞争优势和建立持续创新网络。本章从产业集群和创新网络的基本理论入手，重点分析生物技术产业的集聚及其持续创新网络。

第一节　集群与创新网络概述

一、产业集群[1]

产业集群是现代经济发展中的一个重要现象。虽然产业集群早在十九世纪末英国经济学家马歇尔所处的时代就已经存在，然而在资本主义国家的近代发展历程中，随着追求规模经济和利润最大化的大公司、巨型公司以及跨国公司不断出现，中小企业的发展长期以来一直遭受忽视。直到 20 世纪 70 年代末，在发达国家经济普遍衰退时，某些中小企业集聚的地区如意大利东北部和中部地区、美国硅谷地区以及欧洲其他国家却表现出惊人的增长势头，由此学术界开始追踪产业集群理论的起源。

（一）产业集群的定义

由于学科背景、研究视野和方法的差异，国内外学者们对产业集群提出了众多定义：

伯格曼等人将产业集群定义为取向位于同一地方的一组经济活动，并从劳动市场外部性对产业集群形成产生重要影响的角度指出，判断产业集群的标准是在这一组经济活动中两种经济活动就业人数之间是否具有相关性。

查曼斯基等进一步将产业集群定义为，在所有经济产业中，一组在商品与服务联系上比国民经济其他部门的联系性更强，并在空间上相互接近的产业。

舒米兹将产业集群定义为企业在地理和部门上的集中，企业之间存在着范围广泛的劳动分工，并拥有参与本地市场外竞争所必须具备的、范围广泛的专业化创新的企业集群。

派克等将产业集群定义为，在生产过程中相互关联的企业聚集，通常在一个产业内，并且根植于地方区域。

巴格拉沙等产业集群定义为存在投入产出关系、受共同的社会规范约束、相互之间充满正负两种溢出的中小企业在特定地理区域内高度集中形成的企业网络。

波特对产业集群做了一个经典定义，即产业集群是企业及相关支撑机构在空间集聚，并形成强劲、持续竞争优势的现象。按照波特的观点，产业集群是产业发达国家的核心特征，它不仅包括对竞争起重要作用的、互相联系的产业和其他实体，而且还经常向下延伸到销售渠道和客户，以及一些辅助性机构，当然也包括由政府及相关机构提供的一些基础设施，如大学、科研机构、职业培训机构和咨询机构等。

归纳起来分析，我们认为产业集群是某一产业领域产业链上的企业与相关服务支持体系以专业化分工机制，在一定区域内集中，形成从原材料、中间产品、最终产品甚至到营销、售后服务的上、中、下游结构完整，外围支持服务体系健全，具有专业化分工特征的产业组织。集群内企业之间通过专业化分工提高企业乃至区域整体生产效率，降低生产成本，实现收益递增；同时，比垂直一体化的企业组织结构具有更大的弹性，有利于产业集群内部企业之间通过分工网络降低交易费用，实现信息共享、互动学习、创新技术扩散，提高自身的竞争能力，成为内部成长能力极强的产业组织，从而加速了区域创新网络的实现，提高了区域经济竞争力，推动了区域经济的可持续发展。

产业集群已经成为引人瞩目的区域发展趋势，无论在发达国家还是在发展中国家，产业集群往往是区域经济增长的核心，对经济发展有巨大的贡献。

（二）产业集群的特征

1. 地理集聚性

产业集群是由产业链上相关联的企业与相关支持服务体系在一定地域上的集聚而形成的，表现为中小企业在大城市的近郊区或中小城市（镇）集聚成群，空间上接近，经济活动高度密集。这种地理接近的直接后果是有利于知识获取、市场形成、信息共享。

2. 社会根植性

根植性是社会学的概念，它的含义是经济行为深深嵌入社会关系之中。在产业集群内，根植性的存在有利于孕育区域资本，增强区域的凝聚力和归属感，企业之间容易形成一种相互依存的产业关联和共同的产业文化，并且形成能对交易者的行为进行约束的制度。在制度的约束下，人们相互信任和合作：既有企业间信任与合作，也有个人间信任与合作；既有正式的合作，也有非正式的合作；既有技术上的合作，也有资金上的合作（如相互赊账、延迟付款等），彼此之间建立了密切的合作关系，限制了机会主义倾向，降低了企业之间因不完全契约或为了维护契约所带来的交易成本，同时，还降低了企业之间讨价还价所带来的交易成本，从而节省了交易成本，使企业更愿意嵌入到区域的社会、文化和政治等关系中，并吸引外来企业根植于本地，保证区域经济的持续发展。

3. 学习性和创新性

成熟的产业集群具有良好的知识转移机制，能加快技术知识传播，集群化使企业学习新技术变得容易和低成本。中小企业集群竞争优势的取得，一个很重要的原因在于以企业间密切交流、信任和合作为基础的高效的知识转移速度和效率，从集群知识转移主体、集群知识转移意境、集群转移内容、集群知识转移媒介为集群企业营造了良好的知识转移机制和转移通道，通过企业之间的专业分工和协作，将知识转移至相关企业，再经由其成员企业的模仿而提高整个中小企业集聚区的竞争力。

产业集群具备良好的技术学习与扩散机制，集群内部学习是集群中企业技术学习的主导途径，集群中的强势企业瞄准集群外部高新知识进行外向型学习，而弱势企业则从这些知识在集群内部的后续扩散中学习，从而形成“外部引进−内部扩散”的良性知识流动，推动集群整体技术能力的提高，集群持续动态增长。

4. 生产专业化

从生产经营方式来看，产业集群具有专业化的特征。产业集群内部主要包括生产企业以及相关的服务支持体系，包括技术研发机构、金融机构、中介机构以及政府公共部门等。产业集群内企业通过生产过程的垂直化分离，分别从事产业链某个环节的生产活动，这种专业化的分工随着集群的发展不断细化，从而不断提高产业群的生产率。通过沿着产业链的纵向专业化分工，以及横向经济协作，实现了集群内企业与相关机构聚集在集群区域内，实现分工与专业化生产，体现出较强的专业化分工性质，具有较高的生产，并密切配合形成集体效率。

二、创新网络

产业集群发展的高级阶段是形成集群创新网络，这已经被研究所公认。创新网络作为当代技术创新的一种重要制度安排具有不同尺度上的含义，在本章中，集群创新网络研究的重点是指其技术创新网络。

（一）创新网络的含义[2]

网络概念多用于社会科学领域，现已成为一种“跨学科的比喻”。弗里曼最早提出创新网络的概念，认为创新网络是一种对系统性创新的基本制度安排，网络架构的主要联结机制是企业间的创新合作关系。在此基础上，他把“创新中的网络类型”分为合资企业和研究公司、合作 R&D 协议、技术交流协议、技术推动的直接投资、许可证协议、分包、生产分工和供应商网络、研究协会、政府资助的联合研究项目等。在弗里曼之后，学者从各自视角对创新网络内涵进行了讨论。

Koschatzky 认为创新网络是一个相对松散、非正式、嵌入性、重新整合的相互联系系统，促进学习和知识交流。孙东川认为企业创新网络是创新主体为适应创新复杂性的一种组织涌现，它由主体间各种正式关系和非正式关系交织而成。沈必扬和池仁勇认为，企业创新网络就是一定区域内的企业与各行为主体在交互式的作用当中建立相对稳定的、能够激发或促进创新的、具有本地根植性的、正式或非正式的关系总和。Nonaka 和 Takeuchi 认为，创新网络是组织获取规范化知识、正式文件、软件及缄默知识的工具，其统一了组织内外部正式与非正式的联系。吴贵生认为创新网络是不同创新参与者共同参与新产品开发、生产、销售，共同参与创新开发、扩散，通过交互作用建立科学、技术、市场之间直接和间接、互惠和灵活关系所组成的协同群体。

对创新网络的这些界定基本上完整地反映了创新网络的功能和作用。同时，创新网络可以发生在不同的尺度上，在国家尺度上一般被称为国家创新系统；在区域尺度上的就被称为区域创新网络；而在微观尺度上的则被称为企业创新网络。在本书中我们关注生物技术产业集群，因而我们将重点研究集群区域创新网络。

（二）产业集群技术创新网络[3]

1. 产业集群技术创新网络的含义

随着技术进步速的加快以及竞争加剧等外部环境的变动，外部的联系对企业的技术创新越来越重要，这些联系形成企业的技术创新网络。技术创新网络可以视为不同的创新参与者（企业、机构和创新导向服务供应者）的协同群体，它们共同参加新产品的研究、开发、生产和销售过程，共同参与创新的开发与扩散，通过交互作用建立科学、技术、市场之间的直接和间接、互惠和灵活的关系，参与者之间的这种联系可以通过正式合约或非正式安排形成，而且网络形成的整体创新能力大于个体创新能力之和，即网络具有协同特征。

技术创新过程受许多因素影响，企业不可能完全孤立地进行创新。为了追求创新，他们不得不与其他的组织产生联系，来获得发展以及交换各种知识、信息和其他资源，这些组织可能是其他的企业（如供应商、客户、竞争者），也可能是大学、研究机构、金融机构、政府部门等。通过企业的创新活动，企业与这些形形色色的组织之间建立了各种联系。这种形形色色的联系组成一个个网络，影响着技术创新。每一个影响技术创新的联系称之为一个链接，技术创新网络就是针对具体的研究对象而言，相互有关联的链接组成的网络。

而产业集群技术创新网络可以定义为：集群内各行为主体（企业、大学、科研院所、地方政府等组织及其个人）在利用各种基础设施和外部资源的基础上通过长期正式或非正式的合作与交流所形成的相对稳定的网络系统，网络各个结点（企业、大学、研究机构、政府、中介机构等）在协同作用中结网而创新。

2. 产业集群技术创新网络的结构

产业集群技术创新网络可以分为核心网络、辅助络和外围支撑网络三个子网络，而机构与机构、机构与个人、个人与个人之的正式与非正式交流则成为网络之间联系的桥梁。核心网络反映的是核心层次的要素联结，辅助网络反映的是辅助层次要素的联结，外围网络反映的外围层次要素的联结。

通常来说，核心网络主要包括产业集群内的供应商、主导产业企业、相关产业企业和客户四类因素，并由这四类因素构成产业集群中技术创新网络的核心主体，它们之间通过产业价值链、竞争合作或其内部联结模式实现互动；辅助网络主要包括集群技术基础设施（如道路、港口、通信等）、大学和实验室等研究开发机构、金融机构、各种中介服务机构等。辅助网络主要为核心网络提供资源和基础设施、知识流、技术流、人力资源流、信息流等生产要素的支持；外围支撑网络由集群区域所在地的政府和区域外源（技术、资金、人才等）构成。这些因素往往是集群自身不可控的，属于群的外围因素。外围网络主要通过不断完善辅助网络，或通过其他间接的合作方式，影响核心网络的行为和相互联结方式。

3. 产业集群技术创新网络的特征

（1）整体性。

集群技术创新网络是诸要素的有机集合，不是简单相加和偶然堆积，是各要素通过非线性相互作用构成的有机整体，存在的方式、目标、功能、都表现出统一的整体性。集群区域各要素之间通过相互作用，形成网络关系。在其运行过程中，要素与网络之间、要素与环境间以及各要素之间进行着知识、信息、资金与人才的交换，存在着有机的相联系和相互作用，使网络呈现出单个组成要素所不具备的功能。

（2）动态性。

集群技术创新网络是不断发展变化的。创新网络具有发生、形成和发展的过程，它的整体演化过程一般经历三个不同的时期，即初始期、成长期和完善期，每一时期都表现出鲜明的历史特点，整个过程又是一个由低级向高级、不成熟向成熟的过渡过程。产业集群技术创新网络是逐渐发展形成的，而不是一蹴而就的，它具有自己的规律性，这种规律性为把握未来提供了重要的科学依据。另外，产业集群技术创新网络的运行过程也是动态的，知识在网络要素之间流动、形成产业集聚和空间集聚的过程，如果要素之间知识流动不通畅，不能形成产业集聚和空间集聚，网络系统的功能就得不到有效的发挥。

（3）耗散性。

产业集群技术创新网络在其自身发展变化中，通过集群内外的技术创新信息、能量和物质的交流，可以形成一个有序的过程，即技术创新的水平不断提高，区域科技经济与环境的协调发展质量不断提高。这就是集群区域技术创新网络的耗散性。

（4）自组织性。

网络系统的自组织性是指网络具有能动地适应环境，并通过反馈来调控自身结构与活动，从而保持网络的稳定、平衡及其与环境一致性的自我调节能力。网络的组织化程度表现为网络整体的有机性程度，有机程度越高，其组织化程度也就越高，网络的运行就越接近于最佳状况，也就越表现出更好的整体功能。产业集群技术创新网络具有自组织性和自组织能力，其自组织行为通过创新行为主体在网络环境的刺激和约束下，不断调整要素构成和结构来实现。环境因素是促使区域创新系统自组织的外部动力，区域创新网络内部各要素之间的对立与统一是促使系统自组织的内部动力，网络的自组织正是通过网络中各行为主体充分发挥其主观能动作用而实现的。

(5) 开放性。

集群的形成以及竞争优势的获得，不仅有赖于区域内各行为主体之间通过频繁有序的互动，实现生产要素的交流、组织学习与知识创新及柔性制度的渗透，达到内部的有机整合，而且要求集群网络的各节点不断与区域外的网络节点发生全方位、多层次的联结，寻找新的合作伙伴，开辟新的市场，拓展区域创新空间，以获取远距离的知识和互补性资源，完成集群外部的合理链合。网络是一个开放系统，它向各种愿意与它联系的单位开放，以吸取外部有用资源并积极向外输出产品。所有的经济活动也不可能在一个独立的区域经济中集聚，网络系统中的公司、本地公司都面临着技术领先和市场共享的压力，但他们依靠彼此间合作过程以区别于其他区域。同时，企业又要服务于全球市场，并与远距离的客商、供应商和竞争对手合作，特别是技术企业更是面向国际化。作为独立的商业单元，企业迫于竞争压力，既要完成外部技术生产的标准，又必须经常接近于本地经济的社会和技术结构，并与区外的供应商和客商合作。

第二节　生物技术产业集群的基础条件与经验

产业集群的形成有多种路径和原因，目前尚无定论。但可以肯定的是产业集群的形成要具备一定的基础条件，而生物技术产业集区的基础条件又有其自身特点。

一、产业集群的基础条件

集群的基础条件包括经济与社会条件，其中经济条件包括供给与需求两方面。

(一) 供给条件

1. 技术可分解性

产业集群产生的第一个必要条件是集群内部企业之间的劳动分工高度化，存在大量工序型企业和中间产品交易市场。例如，浙江温州苍南县金乡镇是一个专门生产铝制标牌和徽章的专业镇。铝制品的生产，可分解成溶铝、轧铝、写字、刻模、晒板、打锤、钻孔、镀黄、点漆、穿别针、打号码等 10 多道工序。该产业集群的点漆、打锤、镀黄等工序各有上百家企业。

2. 产品差异化

产业集群产生的第二个必要条件是最终产品实现产品差异化的潜力比较大。所谓产品差异化，包括水平方向和垂直方向的产品差异化。水平方向的产品差异化是指产品在品种、规格、款式、造型、色彩、所用原材料、等级、品牌等方面的不同；垂直方向的差异化是指同种产品内在质量的不同。集群产品差异化的潜力主要体现在水平方向上，即产品差异化主要发生在产品外观形态方面，而不是在产品的实质功能和效率方面。这种产品差异化在很大程度上依靠产品的精心设计获得。高设计强度是集群产品的一个典型特征。意大利萨梭罗地区的瓷砖集群为了刺激消费需求，聘请著名设计师来设计瓷砖。因为消费者对瓷砖的评价中，美感占 25%，造型技术占 24%，价格占 21%，品牌占 16%，设计师占 14%。产品外观设计是瓷砖差异化的主要来源。众多的生产同类产品的企业在地理上的接近，如果没有足够的产品差异化空间，这些企业彼此之间将陷入恶性价格竞争的陷阱。

3. 低运输成本

产业集群产生的第三个必要条件是最终产品的低运输成本。低运输成本才能保证最终产品的可贸易性。从供给与需求相配比的要求看，产业集群采取集中生产方式，开拓占领市场只能通过贸易途径，包括国内贸易和国际贸易。如果运输成本太高，集中生产是不经济的。在讨论温州集群经济模式时，把它总结为小商品大市场。不起眼的小商品，如纽扣、徽章，之所以能够创造大市场，关键原因是小商品的运输成本非常低。从理论上讲，运输成本越低，这种商品就越具备贸易性，集群式集中生产所辐射的市场半径就越远。

4. 产业竞争环境的动态多变与速度经济性

如果竞争环境相对稳定，企业可以通过控制产品开发和生产组织的时间来换取企业在空间扩张上的灵活性，即企业对产品生产的组织在空间上可以分散进行，传统的寡头垄断行业大都属于这种情形。相反，如果企业所处的竞争环境动态多变，对产品的速度经济性要求非常高，由于协调、沟通以及信息反馈的因素，企业的生产组织必须在地理空间上相互接近，产业集群就是速度经济的象征。大量生产同类产品的中小企业聚集在一起，无论是价格竞争还是非价格竞争，都会异常激烈。一个新产品、新款式的推出，会即刻遭到同行的模仿和跟进。在集群这种竞争环境下，跑得比对手更快才能赢得市场，速度成为企业的首要竞争战略。

5. 技术创新的网络性与知识的缄默性

创新网络的目标是利用不同组织的资源和差异化的技术能力。产业集群以中小企业为主体，因为资源的限制，单个中小企业难以实现创新功能的内部化，产业集群这种产业组织形式可以把众多中小企业联合起来实现创新功能的集体内部化。集群内部劳动分工本身就是一个近距离创新网络，同类企业的聚集，有利于远距离的创新机构与集群形成技术联盟，或开展产学研合作。例如，南海金沙镇是一个专业生产小五金的中小产业集群，过去这些小企业自身缺乏模具开发能力，在镇政府的组织下和华中科技大学合作成立模具开发中心，并办起了华南五金电子商务网站。

（二）需求条件

市场需求可以给集群带来机会与创新的压力，促使企业更早察觉和理解市场上新的需求并做出积极的响应，使企业能够提前获得其他竞争者无可比拟的竞争优势。荷兰之所以能够成为世界闻名的花卉产业集群，得益于该国传统上对花卉的巨大需求偏好；中国山东苍山的大蒜集群也与当地人爱吃大蒜是分不开的；美国加州硅谷产业集群与美国一直注重对高科技的投入，军工企业对IT产业需求强烈直接关联；意大利的皮鞋、箱包、陶瓷等传统产业集群，与该国一直由家庭经营传统，注重手工艺，对传统工艺产品需求旺盛密切相关。需求因素一般作为一个触发因素，刺激某一产业在一个特殊地域诞生，如果再加上其他合适的条件，如宏观政策、人才等，产业集群就能够异乎寻常地成长起来。

（三）社会条件

产业集群是一个社会经济概念。丰富的社会资本与文化资本使产业集群内部的经济关系具有较强的根植性。运行良好的集群往往存在共同的文化传统、行为规则与价值观，这种社会文化环境氛围促使机群的内部形成一种相互信赖关系，大大减少了交易费用，使企业家之间的协调与沟通容易进行，企业之间的分工生产得以实现。产业集群还拥有共同的历史或某种传统。例如，我国目前产业集群发展最快的省份是浙江，而浙江产业集群的快速发展归功于浙江悠久的历史与源远流长的文化，以及浙江人前仆后继的创业精神。

机遇等偶然因素在产业集群的形成过程中也发挥着一定作用，许多产业集群的最初产生都是由一些偶然因素诱发的。东莞IT产业集群的诞生是因为东莞市政府抓住了20世纪90年代初中国台湾地区IT产业成本压力增大，需要实施产业转移的机遇。而河北清河羊绒产业基地的形成则是因为清河县羊绒行业的创始人戴子禄到内蒙古采购时，偶然发现了羊绒厂里当垃圾的边角废料“毛球”中可以提取出羊绒，于是引发了清河县梳绒手工作坊的兴起。

二、生物技术产业集群的基础条件

生物技术产业集群总体上符合集群产生的基础条件，此外还有自身的一些特殊条件，某些条件与一般意义上的集群条件还存在本质差异。通过对国内外典型集群的分析，结合前人的研究以及我们的理论分析，我们认为如下因素对生物技术产业集群的形成是关键性的。

（一）强大的科学基础

如前所述，现代生物技术是一种基于科学的商业。前沿科学（包括基础研究、应用研究和试验发展各环节）、学术企业家及研究活动的临界质量为建立生物技术集群创造可能性。英国有世界级的科学基础，而在生物科学的许多领域内的力量特别强，因此才形成了围绕伦敦地区的生物技术产业集群。美国旧金山“基因谷”、波士顿“基因城”、印度班加罗尔等的情况同样如此。

（二）创业文化

生物技术研发面临极高的失败率和巨大的风险，生物技术产业的发展归功于大学等科研机构在创业和商业方面的努力，而创业精神、创业文化，特别是容忍失败、崇尚英雄的文化在这一过程中是极其关键的，这种文化对集群产生也是必不可少的。

（三）日益加强的企业基础

集群的产生需要茁壮成长的新办企业和比较成熟的公司，它们既是集群的形成基础，又可以作为后来者创业的榜样而促进集群发展壮大。当然，其中的一个关键的挑战是，如何将科学基础和科学成果转移到新办生物技术企业中，并支持这些企业发展，这可能需要创业文化的支持，同时也需要资金、基础设施以及强大的政策支持。

（四）吸引关键人才的能力

如我们在生物技术企业关键成功要素分析中所述，生物技术企业对人才的需求具有特殊性，既需要大量的高水平研发人才生，同时也需要具有特殊管理才能的管理人才。生物技术公司必须能够从国内外、从大学、从大公司吸引到优秀的管理和科学人才。而通过提供智力和商业宣传，以及为合伙人和职业发展提供一系列就业机会，集群可以帮助吸引人才。生活质量、自然风景区和生机勃勃的国际都会也对个人做出在何处工作的决定起作用。分享股权等激励措施对吸引优秀人才也举足轻重。

（五）资金的易得性

生物技术公司往往要长期依靠金融界的支持，这点我们在本书中已经反复提及。集群的融资条件是生物技术产业集群产生的重要基础，生物技术公司和投资者在集群内相互为邻是有价值的，是企业获得资金的重要保证。

（六）房产和基础设施

生物技术产业的主体——小型的专家型生物技术公司很多都是“壳公司”，尤其是在创业早期更是如此。公司很少拥有实物资产，当然在创业初期更不会有房产，更不要想会有足够的资金去建设基础设施。想一想基因泰克创建之初需要租用大学的实验室和设备就可以明了这种特点。生物技术公司需要根据租赁安排获得专用房产，这种安排要十分灵活，能满足它们变化着的需要。如果需要的地方得不到实验室房产，或者没有提供充分满足公司需要的项目和条件，那么产生生物技术集群的难度就会比较大。

（七）商业支持服务和大公司

很多小型生物技术企业（专家型公司）自身的企业能力都存在不足和缺失，与专利代理人、律师、招聘和财产顾问等商业专门服务接近给集群内的公司带来重大实惠。与相关产业（制药、食品和化学）的大公司接近也是一个重要的推动力，大公司可以提供管理知识、资金、合伙机会和客户等多方面能力以推动生物技术集群发展。

（八）有效的网络

一些地区生物技术协会为公司、研究人员及其他机构或个人聚会及交流观点和信息提供机会，并为促进本地区生物技术发展开展多种多样的活动。尽管这些生物技术协会还很年轻，但它们对公司和集群成长的支持很值得赞许，并且不容忽视。

（九）支持性政策环境

政府政策创造不出集群，集群必须靠商业推动。但是中央、地区和地方政府可以创造促进集群形成和成长的条件。中央政府有责任创造支持创新的宏观经济条件和保证法规的必要和适宜。在促进研发和商业伙伴关系形成以支持生物技术产业集群发展以及改善集群发展的环境中，地区经济发展机构能够起到主导作用。

三、国外典型生物技术产业集群的经验

明确生物技术产业集群的基础条件后，我们可以进一步了解世界各国在生物技术产业集群发展方面的经验，能够得到有益的启示。在这里，我们主要以美国的情况为例。

美国的主要生物技术集群主要集中在旧金山、波士顿、马里兰、圣迭戈、西雅图和北卡罗来纳。西雅图集群是后起之秀，1990 年以来，新建公司数量迅速增长，在公司数量方面一直在美国头 5 个生物技术中心之列。波士顿集群是美国知名和成熟的集群之一，仅次于旧金山的基因谷生物技术集群，它具有成熟、成功集群的一切关键要素。

上述两个集群都是在优秀研究中心周围形成的。西雅图有华盛顿大学、华盛顿州立大学和哈钦森癌症研究中心，波士顿有麻省理工学院、怀特希德生物医学研究所、哈佛大学、波士顿大学。世界级的研究人员成为其他科学家和相关创业活动的榜样。一个突出的例子是胡德，因为有机会专建一个新的生物信息学与基因组学研究中心，他被吸引到西雅图。在麻省理工学院，兰格教授在创建一代成功的生物技术公司中的作用对波士顿的已经强大的创业气候产生了巨大的正面作用，并使麻省理工学院更加荣耀。

美国风险资本业是世界上最发达的，它为美国生物技术产业的成功做出了重大贡献。而所谓的“敢干”精神对美国经济的成功做出了很大贡献。这种精神对集群多方面的成功是个关键。在美国创业者们一般利用失败作为从错误接受教训的手段。麻省理工学院创业家中心向该院工程师灌输创业精神。该院的“5 万美元创业竞争”资助学生中的创业者，他们报送现实的而不是幻想的新风险企业商业计划，表现出很大的商业潜力。这项计划支持成立的公司超过了 35 个，总价值超过 5 亿美元。

国家的资金支持对美国生物技术集群的发展起到了重要作用。1998 年，国家卫生研究所是其有史以来预算增加最大的一年。1999 年它的预算总额为 156 亿美元，与 1998 年相比增加 14.4%。生物科学基础研究也得到国家科学基金会、农业部、国家航天局、能源部等部局的支持。而美国的大学及其他公共资助的研究机构充分利用了美国对基础研究的资助，在西雅图和波士顿，技术转移工作有效地进行，而且确实成功。尤其是研究人员根据安排获准一年内有多日从事咨询和商业活动，从而对保持外界接触起到了促进作用。

美国联邦政府和州政府的支持同样起到了重要作用。美国法律在 1980 年通过的《巴赫多尔大学与小企业专利法案》中已经阐明。此法案的基本目标

是，促进联邦资助的研究成果商业化，并允许大学拥有从这些研究产生的专利。在人员、系、技术转移办公室和大学之间分配知识财产所有权、收入和股份是值得赞许的。联邦政府对生物技术产业的支持一般集中在基础研究资助和适当培训的劳动力提供方面。

另外，在美国各州有各自支持生物技术产业增长和发展的经济发展举措。这些举措包括税收刺激以及影响集群发展的专项计划和举措。例如，加利福尼亚采用了多种税收刺激，包括生物技术公司免除 6%的州销售税额。北卡罗来纳免除制造设备购买税，华盛顿州的生物技术公司减免研究开发开支中的商业和建筑物税。麻省有多种税收刺激，包括 15 年结账的研究减免研究税 10%～15%，3 年结账的固定资产投资减税 3%。在波士顿，州对生物技术产业的态度对投资气候有极重要的影响。健赞等生物技术公司在寻找地方建设新的制造设施时，一个选择是到北卡的生物技术制造集群去，但他们的最终选择受到了强烈的政治意愿影响，决定将投资放在波士顿。

州级生物技术商会也是影响集群前景的一个重要因素。华盛顿生物技术与生物医学协会敦促当局改变税制及采取其他基础设施措施，因此在西雅图集群初期起了重要作用。麻省生物技术委员会作为一个非纳税游说组织工作了 15 年，其成就之一是负责说服了美国食品和药物管理局在波士顿设立办事处、税收减免措施的采纳、共同采购组织的出现、广泛的生物技术教育培训计划的制定。

总体来看，以美国为代表的生物技术产业集群在发展过程中形成了如下典型经验：

（一）世界一流的研究机构是前提

美国生物技术企业成功聚集的必要条件，是它们都离世界一流学术研究机构很近。例如，哈佛、MIT、波士顿大学、Mass 综合医院、Beth Israel Deaconess 医学中心、新英格兰医学中心，都分布在波士顿环剑桥地区。这使波士顿地区成为美国获取 NIH 资助和建立 R&D 联盟最多的地方。旧金山是斯坦福大学和加州伯克利分校所在地。圣地亚哥的 BT 企业都聚集在加州大学圣地亚哥分校、Salk Institute 和 Scripps 研究学院周围。西雅图最好的研究中心包括 Fred Hutchinson 癌症研究院和华盛顿大学。华盛顿－巴尔的摩成为“世界基因之都”要归因于 NIH 和 Johns Hopkins 大学。北卡州的 BT 公司排列在三角研究地带、北卡洛莱纳大学、杜克大学周围。

（二）风险投资网络是关键

旧金山生物技术产业最明显的优势，是云集在斯坦福大学旁 Sand Hill 路的风险投资公司。在与波士顿128公路竞争美国高科技活动主导者的比赛中，风险投资产业帮助硅谷取得了胜利，同样也为硅谷的生物科技革命提供了资金。目前硅谷的生物风险投资产业实际投资规模比位居第二的波士顿的投资规模数据要高出50%以上。追溯到1953年DNA结构发现之初，英国剑桥大学研究人员是DNA研究的先驱，MIT是孕育DNA科学基础的温床。但是，全球第一家生物技术企业基因泰克却在1976年创建于硅谷，完全是因为硅谷有世界上最肥沃的风险投资环境。

（三）新创企业是首要

专家型的生物技术企业往往代表研究成功的新方向，不断为产业集群注入新的活力。与大医药企业相比，新创生物技术企业在创造性、敏捷性和成长性方面具有突出的优势，与研究机构风格相近、趣味相投。生物医药商业化产品的最新发现，主要依赖于创造力、集中力和知识更新速度。相比之下，规模对创新能起的作用相对有限，规模是创造力起作用的结果，而不是创造力起作用的原因。

（四）龙头企业是支柱

在当前美国主要的生物技术产业集群中，都至少有一个商业化相当成功的龙头企业。硅谷有基因泰克和奇龙。不久前与另一家企业合并的生物基因公司是波士顿地区生物技术公司的王牌。圣地亚哥的龙头企业是IDEC医药，其与基因泰克公司合作创造了世界上第一个单克隆抗体药物Rituxan。在把著名研究机构周围的一群新创企业转变成为一个真正的地区性生物技术产业集群方面，一个龙头企业起着关键的带头作用。

（五）巨额的联邦基础研究资助

美国NIH拥有的庞大联邦研究网络，支持从衰老到心脏疾病、癌症和精神疾病等各个方面的研究，保证生物技术领域研究的开放性和多样性。现在NIH每年大约300亿美元的花费中，大约80%的钱在资助25000个研究项目，通过竞争性研究津贴的形式分发到主要大学的科学家手中。NIH的这些资金，通过学术研究机构的渠道，使新化合物、试验性药品和研发工具源源不断地开发出来，并授权给全国生物科技公司使用。这是生物科技集群于著名大学周围的原因

（六）及时规范的立法

20世纪80年代初，美国就通过了“贝－多尔法案”，允许研究机构将用联邦资助基金开发的产品或技术申请专利并享有收益，对美国生物技术产业发

展产生了极为深远的积极影响。这个法案核心就是将联邦资金资助的研究成果归属权，从原来出资的联邦政府机构转移到包括公立和私立大学在内的研究机构手上。由于生物技术商业化几乎不可能离开最了解相应技术的高技术企业家，“贝－多尔法案”从根本上改变了过去高技术企业家和知识产权分离的局面，大大增加了研究机构在形成知识产权、推动技术转移和商业化方面的积极性。在风险投资的帮助下，从非营利性研究机构中出来的高科技创业者将各种技术直接推向市场，研究机构直接站在产业竞争的前沿地带，产学研之间从此水乳交融。

（七）实力超群的资本市场

金融服务业是美国在世界上最具竞争优势的产业。资本市场是风险投资的主要退出渠道，对需要连续亏损多年并持续不断融资的生物技术企业发展至关重要。与欧洲的金融市场相比，美国金融市场更方便企业上市，规模更庞大，成交量更大，流动性更强，更加敏捷和能够容忍风险，资本形成非常快。美国金融市场完全暴露风险但没有太多限制，上市申请只要求企业在说明书中列出所有可能的风险。美国和欧洲前 10 名生物科技企业的市值差别很大。美国有很多市值过 10 亿美元的生物技术上市公司可供投资者选择，而欧洲仅几家。从实际情况看，美国金融市场有力地促进新企业家融通资本形成一系列的新产业，如从芯片到宽带通讯，再到现在的生物技术产业。

（八）“竞一合”充分的产业氛围

近年来，迫于竞争压力，大多数生物技术新创企业放弃了平台技术的开发，剥离非核心资产和业务，集中转向新药物的开发，并力求在短期内能够实现新药销售。同样，大型传统医药企业由于原有的处方药专利到期，自有的生物和基因新品开发受挫，急于寻找新产品充实其市场渠道。因此，制药企业与生物技术公司纷纷形成战略联盟。目前的趋势是由生物高技术公司做前期的研发，当产品具有一定的发展前景时，大制药公司介入。这推动形成了生物技术产业中大企业和小企业间一种优势互补的双赢格局。

第三节　生物技术产业集群的动力机制及其演进[4]

前述我们分析了生物技术产业集群的基础条件和国外的典型经验。但生物技术产业集群的产生与发展依赖于哪些推动力，在集群发展的不同阶段其动力是如何演化的，集群发展又遵循何种内在规律，与一般意义上的产业集群相比生物技术产业集群又具有哪些独有的特征，目前还没有专门的研究，本节将对这些问题展开研究。

一、基本界定

（一）变量定义

1. 生物技术产业集群

根据 Porter 对产业集群的经典定义，我们认为生物技术产业集群是生物技术企业及相关支撑机构在空间集聚并形成强劲、持续竞争优势的现象。为节约篇幅，在不产生歧义的情况下，本节将用“生物技术集群”代替“生物技术产业集群”。

2. 集群动力机制

较为公认的定义是，集群动力是驱动产业集群形成和发展的一切有利因素，在集群生命周期中表现为生成动力和发展动力。早期研究集中于集群生成动力，马歇尔、韦伯、斯科特、克鲁格曼等分别从“外部经济”“区位因素”“交易成本”“偶然事件+外部规模经济”等不同视角对企业或机构的地理集中现象进行了解释，杨格从“规模报酬理论”、胡佛从“集聚体”的效益等角度归纳了不同的集群生成动力[5]，Brown 把生成动力归结为自发性作用的市场力量，具有不稳定性和偶然性[6]。个别关于生物技术集群的研究已经隐含表达了其生成动力，但不够全面和系统。

关于集群发展动力，Porter 构建了集群竞争优势和发展动力的“钻石模型”；Swann 将集群的发展动力描述成包括产业优势、新企业进入、企业孵化增长，以及气候、基础设施、文化资本等共同作用的正反馈系统；格兰诺维特从“社会网络”对集群创新过程的影响、欧洲创新环境研究小组（GREMI）从“创新环境”与“集体学习”角度探讨了高科技产业集群的演化动力等。总体来看，已有研究普遍承认发展动力比生成动力具有更高层次的属性和更稳定的作用形式，并且一般具有相对固定的协调关系和明显的作用规则。但已有研究却罕有专门研究生物技术集群的发展动力的。

总之，已有研究将产业集群的动力要素在总体上归纳为区位要素、集聚经济、社会资本以及技术创新与扩散四种，在集群生命周期的不同阶段，分别是由一种或几种要素在起作用。本文将遵循已有的研究框架，但重点研究对生物技术集群演化具有关键作用的特定要素及演进，以丰富这类特殊集群的理论。

3. 集群发展阶段

产业集群的发展是具有生命周期的，Tichy 根据集群在不同阶段的特征将集群发展划分为诞生、成长、成熟及衰退四个阶段得到了广泛认可。本节后面的研究将显示，生物技术集群的形成以科学研究突破为基础，需要一定孕育期，而生物技术产业正处于加速发展阶段，因此集群还没有出现衰退期。参照 Tichy 的理论，依据当前生物技术集群发展的实际特点，本研究将其生命周期划分为孕育、诞生、成长及成熟四个典型阶段，如表 8−1 所示。

表 8−1 生物技术产业集群的发展阶段

	孕育阶段	诞生阶段	成长阶段	成熟阶段
特征	科学突破为生物技术企业和集群产生基础，但能否形成集群不确定	新兴生物技术企业产生，形成空间集聚雏形，风险投资、传统大企业和中介机构加入，政府开始关注，但基础设施不完善，没有创新网络	大量企业产生或加入，龙头企业出现并带动集群发展，创造企业间的联系规则和分工格局。基础设施不断完善，创新网络雏形产生	龙头企业、专家型公司与科研机构之间形成良性循环，产、学、研紧密互动，上下游企业形成细致、完整的分工，创新网络形成，集群展现自身特色

（二）研究对象选择与描述

抽象归纳需要以典型案例为基础，本文采取多案例研究方法，选择五个国外典型生物技术集群作为研究对象，分别是美国波士顿“基因城”、旧金山“生物技术湾”，瑞士日内瓦－洛桑生物科技园（BioAlps），德国“生技河（BioRiver）”和英国伦敦生物制药集群（如表 8−2 所示），基本涵盖了当前现代生物技术的主要应用领域和生物技术产业最发达的地区，各集群已经发展得比较成熟且取得了公认的成功，因而以它们为研究对象具有进行归纳分析的基础，得出的研究结论具有较强的普适意义和指导价值。

表 8−2 五个典型生物技术产业集群的基本情况

	区位、规模、相关产业	龙头企业	大学与研究机构	金融	特色
波士顿“基因城”	毗邻 128 号公路，美国主要海港，自然环境优越。全美医疗服务最发达的地区，云集数百家生物技术企业，信息技术发达	Genzyme、Biogen、Amgen 等	哈佛、MIT、波士顿大学等 100 余所大学，Mass 综合医院、新英格兰医学中心等著名现代生命科学研究机构	全球顶级的金融城市，美洲银行、王者银行等著名银行的总部	集群基础研究能力突出，研发实力雄厚

续表

	区位、规模、相关产业	龙头企业	大学与研究机构	金融	特色
旧金山“生物技术湾”	美国西海岸最美丽的城市，交通便利，服务业、商业和金融业发达，区内云集2万多家高技术公司，创新氛围浓厚，同时也是著名的“硅谷”所在地	Genentech、Chiron、Affymetrix等	斯坦福大学、加利福尼亚大学伯克利分校与旧金山分校等众多名校、Beth Israel Deaconess医学中心等著名研究机构	Sand Hill路两侧数量众多的风险投资公司及40余家著名银行	区内拥有活跃的风险投资和具有冒险精神的创业群体，创业氛围浓厚
瑞士Bio—Alps	环境优美，自然条件好，社会政治经济稳定，金融发达。制药、化工、精密仪器、医疗设备等居国际前列，拥有BioArk等5个生物产业孵化器、超过200家生物技术公司	Serono、Medtronic、OM Pharma等	苏黎世高等工业大学、苏黎世大学等著名大学，巴塞尔大学生物中心、巴塞尔免疫研究所、弗里特里希·米舍尔研究所等欧洲顶级现代生命科学研究机构	证券、风险投资、私人股权投资基金发达，拥有众多全球顶级的投资公司及银行	生物信息技术、生物医药、生物农业、生物纳米技术
德国“生技河”	涵盖北莱茵河—威斯特法伦州，交通便利，杜邦等多家全球著名大公司总部所在地。集中310多家与生物医药有关的公司，银行、化工、传媒和电信发达	Qiagen、Amaxa、Direvo等	拥有全欧洲最密集的学术研究网络，包括53所大学，27家研究所，三所国家级研究中心，三家大型临床医学研究中心等	银行、风险投资发达，并拥有可以提供资金的传统化工企业	多样性，形成多个各具特色的生物医药园区
伦敦	世界三大金融中心之一，拥有发达、完善的证券市场和银行体系，交通极其发达，集聚了100余家生物技术企业	Immunetics、Ontogeny等	分子生物学的发源地，拥有剑桥、牛津等众多名校，还拥有罗斯林研究所、欧洲生物信息协会、分子医药协会、分子生物实验室等全球顶级生命科学研究机构	政府资金，风险投资、证券和银行的资金也很雄厚	基础研究能力出众，基因工程制药发达

二、生物技术产业集群的关键动力要素

像其他产业集群一样，市场需求、区域内的创新文化在生物技术集群的整个生命周期都在发挥作用。此外，通过对五个典型集群的发展历程进行深入研究，我们发现在集群生命周期的不同阶段，分别主要依赖下述动力要素的支撑。

（一）孕育阶段

科学研究是孕育生物技术集群的初始动力，现代生命科学突破、发展、汇聚和积累，为集群诞生奠定基础。这是因为：第一，现代生物技术直接建立在现代生命科学突破特别是实验研究成果的基础之上，DNA 重组、克隆、PCR 等关键技术本质上就是以前的实验研究方法；第二，生物技术企业大都起源于科学研究，是携带科研成果的优秀科学家与风险资本结合的产物，而现代生物技术及企业的出现则是形成集群的必备条件。因此，生物技术集群大都出现在学术氛围浓厚、科学研究领先的地区。例如，现代生物技术的理论基础 DNA 双螺旋结构模型是剑桥大学的沃特森和克里克发现的，现代生物技术的核心 DNA 重组技术是加利福尼亚大学旧金山分校的博耶和斯坦福大学的科恩发明的，这两地形成了伦敦生物医药集群和旧金山“生物技术湾”。波士顿“基因城”、瑞士 BioAlps、德国 BioRiver 等也都是学术研究发达的地方，在生命科学研究中取得了骄人成就，产生了很多诺贝尔奖得主。特别是波士顿和旧金山，集群就是在由加利福尼亚大学、斯坦福大学、加州理工学院、哈佛、麻省理工学院、波士顿大学、Mass 综合医院、Beth Israel Deaconess 医学中心、新英格兰医学中心等组成的全球领先的生命科学学术研究圈中得到孕育。

生物技术集群的孕育过程与科学研究之间的内在关系目前尚没有受到足够的关注。“增长极”理论认为政府干预与政策作用可以人为创造集群在特定区域的发生与发展[7]，如印度班加罗尔、我国北京、上海等地的生物技术集群的形成就与政府干预密不可分。但需要指出，这些地方在各自国家的生命科学研究中具有突出优势，否则政策干预也难有明显成效，至多也就是利用土地、税收等方面的优惠和政府引导，促成企业的空间集聚，无法真正发挥集群优势。

（二）诞生阶段

在集群诞生阶段，一些新创生物技术企业围绕科研机构产生，为后续真正意义上的集群奠定基础，风险投资、科学研究、传统大企业介入和政府支持是这一阶段的主要动力来源。

第一，科学研究只是孕育集群的温床，并非一定会产生集群，生物技术集群的另一基石是风险投资，它为生物技术企业提供初创阶段充足的发展资金。从表8-2可知，学术研究发达且风险投资丰富的地方才可能会（或率先）形成生物技术集群。同时，在生物技术集群发展过程中，风险投资将一直扮演比其他集群更为关键的角色，这已被已有研究所证实。

第二，在孕育阶段起决定性作用的科学研究依然重要，原因有三：一是活跃的科研将产生大量科研成果并与风险投资结合催生足够的生物技术企业，围绕科研机构形成空间集聚；二是现代生物技术是一个建立在坚实的学术研究之上的产业，除了前面所谈生物技术企业的产生在很大程度上依赖于科学突破，同时还因为保证生物技术企业顺利发展的关键是“高水平、具有丰富实验室操作经验的研发人才”。科研机构（主要是大学）可为集群内的企业源源不断地提供研发人才，特别是能够在新发现的生命科学领域迅速批量生产博士和博士后。例如，BioAlps、伦敦等集群内都聚集了上万名科学家，其中三分之一是教授、博士，而美国的科研机构和生物技术企业培养和雇用了全球75%以上的生命科学领域的博士；三是发达的学术研究氛围会吸引其他企业向集群靠拢，以享受技术外部性的好处。

第三，传统大企业的介入为新创生物技术企业提供进一步发展所必需的资金。对于创新周期长，资金胃口巨大的生物技术企业来说，初期的风险投资很快就会不足以支撑企业继续发展，这时将前期研发的阶段性成果向涉足现代生物技术的传统大型企业授权许可以获得进一步发展所需的资金，是企业的普遍选择，并已经成为生物技术企业发展的一种通用模式，有的企业甚至会寻求被其他大企业控股。基因泰克、奇龙、生物基因公司等企业都曾将其拥有的专利向传统化学公司、制药公司许可授权获得了发展资金。不过也有例外，安进最初是凭借顶级资本运作能力通过公开发行股票突破了资金瓶颈，而健赞则采用“纽带-核心”的渐进式发展路径，很好地规避了资金压力，但这两个案例在生物技术企业的发展过程中确属少数①。需要指出，这些传统大企业不一定位于集群内部，他们可能在地理上与集群相隔甚远。

第四，政府的支持发挥着推动作用。一是随着集群的产生和发展，一些潜在的尖锐的制度性问题将逐步显现，比如基因工程介于基础研究与应用研究之间而带来“哈佛鼠”[2]之类的特殊知识产权纠纷、新技术商业化的制度障碍等，这些只能由政府来解决，而且这类问题对于集群（乃至整个生物技术产业）发

---

① 关于这个问题，请参见本书对生物技术企业发展路径的研究。

展具有难以估量的影响。各国都积极完善和制定与专利、生物安全、技术商业化有关的法律法规为生物技术发展创造良好的“软环境”。最典型的是美国，通过对《史蒂文森-怀德勒技术创新法》《贝赫-多尔专利和商标修正法》等的多次重大修改，以及出台处方药使用者付费法案、食品与药物现代化法案、孤儿药品法案等为生物技术商业化、企业和集群的发展铺平了道路；二是生物技术创新所需的孵化器和投资高昂的技术平台等，一般要由政府来建设，或是政府出面采取贷款、贷款担保和其他公共融资，以满足企业的设施需求和设备购买。美国的生物技术集群都建立了专门的生物技术孵化器以及为生物技术公司服务的综合孵化器，BioAlps 的五个大型专业孵化器也为集群的发展发挥了明显作用；三是政府通过直接投资、向民间风险投资基金注资、利用税收优惠鼓励风险投资等方式涉足生物技术投资，使新创企业比较容易获得资金。对于风险投资相对薄弱的集群而言，政府的资金支持对科学研究和企业发展具有显著推动作用，BioRiver 的发展就明显得益于德国政府的支持，即便是风险投资发达的美国、瑞士和英国，NIH、SNSF、NHS 等各类政府资助对于集群的形成都具有锦上添花的作用；四是政府的介入还具有引导作用，可以给予企业信心，促进企业集聚，这对于集群的形成和发展也很重要。

另外，中介机构在集群诞生阶段也开始发挥积极影响，生物协会、专利机构等专业化服务机构为生物技术公司提供管理经验、政策咨询、合作机会等。例如，麻省医疗设备产业理事会（MassMedic）与美国食品与药品管理局（FDA）合作，成功简化了医疗设备的审批程序。但中介机构对生物技术集群的影响与其他类型的集群相比并无特殊之处，不再详述。

（三）成长阶段

成长阶段在生物技术集群发展过程中具有承上启下的关键作用，其最重要的动力来自龙头企业的吸附力。龙头企业一般是这样形成的：少数企业由于具有更强的融资能力、更高的管理水平以及采取了“研-产-销”一体化发展战略，在研发、生产、营销等环节均衡发展，从而在众多小型生物技术企业中脱颖而出（即本书第二章所述的专家型公司，这类公司成立初期甚至只有几个人，比如基因泰克创业之初只有五名员工），成长为一体化的大型核心企业（即本书第二章中所述的核心公司）。

龙头企业除了自身具有研发能力，更重要的是它在生物技术创新的实现过程中发挥不可替代的作用。新创生物技术企业大都是小型的原子企业，它们研究能力出众，但一般不具备将新产品推向市场所必需的生产设施和营销网络，因而大多数专家型公司致力于专业完成现代生物技术创新链的中、前端的某些特定环节的任务，而将商业化任务交给龙头企业。常见的形式是专家型公司将自己研发的技术产品授权许可给龙头企业使用，或寻求被龙头企业兼并控股，这已成为生物技术企业的盈利模式之一。

因此，龙头企业把集聚于科研机构周围的一群专家型公司紧密吸引在一起，造成“众星拱月”的格局，使原本的“集而不群”转变为按照明确分工协作原则紧密联系的真正的集群。一旦这种格局形成并显现成效，还会创造和吸引集群进一步发展所需的关键资源，会有更多新创生物技术企业产生或被吸引进来，产业化必需的工艺、管理人才以及配套性产业也会逐步加入，从而不断强化集群的专业化分工与外部规模经济，促进集群的成长与成熟。龙头企业的产生是生物技术集群形成的重要标志，成功的生物技术集群内都拥有大型的一体化企业：波士顿有健赞、生物基因公司及全球最大生物技术企业安进；旧金山有基因泰克、奇龙以及全球最大的生物芯片企业昂飞；BioAlps 的 Serono、Medtronic，BioRiver 的 Qiagen、Amaxa，伦敦的 Immunetics、Ontogeny 等也都是世界知名的生物技术企业。

另外，龙头企业有时甚至可以通过一己之力影响集群的发展。例如，健赞建造生产线时，故意选择与波士顿的承包商合作，而回避费城附近的专业工程公司，提高了波士顿在生物制药生产线建设和制药设备研发方面的基础和能力，推动了波士顿“基因城”的形成过程，而原本被认为更适合健赞发展的费城，其集群发展速度就大受影响。

（四）成熟阶段

生物技术集群成熟阶段的关键动力要素是“龙头企业－专家型公司－科研机构”之间的良性互动及其带来的正反馈机制。

龙头企业具有强大的吸附力和对集群发展的巨大影响力，但现代生物技术创新的动力和方向却是由起源于科学研究的专家型公司所主导的。与大企业相比，专家型公司在创造性、敏捷性和成长性方面具有突出优势，有些专家型公司可以成长壮大为中等规模的公司，甚至个别专家型公司可以发展成为大型的一体化核心公司，但绝大多数专家型公司选择将其研究成果许可授权给龙头企业使用，或者干脆成为龙头企业的一部分①。这样二者之间形成了完美互补：专家型公司负责创新链中前端的研发，龙头企业完成后端的商业化，使生物技术创新形成了完整的链条，只要专家型公司能够不断涌现，集群就可以保持持

① 对专家型公司与核心公司的性质、职能分工及二者关系的研究，请参考本书第二章对生物制药接力创新的研究。

续创新能力。集群内专家型公司的数量很大程度上代表了集群的发展潜力，表8-2证明，成功的生物技术集群在新创企业数量方面都具有较高的集中度。而安进、基因泰克、健赞等产业巨头近年来纷纷削减自身的研究规模，转而与一些专家型公司建立联盟或收购携带正在研发中的创新产品的公司，就是为了获取不断推动企业进步的动力和新鲜血液。

但专家型公司的产生又依赖于集群内的科研机构和龙头企业，主要源于学术性公司、龙头企业内的杰出人士自主创业以及孵化等三条主要途径①。显然，如果在风险投资、政府和中介机构等的支持下，“龙头企业－专家型公司－科研机构”之间的良性互动形成，那么集群稳定发展的正反馈周期就开始了：龙头企业执行生物技术创新实现的任务，专家型公司不断涌现则为龙头企业提供创新技术产品或被龙头企业兼并，保证了集群的活力，学术性公司的学术渊源则促进了产业和科学间的强联系。反过来，这些成效又加强了集群的产业和科学基础，并成为吸引新的风险投资与财政科技投入、烘托创新氛围的基础。最终这种正反馈形成了自组织特性，虽然没有正式的契约关系，但集群内的企业和相关支撑机构却可以按照合理的分工，在默认的共同规则的指导下，使集群沿着既定的成功路径向前发展。

此外，我们发现生物技术集群的发展还受其他相关产业的影响，我们认为这是由于现代生物技术与其他高技术之间表现出明显的融合趋势。现代生物技术最早被应用于制药，因而集群普遍从生物制药起步，但由于其他相关产业存在差异，最终集群的发展方向也出现分化，逐步形成自身特色。例如，旧金山信息技术发达，因而生物芯片业成为集群的特色产业，而 BioAlps 在精密仪器、化工等方面具有明显优势，因而生物农业、生物纳米技术等成为自身特色。

三、集群动力机制及演进

综上所述，我们将生物技术集群的产生和发展归结为科学研究（α1）、风险投资（α2）、传统大企业介入（α3）、政府支持（α4）、中介机构（α5）、市场需求（α6）、创新文化（α7）、相关产业支撑（α8）、龙头企业（α9）和“龙头企业－专家型公司－科研机构”（α10）等十个关键动力要素的作用。下面重点

① 关于专家型公司的起源，更详细的分析请参考本书第二章的研究。

研究各动力要素之间的作用关系及其演进。

依据动力要素来源不同，我们将生物技术集群的动力分为激发动力（α1～α8）和内源动力（α9 和 α10）。而依据要素等级的高低和集群生命周期两个维度，我们进一步将这十个动力要素归类如表 8-3 所示，其中生成要素是集群孕育阶段和诞生阶段的动力要素，发展要素是集群成长阶段和成熟阶段的动力要素，创新文化与市场需求作为外部背景，我们并未将它们归类。这些要素的作用关系和演进如图 8-1 所示。

表 8-3　生物技术产业集群的动力要素归类

	生成动力	发展动力
基本要素	科学研究、风险投资、政府支持、传统大企业介入、中介机构	科学研究、风险投资、政府支持、中介机构、相关产业支撑
高等要素		龙头企业、“龙头企业－专家型公司－科研机构”

根据图 8-1 及前述研究，我们发现生物技术集群的发展遵循如下内在规律：

1. 发展过程中存在三类“演进”

生物技术集群的发展实质上是在市场需求和创新文化的推动下，科学研究、风险投资、传统大企业、政府以及中介机构等外部激发动力不断耦合升华，最终形成“龙头企业－专家型公司－科研机构”之间的良性互动的过程，而在这一过程中同时存在“生成动力向发展动力”“基本要素向高等要素”“激发动力向内源动力”的三类演进，任何一类演进缺失，集群发展都会出现停滞。

2. 科学及其与产业的互动成为集群成功的关键

与其他高技术产业集群相比，生物技术集群对于科学的倚重是罕见的，科学研究不仅提供生物技术创新最宝贵的资源——人才和技术，还直接衍生创新主体——生物技术企业。因此集群内的企业与大学、科研机构的联系远高于企业间的联系，使生物技术集群表现出一种少有的以高校、科研机构等为中心的创新集群架构。重视科学研究，促进科学研究与产业互动，是构建生物技术集群的重要前提。

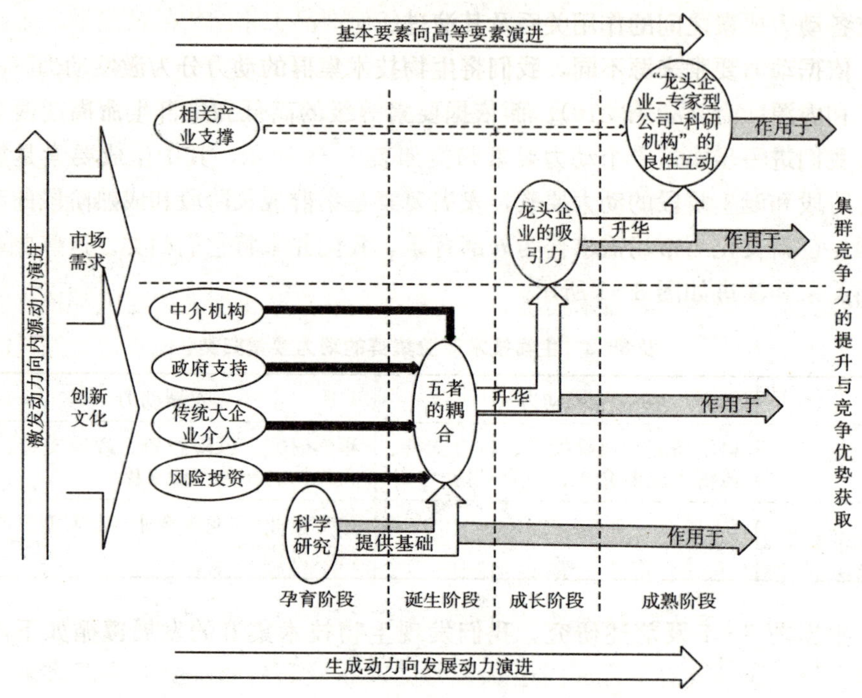

图 8—1　生物技术产业集群动力机制

3. 区位作用贯穿于整个生命周期

对生物技术集群而言，区位的重要性是由科学研究、风险投资、创新文化和相关产业四个要素引起的，其作用一直贯穿于集群产生和发展的整个生命周期。换句话说，生物技术产业的集聚更多的是为了获取集聚所产生的技术外部性、丰富且快速流动的知识和信息以及共享的高级劳动力市场等。即使到了成熟期，如果失去科学研究和风险投资这两个重要基石，“龙头企业-专家型公司-科研机构”这一维系集群可持续发展的正反馈循环就有可能被打破，导致集群发展出现危机。

4. 政府适当介入发挥重要作用

集群发展离不开政府作用，不过对生物技术集群而言政府介入必须是适当的：一是介入地点适当，只有那些同时具备了科学研究、风险投资和创新文化三方面基础条件的地区，政府力量才会发生显著作用；二是介入时机适当，政府力量应该主要在已经出现企业空间集聚的势头时介入，才能发挥画龙点睛的作用；三是介入方式适当，政府关键是为集群发展创造良好的软环境，特别是制度、投资、人才、中介和信息服务等方面要素的完善，而廉价土地等方面的硬环境其实对生物技术集群意义不大。

5. 必须有龙头企业作为支撑

大型龙头企业带动和引导着集群的发展，确定了集群内企业和组织间的分工协作规则，没有龙头企业，集群将停留在生成期“集而不群”的状态，无法获得进一步发展。

6. 集群进一步发展和差异化竞争优势形成依赖于相关产业支持

生物技术集群发展到成熟阶段后，信息技术、纳米技术等相关高技术产业的支持将为集群进一步发展创造更广阔的空间，并形成各具特色的差异化竞争优势，否则可能形成集群之间的竞争同质化。因此，生物技术集群在选择区位的时候应该优先选择相关高技术产业基础较好的地方。现代生物技术应用广泛，涉及医药、能源、环保、农业、制造等人类生活的方方面面，利用相关高技术产业的支撑，将是生物技术集群持续创新和发展的关键。

第四节　现代生物技术的持续创新网络[8]

对集群持续创新的研究已经开始引起学术界的重视，它对于解释产业集群发展过程中出现的“集聚不经济”“创新系统失灵”等现象，提高集群的可持续发展能力和竞争力具有重要意义。但从文献检索结果看，目前尚无专门针对生物技术产业集群研究其持续创新问题的。本节将承接第 8.2 和 8.3 节的研究，并在通用的集群理论和持续创新理论的框架内，采取多案例研究方法，进一步研究生物技术产业集群持续创新网络的成员、结构及运行机制，对于丰富这类特殊集群的理论，优化和加速我国生物园区发展具有指导价值，对于地方政府、集群的管理机构和集群中的参与者都具有参考意义。

一、基本界定

（一）变量定义

1. 集群持续创新

目前对集群持续创新尚无专门的定义，我们认为它是持续创新在集群创新中的推广。持续创新是一个与时间节点密切关的概念，它是从首次创新、二次创新、三次创新设想的依次产生、技术的确认、商业化生产的循环反馈的全面运作模式[9]。就单个企业而言，持续创新是指在相当长的时期内，持续不断地推出、实施新的创新（包括产品、工艺、组织和市场等创新）项目，并不断实现创新经济效益的过程[10]，是企业技术范式在经过饱和极限后不断演化的过程。而集群持续创新可以视为集群内企业持续创新过程的多种创新类型、多个创新项目的动态集成，是众多企业的持续创新路径的不断演化，是多元的创新主体（科技企业、科研机构、大学等）不断实现由“创新产生”到“外溢”再到“持续”的过程，最终促使集群形成创新的类型、规模和范围不断扩张的一种状态。集群持续创新依赖于集群的持续创新能力，而这种能力的载体是集群在特定条件下形成的持续创新网络。

2. 集群持续创新网络

创新网络是一定区域内各行为主体之间在交互作用与协作创新过程中，彼此建立起来的各种相对稳定的、能够促进创新的、正式或非正式的关系总和。集群持续创新网络与集群创新网络具有相同的性质，但又不完全相等。根据前述对集群持续创新的分析，我们认为，集群持续创新网络是集群创新网络的一种特定状态，即当集群形成持续创新能力时，集群创新网络的成员、结构和运行机制所处的那种特殊状态。

（二）研究对象选择

抽象归纳需要以典型案例为基础，由于我国生物技术产业还处在发展初期，各生物园区的集群优势还不明显，故本节我们继续选择第 8.3 节中的五个国外典型生物技术集群作为研究对象，分别是美国波士顿“基因城”、旧金山“生物技术湾”，瑞士日内瓦－洛桑生物科技园（BioAlps），德国“生技河（BioRiver）”和英国伦敦生物制药集群。关于选择这些集群的原因和研究对象描述如前所述，不再重复。

三、生物技术产业集群持续创新网络分析

通过对五个典型集群进行深入研究，我们发现生物技术集群在创新网络成员、网络结构以及持续创新机制等方面都具有突出的自身特征。

（一）集群创新网络主要成员

生物技术集群持续创新网络包括一般意义上的集群创新网络的成员，却具有不尽相同的特征和作用，如企业、科研机构等；同时还有一些特殊的因素在发挥关键作用，如专家型公司等。具体来说，集群创新网络的主要成员包括以下几类。

1. 科研机构——能力源泉

主要指集群内的大学和公共研究机构，是网络中最核心的成员之一，其意义和作用远比一般的集群创新网络中的科研机构要大得多。第一，现代生物技术直接建立在现代生命科学突破，特别是实验研究成果的基础之上，以基础研究为主的大学和公共研究机构是创新所必需的新知识的主要初始来源；第二，大多数生物技术企业是携带学术研究成果的杰出科学家与风险资本结合的产物，因此科研机构还是创新主体的主要来源；第三，现代生物技术创新需要大量“高水平、具有丰富实验室操作经验的研发人才”，而科研机构可为集群内的企业源源不断地提供研发人才，特别是能够在新发现的生命科学领域迅速生产博士和博士后。从这三方面的意义上说，科研机构是生物技术集群持续创新能力的源泉。

只有科研机构密集，基础研究水平高的集群，才具备形成持续创新能力的基础。如前所述，本章所选择的五个集群都是科研机构密集，学术研究发达的地方。

2. 专家型公司与核心公司——创新主体

一般而言，集群创新网络的核心和主体都是企业，但生物技术产业集群持续创新网络的主体却是两类企业（专家型公司和核心公司）的紧密合作形成的，单独任何一种类型的企业都无法独自执行现代生物技术创新的任务。

如本书第二章中所述，生物技术创新首先需要的是新技术和新知识，而在发现新知识和创造新技术方面，专家型公司处于主导地位。但完成一项生物技术创新，仅有新知识、新技术还不够，商业化需要的管理能力、资金、生产和营销网络等资源主要掌握在核心公司手中，因而专家型公司也无法离开核心公司而独自发展。专家型公司与核心公司共同组成了创新主体，二者缺一不可。从表 8−3 可看出，各集群在新创生物技术企业（专家型公司）数量方面都具有很高的集中度，同时又都拥有成功的大型核心公司，如波士顿有安进、健赞和生物基因公司；旧金山有基因泰克、奇龙以及全球最大的生物芯片企业昂飞；BioAlps 有 Serono、Medtronic，BioRiver 有 Qiagen、Amaxa，伦敦有 Immunetics、Ontogeny 等。

3. 风险投资机构和政府——关键推动力

专家型公司是由科学转化而来的，但科学不会自动向产业转化，风险投资是推动这种转化的关键力量。在第 8.3 节的研究中，笔者已经指出，不论专家型公司是来自科学研究，杰出人士自主创业，还是核心公司孵化的结果，风险投资都是专家型公司得以出现的不可或缺的关键基石。可见，区域内必须要有丰富的风险投资来支持专家型公司的产生，否则作为新技术主要提供者的专家型公司的诞生过程就可能中断，集群创新自然无法持续下去。从表 8－3 可知，各集群都是金融体系完善，风险投资发达的地区。

政府也为完善集群创新的制度环境、金融环境和基础设施等发挥重要作用。首先，现代生物技术的发展带来很多全新的、尖锐的制度性问题，如前述的基因工程介于基础研究与应用研究之间而带来“哈佛鼠”之类的特殊知识产权纠纷、新技术商业化的制度障碍等，这些问题只能由政府来解决；其次，创新所需的孵化器和投资高昂的技术平台等，一般要由政府来建设，或是政府出面采取贷款、贷款担保和其他公共融资，以满足企业的设施需求和设备购买；再次，政府通过对基础研究直接投资、向民间风险投资基金注资、利用税收优惠鼓励风险投资等方式涉足生物技术投资，使专家型公司比较容易获得资金。对于风险投资相对薄弱的集群而言，政府的资金支持对科学研究和企业发展具有显著推动作用；最后，政府的介入具有引导作用，可以给予企业信心，这对于集群创新也很重要。

4. 创新氛围——无形资源

生物技术集群所根植的创新氛围表现出与众不同的特征，简单说来包括：崇拜冒险、尊重失败和乐于合作。

生物技术创新面临极高的风险，如果没有崇拜冒险的创业精神，很难想象会有一批又一批杰出科学家义无反顾地投入到生物技术创业大潮中来，也很难想象无数风险投资家会大胆地将巨额资金投入到现代生物技术创新。举个例子，1976 年，当年仅 29 岁的风险投资家斯旺森游说 DNA 重组技术的发现者之一、诺贝尔奖得主博耶共同创办基因泰克公司时，几乎所有人都认为这是个疯狂的想法，但正是这种冒险精神，使基因泰克从最初的 12.6 万美元起步，到 2008 年期被罗氏制药公司完全收购时，其价值已经超过 1200 亿美元。基因泰克是科学家与风险资本结合取得生物技术创业成功的典范，被后来无数的生物技术企业所效仿。

当然，现代生物技术创新的高失败率使大多数极富冒险精神的企业家成了“失败英雄”，但宽容失败、尊重失败乃至崇拜“失败英雄”的氛围，则最大程度地保证了集群创新、创业的热情和势头。再有，生物技术集群内的合作精神是十分突出的，不仅在网络成员间广泛存在各种正式合作关系，还广泛存在各类非正式合作关系，这对于各成员把握现代生命科学发展前沿、解决各类疑难问题、获取和利用市场信息、寻找和建立正式合作关系等都具有重要作用。比如在旧金山和波士顿的生物技术集群内普遍存在“咖啡厅沙龙”“酒吧社交”

等非正式合作和沟通方式，众多科学家在闲暇时间聚在一起，信息快速流通和扩散，使很多在公司内无法解决的技术问题迎刃而解。这种创新氛围在成功的生物技术集群内普遍存在，尤以美国的生物技术集群所拥有的崇拜冒险、尊重“失败英雄”的特质最为突出，集群成员无时无刻不受到这种氛围的熏陶和感染，极大促进了集群创新的蓬勃发展。

5. 中介和专业孵化器——配套资源

中介机构对生物技术集群持续创新也具有积极影响。生物协会、专利机构等专业化服务机构为生物技术公司提供管理经验、政策咨询、合作机会等。例如，麻省医疗设备产业理事会与美国食品与药品管理局的合作，就成功简化了医疗设备的审批程序，为波士顿“基因城”的生物医疗创新铺平了道路。同时，专业的生物技术孵化器对于专家型公司的发展具有重要支持作用。例如，美国的生物技术集群都建立了专门的生物技术孵化器以及为生物技术公司服务的综合孵化器，BioAlps 的五个大型专业孵化器也对集群内企业的发展发挥了明显作用。但中介机构与专业孵化器等配套资源对生物技术集群持续创新的影响与其他类型集群相比并无特殊之处，不再详述。

此外，现实的市场需求、整体的技术环境等也是集群创新网络不可或缺的成员，而这与通用的集群理论是一致，亦不再重复。

（二）网络结构

综上所述，我们将生物技术集群创新网络的结构抽象如图 8-2 示。

从图 8-2 可知，生物技术集群创新网络具有突出的“双核”与“分层”的特征。

“双核”是指集群创新网络具有两个核心：一个核心是由风险投资机构与科研机构之间的联系构成的，我们称之为能力核，它提供现代生物技术创新所需的新技术、新企业及研发人才，没有这个能力核，生物技术集群也就从根本上失去了持续创新能力；另一个核心是由专家型公司与核心公司构成的，我们称之为载体核。能力核是集群创新的根本动力来源，但创新的主体还是企业，不过生物技术创新是专家型公司与核心公司合作完成的。载体核与能力核二者缺一不可，而且二者之间存在密切的互动关系，能力核的存在使载体核的存在有意义，载体核的发展又会促进能力核的进一步强化，因为不论是专家型公司还是大型的核心公司都与集群内的大学、研究院所等展开广泛合作，以尽量多地掌握和接触现代生命科学的最新研究成果，这反过来又促进了科研机构研究能力的发展。例如，安进与 200 多所大学就基础研究展开合作，为获得麻省理工学院的研究成果每年就将付出 3000 万美元的研究经费；而基因泰克、奇龙等公司与多个国家的众多著名大学之间多年来一直保持着密切关系。生物技术集群创新网络这种"双核"特征与一般的集群创新网络以企业间的合作关系为核心形成了鲜明对照，我们认为这是由生物技术创新对科学研究高度依赖，以及高投入、高风险和高度不确定性的特征所决定的。

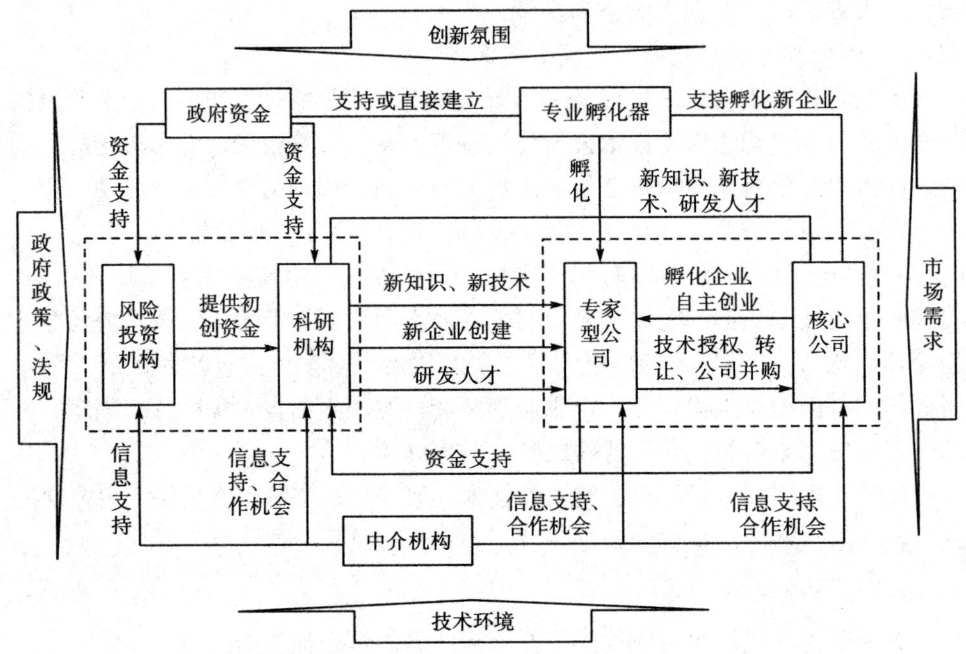

图 8—2 基于持续创新的生物技术集群创新网络结构

"分层"指生物技术产业集群的创新网络明显可以分为三个层次：第一层核心网络是由能力核与载体核所组成的，是集群持续创新的基础，只要这个核心网络存在并发挥作用，集群就可以具备最基本的持续创新能力；第二层是由政府支持、专业孵化器和中介机构所组成的，附着于核心网络之外，通过与核心网络内的各成员之间的联系与合作，为集群持续创新提供有力支撑；第三层是由创新空气、技术环境、市场需求和政策法规等外部要素组成，为集群持续创新提供进一步的支撑和动力。发展集群持续创新能力，首先要构筑核心网络，在此基础上，应不断发展完善第二层和第三层，以进一步提升集群持续创新的能力和水平。

（三）集群持续创新机制

从本质上讲，生物技术产业集群的持续创新机制与现代生物技术创新的可持续性原理是一致的。也即是说，生物技术集群的持续创新能力来自"风险投资-科研机构-专家型公司-核心公司”之间的良性互动（即创新网络中的核心网络）及其所形成的正反馈机制。

宏观看来，只要专家型公司不断涌现，就可以源源不绝的创造新技术，并通过技术的授权、转让，公司并购等途径将技术提供给为核心公司使用。而核心公司在完成创新实现过程的同时，又推动了专家型公司的发展：一是通过孵化或杰出人士自主创业等途径创造新的专家型公司；二是在合作过程中帮助少数专家型公司成长为核心公司；三是这种合作创新模式的成功会为整个集群树立范本，激励科学家与风险资本广泛结合，催生更多专家型公司。当然，这是有前提的，即需要集群内发达的风险投资和科研基础，通过风险投资和科学的广泛结合不断创造专家型公司。

显然，如果“风险投资-科研机构-专家型公司-核心公司”之间的良性互动一旦形成，集群创新持续发展的正反馈周期就开始了：核心公司执行生物技术创新实现的任务，专家型公司不断涌现则为核心公司提供新技术或被核心公司兼并，保证了集群的创新活力，专家型公司的学术渊源则促进了产业和科学间的强联系。反过来，这些成效又加强了集群的产业和科学基础，并成为吸引新的风险投资、政府科技投入、中介机构、烘托创新空气的基础。最终这种正反馈形成了自组织特性，虽然没有正式的契约关系，但集群网络内的企业和相关支撑机构却可以按照合理的分工，在默认的共同规则的指导下，使集群沿着既定的成功路径向前稳定发展，促进集群创新形成可持续发展能力。

本章参考文献

[1] 王春宇．分工、专业化以产业集群研究 [D]．沈阳：辽宁大学博士学位论文，2006.

[2] 梅亮，许庆瑞．创新网络研究述评 [J]．科技管理研究，2011，(10)：18-25.

[3] 刘琼芳．产业集群区域技术创新网络研究 [D]．长沙：中南大学硕士学位论文，2003.

[4] 李天柱，银路，程跃，邱杉．生物技术产业集群动力机制及其演进--基于国外典型集群的多案例研究 [J]．技术经济，2009，28 (12)：4-11.

[5] 刘力，程华强．产业集群生命周期演化的动力机制研究 [J]．上海经济研究，2006，(06)：63-69.

[6] Brown R. Cluster Dynamics in Theory and Practice with Application to Scotland [R]. Reginal and Industrial Policy Research Paper European Policies Research Centre University of Strathelyde, U. K., 2000.

[7] 王缉慈等．创新的空间：企业集群与区域发展 [M]．北京：北京大学出版社，2001.

[8] 李天柱，银路，程跃．生物技术产业集群持续创新网络研究 [J]．研究与发展管理，

2010，22（03）：1－8.

[9] 解学梅，曾赛星. 科技产业集群持续创新系统运作机理：一个协同创新观［J］. 科学学研究，2008，(04)：838－845.

[10] 向刚. 企业持续创新：理论研究基础、定义特性和基本类型［J］. 科学学研究，2005，(02)：134－138.

第九章　发展现代生物技术的对策建议

本书前面部分分别研究了现代生物技术的相关特征、现代生物技术的评估、选择、预见，生物技术企业发展的特殊思路以及生物技术集群发展等一系列问题，揭示了现代生物技术管理的一些内在规律，提出了一些管理现代生物技术的特殊的思路和方法。本章将采取总结的思路，结合我国生物技术产业发展的实际情况，归纳总结一些对我国生物技术产业发展有益的对策建议。本章首先对国外发展生物技术产业的典型做法进行总结归纳，并从总体上得出一些对我国生物技术产业发展有益的启示；进而采取科学计量学方法对我国现代生物技术创新的现状进行定量的可视化分析，在此基础上分别针对我国的生物技术企业发展和生物技术产业集群的发展提出相关对策建议。

第一节　国外发展现代生物技术的政策经验

一、生物技术产业发达国家的典型做法

（一）美国

自 20 世纪 70 年代以基因重组技术和单克隆抗体技术为标志的生物技术诞生以来，美国一直处于全球现代生物技术研究和产业化的领跑地位，至本书完稿时美国的现代生物技术强国地位仍未被撼动。美国的生物技术公司占到全球总数的 1/3，各种生物技术产品被广泛应用于医疗、工业、农业、海洋和国防等领域。虽然在进入 21 世纪后，由于受到 9・11 事件和经济衰退的影响，美国生物技术产业经历了一个萎靡不振期，但在大型生物技术公司的带动下，美国生物技术产业又重新步入了发展的快车道。美国生物技术产业的迅速发展以及在困境中的快速复苏，得益于美国整体经济的复苏，以及生物技术企业自身

在新药研发、经营等方面的优异表现，还应归功于美国政府在促进生物技术产业发展方面的积极政策。在长期的发展过程中，美国在政策层面已经形成了扶持生物技术产业发展的多层次立体体系。

第一层次：通过专门的组织领导和协调机构，制定科技发展宏观战略和规划。美国历任总统和历届国会都致力于推动生物技术研究和产业发展，美国白宫和国会均设有专门的生物技术委员会，负责跟踪生物技术的发展并研究制定相应的财政预算、管理法规以及税收政策。美国生物技术行业组织——生物技术工业组织（BIO）则负责协调产业和政府之间的关系，推动政府制定有利于生物技术产业发展的政策。

第二层次：制定一系列保护和鼓励生物技术发展的政策和法律，规范和营造良好的产业环境。美国已出台的相关法律有《技术转移法》《技术扩散法》《合作研究法》《知识产权法》《专利法》《商标法》等，这些法律对加强合作研究、鼓励发明创新起到了积极的作用，并对知识产权、技术转让、技术扩散等形成了强有力的法律保护。

第三层次：建立多元化的投资渠道对生物技术产业进行资金扶持。美国生物技术产业迅速发展并在全球独占鳌头与其政府和私人机构在基础研究方面的研发投入分不开的。政府的直接投入是其生物技术产业不断发展并取得突破的保证。美国政府经费主要投入 6 个领域，即农业、能源、环境、保健、生产与生物工程以及一般基础科技，由 12 个政府单位主导。政府支持的项目还包括培训、设施和研究资源的整合、结构生物学、海洋生物科技、基因体研究计划、技术开发及商品化等。除了进行直接投资，政府还采取各种优惠政策（如减免高技术产品投资税、高技术公司的公司税、财产税、工商税等）来刺激社会投资，以大公司为代表的民间高技术研究投资总额已超过政府资助，在生物技术产业发展中所发挥显著作用。

第四层次：整合研究资源促进合作研究开发。美国政府在整合研究资源方面的积极努力，极大地提升了美国生物技术研究开发的广度和深度。目前，美国在生物技术产业领域已形成了由政府、企业、科研机构和大学构成的联合研究开发生产机制。政府通过下放国有研发成果，鼓励产学研合作，形成有利于接力创新的机制，已经成为美国生物技术产业不断发展并取得成功的一大特色。

（二）欧盟

虽然分子生物学研究起源于英国，但欧洲生物技术产业发展方面在总体上要落后于美国，然而一些国家在发展过程中也分别在不同方面形成了自己的优势。

1. 英国

英国是目前国际上生物技术产业发展仅次于美国的国家。英国在生物技术产业领域的出色表现与其政府在政策方面的不断努力分不开。针对生物技术产业的发展，英国政府采取了与促进传统高科技产业发展有所不同的政策，即不对公司的重大开发项目进行直接投资或干预，而主要资助基础科学研究、促进产业与科研机构的合作、营造产业发展环境来推动本国生物产业的发展。具体表现为：

（1）成立专门机构，营造产业环境。

英国贸工部不仅负责有关生物技术法规及政策的制定，同时还负责帮助企业利用生物技术来提高竞争力，生物技术及生物科学研究理事会则具体负责支持有关非临床生物科学的研究与培训。

（2）出台优惠政策，优化融资渠道。

英国政府新出台的相关措施主要：一是改革税制。为了鼓励风险投资，英国政府对小型高技术企业的投资减免了 20%的公司税，同时还引入针对中小企业的研究开发税务信贷，年研究开发投入超过 5 万英镑以上的企业可以享受 150%的研究开发费用免税。对研究开发投入很大但没有盈利的新企业，其研究开发投入的 80%可以作为信贷累积减免税收，等企业盈利后再从利润中扣除；二是建立新的风险投资基金。1998 年英国财政部就建立了三个用于支持生物技术等高技术中小企业的风险资本基金，这些基金提供的资本为 2.4 亿英镑；三是在 1999 推出了为期 4 年的 BIO－WISE 计划，总经费 1300 万英镑。该计划主要面向企业提供如何利用生物技术降低成本、改进质量、改善环境等方面的信息。

2. 德国

在国际社会范围内，德国的生物技术产业要落后于美国和英国，但德国生物技术产业呈现出积极增长的发展趋势，德国在促进其生物技术产业发展过程中也形成了一套完整的政策支持体系。主要表现在以下几个方面：

（1）专门的负责机构。

德国联邦教研部（BMBF）是负责生物技术产业发展的主要机构之一，BMBF 发起 BioRe-gio 竞赛活动，从而扩大公众对生物技术的了解，鼓励大学和科研院所的创业活动，以促进技术成果转化，近年来的政策力度一直在加大。

（2）强有力的法律保护。

在德国，专利可为技术成果的产业化提供长达20年的法律保护。在专利有效期内，第三方可与专利所有者协商以许可证的方式使用发明成果。

（3）坚实的资金支持。

2001年德国生物科技产业的科研经费为12.28亿欧元，大于其销售额，比2000年增加了71%。联邦教研部对生物技术的项目经费2004年增加14.5%，这项投资的增加使德国的基因研究经费仅次于美国。

3. 日本

日本在生物技术方面起步较早，拥有较强的投资和研究实力。日本政府早在1981年就进行了第一次生物技术投资，投资额约6亿日元，到2001年日本政府的生命科学经费已经达到30亿美元，公司的R&D经费约为60亿美元，其研发经费仅次于美国。日本发展生物技术产业的模式与美国模式互为补充。日本主要利用生物技术来改善生产工艺，并且通过战略联合为产品开发和商业化提供资金。与其他国家不同的是，日本企业支配着生物技术研究，大部分生物技术研究设施以公司为主导，而且政府的生物技术发展战略目标主要是商业性开发研究。总体而言，日本在生物技术开发方面要落后于欧美，但在日本生物技术产业的发展过程中，政府一直是积极的推动者，其对生物技术产业发展政策的支持也是全方位的，主要的支持方式包括：

（1）强大的财政支持。

日本政府2002年开始逐步加强了生物技术方面的研究投入，并在此后5年内将科研预算增加一倍，达到8800亿日元

（2）有力的立法支持。

日本通过不断完善相关安全措施的法规，从而建立起了比较客观、科学的安全体系，以整合研究资源，促进技术研究及其成果转化。日本政府通过加强产、学、官之间的合作，积极地进行研究资源整合，以此来提升整体的科研开发能力。通过立法调动大专院校等研究机构的积极性，支持研究成果的专利化及成果的商业化利用。

二、经验与借鉴

生物技术产业无论在国内还是国外都是一个相对年轻、新兴的产业部门，从各发达国家的实践来看，生物技术产业的发展、成熟和壮大离不开政府的政策、法律、组织等在内的“一揽子”支持。

（一）建设简洁高效的创新组织体系

在生物技术产业发展过程中，政府不仅是资金的提供者，更是协作的组织者。通过建设以政府为主导的创新组织体系，很好的应对现代生物技术接力式创新的特点，及其高度不确定性、长周期、高风险、高回报的特征。以美国为例，生物技术从基础研究到产品上市都有政府机构参与，已经形成了完整而又有效的体系。在该体系中，一级政府机构为 NIH（国家卫生研究院）、PTO（专利商标办公室）和 FDA（食物与药品管理局）。NIH 作为创新体系的起点，每年得到联邦政府生物技术预算总额的 80%左右用于支持前沿基础研究。PTO 将突破性研究成果备案，直至成果的知识产权得到保护，激励了技术成果向私营机构的转移，促进了产业化，环保署、农业部、国防部也是这一体系的组织者。美国这一组织管理体系既保证了研究的前瞻性和应用的先进性与广泛性，也保证了投资的安全性，将产业化风险降低到最低[1]。此外，英国贸工部负责有关生物技术法规及政策的制定，生物技术及生物科学研究理事会则具体负责支持有关生物科学的研究与培训。德国也有联邦教研部（BMBF）专门负责生物技术产业发展。这些权威性的专门机构很好的领导、协调了全国的生物技术产业发展与制度安排。

（二）构建完善的研发和技术成果转化体系

我们在前面关于现代生物技术接力创新的研究，以及对现代生物技术在技术、企业、产业及经济特征方面的归纳，均已经证明，单靠某一个行为主体的力量，进行生物技术产业化的整体运作是很困难的。生物技术产业比较先进的国家的政府都非常重视整合各种资源，借助联合的力量来进行技术的研发和应用转化。例如，美国政府就通过下放国有研发成果，积极鼓励产、学、研合作。日本政府也通过加强产、学、官之间的合作，积极地进行研究开发资源的整合。这些国家的做法，都直接或间接体现生物技术产业“接力式创新”的特点。

生物技术产业的科学商业及接力创新特质决定了科学与产业的结合是产业发展的关键，而政府在知识成果转化中的作用是相当突出的。美国政府已经建立起完整的技术转让法律体系，主要包括著名的 Bayh-Dole 法案、Stevenson-Wydler 法案、《联邦技术转让法案》等。这些法规进一步规范和放宽了技术转让的政策环境，允许科研机构和科学家个人持有专利所有权，并可分享专利收入，使得技术人员的利益和积极性得到法律保障。这些法案还允许政府研究机构的科学家在不脱离原机构的情况下与企业签订合作研究契约（简称

CRADA)，促成研究与市场的紧密结合。

为了改善大学科研与产业发展天然的组织分离问题，政府不定期地组织对全美高校与联邦政府、地方经济关系的评估，改善政府支持技术转让的工作方式。美国国家科学技术委员会为此专门成立了负责审查评估政府与大学关系的常务工作组，华盛顿州立法也设有华盛顿技术中心，它们的主旨都是建立企业与大学良好的合作关系，为科研成果的商业化提供帮助。瑞典也在大学和业界之间建立了广泛的联系网络，把创业者、投资者、技术人员和管理人员联系起来，推动成立新的高技术公司，实施科技成果的商业化开发。

（三）推行积极有力的财税支持政策

1. 给予高额度、高增长的研究开发投入

政府投入在产业资金投入金字塔中处于顶层，投向基础研究/开发（包括平台技术开发）和基础设施。其中基础设施投资具体包括教育和培训、仪器设备更新、设施改进、仓库或货栈建造、公共数据库建设等。

2. 通过税收优惠鼓励企业与大学技术合作

国家或地方政府资助的课题方向往往是综合性较强、应用面较广以及科技突破余地较大的领域，投资的对象一般为大学和研究所，如果实力雄厚的企业研发中心与科研单位合作。也可以获得国家资助的重大项目。同时还通过税收优惠鼓励企业投资于大学的研究项目，如瑞典公司对大学生物技术研发的投入可达大学总经费的20％。

3. 实行鼓励创新和增强企业发展后劲的税收政策

利用税收优惠政策鼓励企业的研究开发和技术转移活动是各国政府鼓励创新的重要手段，原因如下：第一，研发税收抵免是鼓励创新最主要的有效措施。不少国外政府允许企业可将应上缴税额的一部分留作研发专用，所占比例从5％到25％不等，英国政府执行的企业研发税贴可达150％，这是迄今为止最优惠的研发税减政策。美国加州政府对委托大学、研究所、合同性技术服务中介机构进行研发的企业实行高于常规的减税幅度，以使企业的研发行为更加专业化并能及时获得最好的技术成果。第二，投资税收减免是用于鼓励投资的税收政策，主要有投资税收抵免和资本盈利税削减两种。前者包括企业发展投资和企业外向投资，外向投资指的是大企业向独立生物技术企业投资，投资主体可以获得一定比例的法人税减免。资本盈利税削减重在引导资本向生物技术领域的流动和稳定，美国BIO建议对于持生物股至少5年的投资者，其资金收益的75％不计入纳税范围。第三，金融法规还将允许在抛售原有股票后又投资于另一生物技术企业至少1年的投资者延期纳税；抵免税的结转与转让。

对于各种税收抵免，如果企业在规定期限内没有将申请的专项税抵费用用完，可以享受结转或权利转让。比如美国可依据抵免税的可转让性规定对未使用的减税权转让给当地其他生物技术企业，换取现金用于改造本企业研究或制造设施，也可以将未使用的研发税收抵免权或者净运营损失向政府提请部分放弃，而按一定比例兑现部分现金，更加优惠的政策是 BIO 敦促各州允许生物技术企业将年度剩余留抵费用全额结转使用。第四，对发展相对成熟的企业，政府往往通过企业营业税和使用税免税和/或延期付税、净亏损全额或部分结转、设施设备财产税免除等措施给予间接经济支持。

上述政策的适用前提是企业必须盈利，但不少新创生物技术企业在发展初期有一个未盈利期，无法享受这些政策。鉴于此，英国政府 2001 年为这类企业制定了“可支付性研发税收信贷”政策，规定年销售额 2500 万英镑以下、年研发投入 25000 英镑以上的未盈利企业，可以通过取得由政府支付的 R&D 税收抵免现金而让政府变相承担企业的一部分亏损。

（四）建立专业、系统的中介服务网络

在现代生物技术的接力创新过程中，完善的中介体系发挥了重要作用。在国外，各种各样的中介机构，包括行业协会、政府中介、民营中介等官方及民间营利性和非营利性组织，为生物技术企业提供从研究开发、技术信息、技术联系、成果转化、专利申请到风险投资、管理经营、税收优待、商业化和市场开拓、甚至出口援助等涵盖整个产业发展链条的无偿服务和合同性服务，可以在企业界、科学界以及风险投资界之间形成完善的服务网络体系。

国外还有专门面向政府的智囊型生物技术中介组织，保证政府决策的科学性、现实性和操作性，这类组织往往由生物科技界和产业界高级专业人士组成，如 CEO 和首席科学家。例如，加利福尼亚州的“生物技术委员会”由 16 名该地生物技术公司的 CEO 成员组成，职责是为行政长官提供推动加州生物技术产业发展的必需条件和相关信息，甚至提出合理化建议。在发展中介市场方面，政府设立机关从事中介服务，也通过资金投向优先、税收优惠等政策鼓励社会机构从事生物技术中介服务。

（五）建设产业创新基地，推进产业集群化

产业集群在生物技术产业发展和创新中的地位已经得到广泛认可。国外普遍利用大学的科研优势，在其毗邻地区或校内设立研究园区或孵化器，将政策、人才、技术、资金、管理综合集成，形成有利于成果迅速产业化的局部环境，是国际上生物技术产业创新基地建设的共同模式。在基地内生物技术初创企业可以得到更优惠和便利的服务支持，如税收信贷减免、降低公用事业费、研究和制造设备共享、合同性生物制造服务、低于行情的实验室出租和资料库信息的使用，还有专业而集中的技术、资本、知识产权和市场开拓等中介服务。

（六）建立完整的产业投资链

金融是生物技术产业发展的基石，尤其针对生物技术创新的各阶段，各类资金的接力投入、无缝衔接对生物技术产业创新极为重要。在引导资金流向生物技术产业方面，政府的影响力是不容置疑的。首先，政府大量的直接资金投入是生物技术产业发展的保证。例如，美国布什政府将生物与医药产业作为新的经济增长点，生物技术研究开发费用仅次于军事科学。其次，政府还通过各种优惠政策，鼓励各种形式的资本投资生物技术产业。美国政府采取了诸如减免高技术产品投资税、高技术公司的公司税、财产税、工商税等优惠政策等，这些政策在前面的财税政策中已经叙述，不再重复。

（七）加强立法支持和保护

法律和规范在支撑现代生物技术研究、研发及产业发展方面具有基础作用。各国除了出于生物技术风险的考虑而加强生物技术安全性立法外，都非常重视利用立法手段来支持本国生物技术产业发展。例如，美国就出台有《知识产权法》《专利法》和《商标法》等一系列法律法规。德国政府在 1993 年修改了《基因工程法》，从立法上为生物技术的研究提供了保证。法国通过修改法令，也放开了对生物技术产业发展的诸多限制。美国奥巴马政府上台后还放开了对胚胎干细胞研究的长期限制，也是从法律和规制层面为生物技术产业发展开了绿灯。

（八）重视人才培养与引进

生物技术产业对人才有特殊需求，而发达国家的人才战略体现在培养与引进两方面。

人才培养的得力措施主要有三方面：一是大幅提高生物科技教育投资额，年增幅最高的美国为 9%；二是设立高额奖学金吸引和激励高等人才深造，如以色列政府的“鼓励青年潜心从事高科技专业的学习和研究”措施，给予攻读生物技术专业的硕士和博士每年 1.25 万～1.5 万美元的高额奖学金；三是培养市场开拓型的科技人才，如英国将 1500 万英镑专款用于建立科研机构与企业联合中心对高校毕业生进行商业技能培训。

人才吸引方面，为引入的人才提供高薪、重奖、配股、培训和优越的生活、科研条件已不是新鲜的招数，而降低门槛、为优秀科技人才大开国门开始成为战略性措施，如 2000 年美国国会通过的新法案，不但提高 H1-B 签证的年度配额还赋予签证持有者在雇主选择方面以更大的自由，并更易获得绿卡。英国政府与沃尔夫森基金会和皇家学会协作，每年出资 400 万英镑高薪聘请 50 名世界上最优秀的科学家到英国作科研学术带头人，给他们创造优越的生活和工作环境以及 10 万英镑的年薪。各国政府还注重优化本国人才科研环境，防止人才外流。例如，在研究人员的税收、研究用贷款以及弹性工作时间方面相当优惠，并提高工资，扫除行政障碍，改善研究机构条件。此外，还特别注意生物技术全民普及教育，提高认知和参与意识，加强生物技术教师的培训、进修和选拔，调整生物技术课程，增强应用生物学的教育力度。为生物技术企业家开设高级技术课程，使其了解技术发展和应用的动态，把握产业发展趋势。

第二节 我国生物制药创新的现状①

前面我们分析了生物技术产业发达国家的典型做法与经验，而具体到我国的情况来看，我国的生物技术创新情况如何，应该采取什么样的政策和激励措施呢？本节拟基于科学计量学的方法，通过对我国生物技术制药专利数据的分析，而对其创新现状进行可视化研究，尝试对我国生物技术产业创新的情况进行深入的解答。

一、研究设计

（一）研究方法选择

科学计量学是运用数学方法对科学的各个方面和整体进行定量化研究，以揭示其发展规律的一门新兴学科，它是科学学的一个重要分支。

“耶鲁调查”“CUM 调查”均证明，专利对生物制药（研发成果）创新的保护非常有效，因此生物技术制药企业通常将创新成果申请专利。可以认为，

① 本部分内容是作者 2009 年初所做的统计分析，根据本书的最终成稿时间，还应该进一步统计分析 2009—2016 年间我国生物制药产业的发展情况，但考虑到全书的内容匹配和时间一致性方面等问题，我们没有这样做。不过，根据我们对生物技术产业的持续观察，现有的统计结果已经可以很好地为研究提供支撑。

生物技术制药创新成果主要表现在专利上，而衡量企业创新能力的一条主要标准就是看其最终的研究成果，因此我们认为，通过分析专利数据可以在相当大的程度上反映生物技术制药创新的情况。

（二）生物技术制药创新及其专利的界定

综合当前技术领域的主流观点，可以认为生物技术制药就是利用基因工程技术、细胞工程技术、微生物工程技术、酶工程技术、蛋白质工程技术、分子生物学技术等来研究和开发药物，用来诊断、治疗和预防疾病的发生。而一般意义上讲，技术创新是指由技术的新构想开始，经过研发或技术组合，到获得实际应用，并产生经济、社会效益的商业化全过程。因此，我们将生物技术制药创新界定为生物技术制药从技术创意、研发或技术组合、到实际应用直至产生经济和社会效益的过程，而我们所要计量的专利就是指生物技术制药在这一过程中所涉及的一系列专利。

根据技术领域和产业统计口径的管理，本书界定的生物制药是专门治疗人类疾病所需的疫苗、基因工程药品、抗体及基因治疗等。具体的专利是指涉及生物制药的整个过程与环节，包括靶标确定、基因测序、前期化合物筛选、临床、测试直至生产的全过程，生物制药有关的平台技术（这种平台技术可能在多个领域内都是通用的）、生物芯片等技术也包含在内。因此，本论文与单纯的依照专利号分类检索是完全不同的，更准确、更符合实际情况。

（三）检索方式及关键词

生物技术制药产品主要可以分为三大类：基因工程药物（重组治疗蛋白）、重组疫苗以及诊断和治疗用的单克隆抗体。我们可以通过有代表性的关键词检索专利名称而将大量的专利分离出来。由于这些药品的上游技术平台都属于DNA重组技术，其技术和产品的名称中一般都会出现“重组”一词，因此我们可以选择“重组”作为检索的主要关键词；对于基因工程药物而言，由于其本质是蛋白质，所以在一些相关专利名称中会出现“蛋白”一词，故而我们可以用“蛋白”作为检索基因工程制药的辅助检索词；对于重组疫苗而言，“疫苗”一词也在一些相关专利名称中出现，故而我们用“疫苗”作为重组疫苗的辅助检索词；而对于单克隆抗体而言，“单克隆”也是在相关专利名称中经常出现的，故而我们还可以用“单克隆”作为单克隆抗体的辅助检索词。另外，“转基因”“受体”以及“干扰素”三个词也曾经出现在某些生物技术药品专利的名称中，因此这三个词也被我们选为辅助检索词。

除此之外，生物技术制药还需要很多辅助性的技术作为支撑，主要是为了完成大规模生产之需要，这些相关的技术专利也应该作为生物技术制药的专利，主要分为三类：一是细胞培养技术，对应的检索关键词为“细胞培养”；二是生产基因工程药品、抗体和单克隆所需的微生物发酵技术，对应的关键词为“发酵”；另一类是为单克隆抗体生产所需要的抗原培养技术，其对应的关键词是“抗原”。

另外，由于大部分现代生物技术都以DNA重组为基础，通过上述关键词检索得到的专利名称中，可能还有很多属于生物农业、生化技术等，因此我们进一步采用IPC分类检索的方法将检索的专利条目尽量限制在生物技术制药领域。具体将检索的主分类号限定为C07H①、C07J②、C07K③、C08B④、C12M⑤、C12N⑥、C12P⑦和C12Q⑧，然后再通过逐条分析专利摘要的方法，进一步将无关专利剔除。需要指出的是，通过共同使用上述检索词检索得到的专利名称可能是重复的，同一条专利可能会被检索两次，因此最后我们还需要对所检索的结果进行适当的整理。

（四）专利来源的确定

为了保证数据来源的权威性和可靠性，我们采用上述检索词及检索方法在中国知识产权网上进行全面的专利查询，所检索的专利既包括发明专利又包括实用新型和外观设计。

（五）分析时间段选择

本书确定专利计量时间段为1999年1月—2008年12月，待今后有机会再进一步分析1988年—1998年乃至更早期的数据并作对比分析。另外由于专利通常要经过初步审查、公开、实质审查、授权并公告几个程序，因此在专利时间的认定上我们以专利公告日为准，而专利公告日也就是专利的生效日，即授权日，因此我们所检索到的专利全部为授权专利。经过初步检索发现，最终原始有效数据共有25150条，符合本文前述界定的为16645条。每一专利数据

① 包含糖类及其衍生物、核苷、核苷酸、核酸。

② 甾族化合物。

③ 肽。

④ 多糖类其衍生物。

⑤ 酶学或微生物学装置。

⑥ 包含微生物或酶其组合物；繁殖、保藏或维持微生物；变异或遗传工程；培养基。

⑦ 发酵或使用酶的方法合成所需要的化合物或组合物或从外消旋混合物中分离旋光异构体

⑧ 包含酶或微生物的测定或检验方法，以及其所用的组合物或试纸；这种组合物的制备方法；在微生物学方法或酶学方法中的条件反应控制。

条目包括专利的申请号、名称、主分类号、申请人、发明人、公开日、公开号、地址、申请时间、摘要、国省代码十一条题录信息。

二、数据分析

（一）总体状况分析

如表 9－1 和图 9－1 所示：1999—2008 年期间国外在华授权的专利数量增长较为稳定，国内授权专利的数量除了 2001 和 2002 两年数量波动较大外，基本上呈现了增长的趋势，两项共同作用导致了专利授权总数也呈现了波动性上升的趋势。

表 9－1　1999—2008 年度生物技术制药产业专利授权年度变化表

国别	年度授权量										合计
	1999	2000	2001	2002	2003	2004	2005	2006	2007	2008	
国内	101	293	1960	2572	744	871	1155	1126	1107	1392	11321
国外	314	264	435	488	414	379	707	659	834	830	5324
合计	415	557	2395	3060	1158	1250	1862	1785	1941	2222	16645

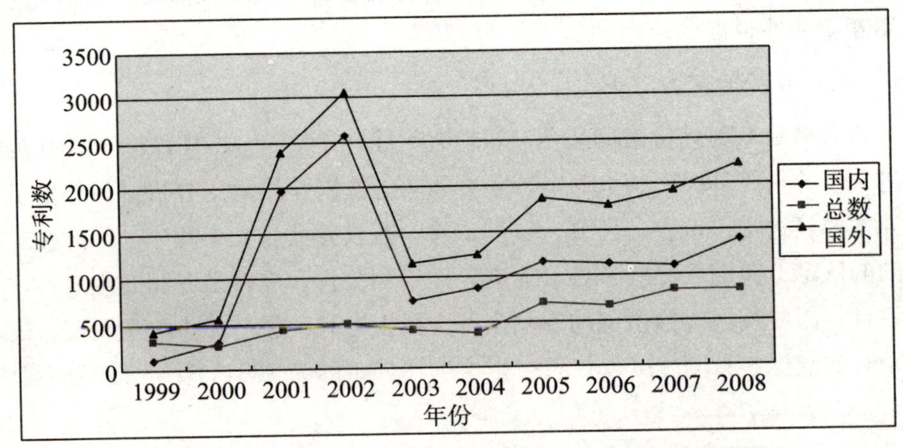

图 9－1　1999—2008 年生物技术制药产业专利授权增速图

（二）生物技术制药专利的区域分布状况

1. 国内生物技术制药专利授权区域分布

经过统计分析发现，位列国内生物技术制药授权区域前三位的是上海、北京和广东，三者占据了国内授权专利总量的 70.45%。另外排名前十位的省份和地区还包括江苏、浙江、湖南、山东、天津、湖北和吉林，它们共占据了国内授权专利总量的89.69%。由此可见，上述十个省份和地区基本上代表了我国生物制药技术创新的现状。而从这些省份和地区的分布来看，基本上都是经济比较发达的中东部地区。排名前十位省份和地区的累计授权专利对比情况如图9-2所示。

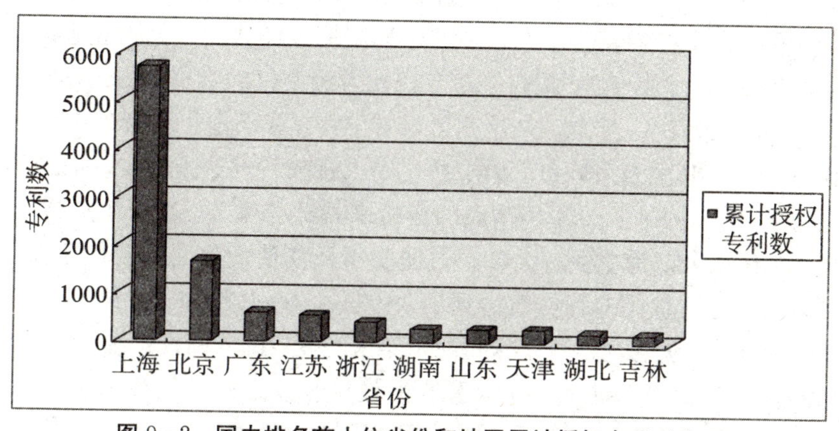

图9-2 国内排名前十位省份和地区累计授权专利对比图

2. 国外来华申请专利授权区域分布

经统计共有41个国家在我国申请的生物技术制药专利获得授权，如图9-3所示排名前三位的是美国、日本和德国，三者经授权的专利数占国外授权专利总数的59.34%。排名前十位的国家还有英国、瑞士、韩国、法国、丹麦、荷兰和加拿大。这些国家在华经授权的专利数占国外授权专利总数的84.24%，占全部授权专利数的26.95%。由此可见，上述十个国家在生物制药领域都具有较强的技术创新能力，不仅基本垄断了国外在华授权的专利，而且在我国所有授权的专利中也有近1/3属于这些国家。

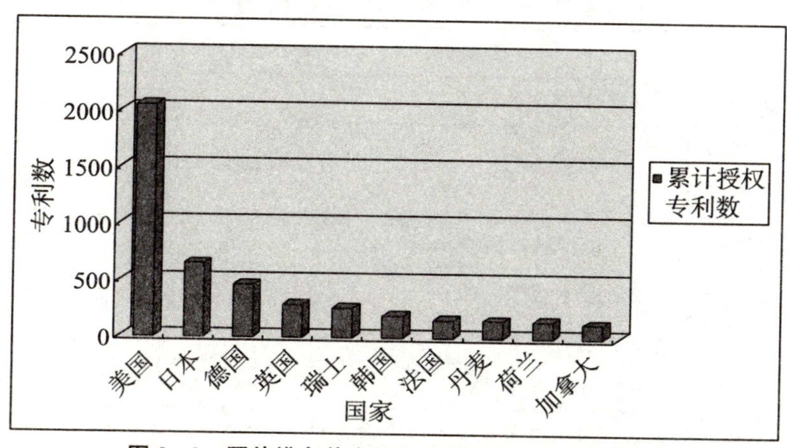

图9-3 国外排名前十位国家累计授权专利对比图

（三）生物制药专利申请人分析

1. 国内申请人分析

通过对所有专利申请人进行统计分析发现：专利申请人大致可以分为企业、大学、科研院所、个人和合作研发几种类型，另外还有少数公立和事业单位也申请了专利。为了对结果进行更好地统计我们把合作研发及公立和事业单位进行统一，并归类为“其他”。国内上述专利权人经授权的专利数占国内授权专利总数的百分比见图 9－4 所示。从该图可以看出，在我国企业授权专利数为最多，占总数的 43%，其次为大学和科研院所，个人授权专利数为最少。而从表 9－2 中所示的国内排名前十位专利申请人的分析来看，也基本上验证了这样的结论。这些专利申请人全部为企业、大学、科研院所及其他们之间的合作研发。这十位专利申请人经授权的专利总数达到了 4640 件，为总数的 40.98%。其中“上海博德基因开发有限公司”仅一家企业十年来经授权的专利数就达到了 3280 件，占总数的 28.97%，其垄断性质非常强。另外从这些专利权人所在的地区看，与前面对国内专利授权区域分布的分析结果也基本一致。

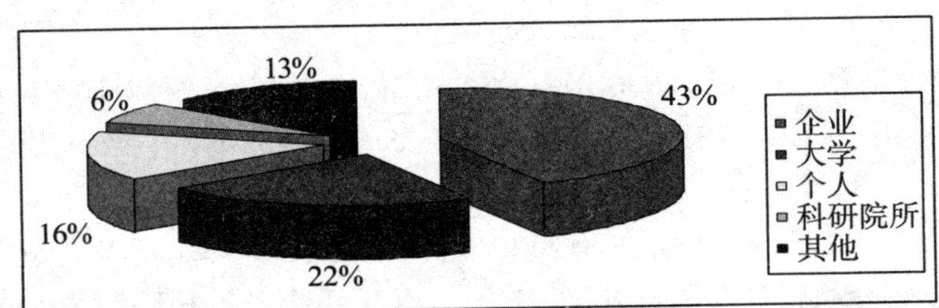

图 9－4　国内各类专利权人授权的专利数占国内授权专利总数百分比图

表 9－2　国内排名前十位的专利权人

排序	申请人	专利数	比重
1	上海博德基因开发有限公司	3280	28.97%
2	浙江大学	234	2.07%
3	复旦大学	215	1.90%
4	复旦大学；上海博道基因技术有限公司	195	1.72%
5	上海博道基因技术有限公司	151	1.33%
6	上海人类基因组研究中心	137	1.21%
7	上海博容基因开发有限公司	134	1.18%
8	国家人类基因组南方研究中心（上海）	111	0.98%

续表

排序	申请人	专利数	比重
9	南京医科大学	92	0.81%
10	中山大学	91	0.80%
合计		4640	40.98%

2. 国内申请人变化情况分析

为了更好地对国内专利申请人的情况进行分析，我们统计了从1999—2008年十年间各类专利权人经授权的专利数量变化情况，统计结果见图9－5所示。从该图可以看出除企业以外各类专利权人经授权的专利数基本上都呈现了稳定增长的趋势，其中大学和科研院所的增长幅度相对较大。而企业所授权的专利数在2001和2002年两年间发生了急剧的增长，通过对原始数据进行分析发现：在2001和2002年间，“上海博德基因开发有限公司”分别被授予了1135件和2029件专利，占全年企业授权专利总数的75.22%和96.90%，但是在接下来的几年里该企业的授权专利数趋于平稳甚至为零，从而导致了2001和2002两年的授权专利数出现较大幅度波动。

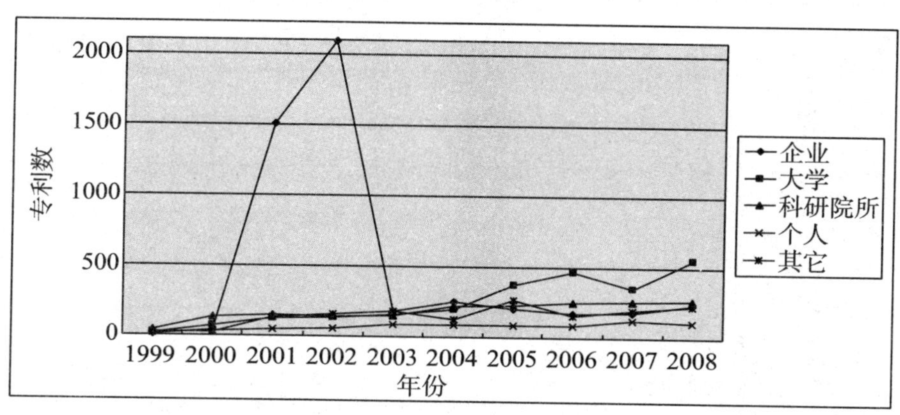

图9－5 1999—2008年各类专利权人授权专利数变化图

3. 国外申请人分析

国外各类专利权人所获授权专利数占国外授权专利总数的百分比可以用图9－6来表示，通过比较发现与国内的情况相类似的是企业类专利权人仍然占据了绝对优势，但不同的是在国内占相对优势的大学和科研院所在国外来华申请人中并未显示出相似的优势地位，而属于“其他”类的合作研发及公立和事业单位所获的授权专利数却位居第二位，所占比例与大学、科研院所和个人三项的总和相等。

从国外排名前十位的专利申请人来看，全部为企业类申请人，但与国内统计结果不同的是这十位专利申请人所获专利数占国外所有授权专利数的比例仅为7.59%，并未体现出与国内相似的高度垄断性，如表9-3所示。

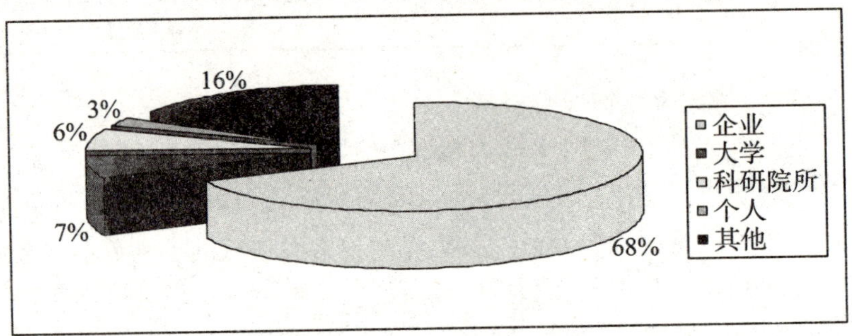

图9-6　国外各类专利权人授权的专利数占国外授权专利总数百分比图

表9-3　国外排名前十位的申请人

排序	申请人	专利数重	比重
1	先灵公司	65	1.22%
2	BASF公司	50	0.94%
3	科里克萨有限公司	45	0.85%
4	霍夫曼-拉罗奇有限公司	42	0.79%
5	史密丝克莱恩比彻姆生物有限公司	38	0.71%
6	安姆根有限公司	36	0.68%
7	默克专利有限公司	33	0.62%
8	诺瓦提斯公司	32	0.60%
8	味之素株式会社	32	0.60%
10	中外制药株式会社	31	0.58%
合计		404	7.59%

4. 国外申请人变化情况

通过对国外1999-2008年十年间各类专利权人所获专利数量变化情况进行分析，我们发现除了个人类专利权人所获专利数量变化幅度不大外，其余各类基本上都呈现了稳定增长的趋势，其中企业类的增长幅度最大，其他类位居第二，大学和科研院所在2005—2008年间也有了部分增长。1999-2008年国外各类专利权人授权专利数变化情况如图 9-7 所示。

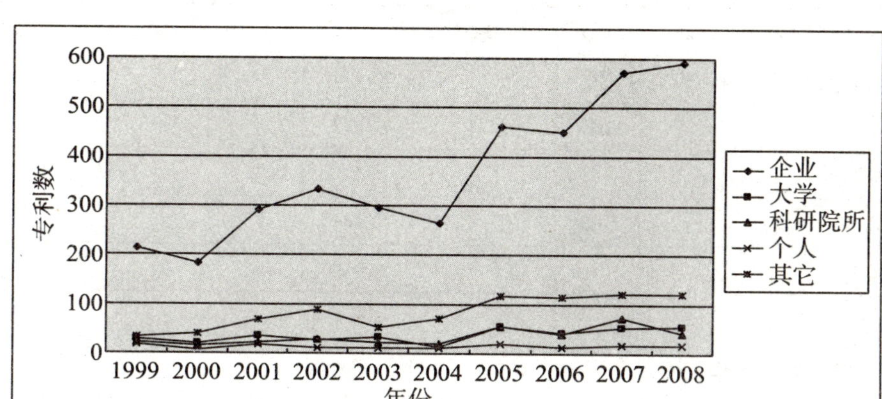

图 9-7 1999-2008 年国外各类专利权人授权专利数变化图

（四）生物制药专利重点技术及产品分析

生物制药是一个比较庞大的技术领域，不仅科学基础涵盖面广，各种关键及辅助技术复杂，而且其产品的种类及应用领域也是相当丰富。那么，在生物制药领域里究竟哪些技术及产品是近几年来创新的热点？通过对原始数据进行统计分析，我们发现重组、蛋白和抗原技术是近十年来研发的重点，而从 IPC 分类方面来看肽（C07K）、微生物或酶，其组合物，繁殖，保藏或维持微生物，变异或遗传工程，培养基（C12N）、酶或微生物的测定或检验方法，其所用的组合物或试纸，这种组合物的制备方法，在微生物学方法或酶学方法中的条件反应控制（C12Q）等也是近十年来创新的热点。各技术及产品领域十年来累计授权专利数及排名情况见表 9-4。

表 9-4 1999-2008 年各技术及产品领域累计授权专利数及排名

	C07H	C07J	C07K	C08B	C12M	C12N	C12P	C12Q	合计	排名
重组	46	0	3517	1	3	2952	111	59	6689	1
蛋白	152	9	1946	45	16	1711	108	611	4598	2
疫苗	16	1	265	1	3	417	20	28	751	5
单克隆	9	0	358	0	0	147	25	12	551	7
转基因	14	0	39	0	0	101	3	1	158	9
受体	61	29	423	5	3	294	22	121	958	4
干扰素	6	1	69	0	1	40	3	8	128	10

续表

	C07H	C07J	C07K	C08B	C12M	C12N	C12P	C12Q	合计	排名
细胞培养	6	0	29	1	143	266	24	30	499	8
发酵	38	0	100	12	296	201	33	6	686	6
抗原	118	1	783	5	0	617	30	73	1627	3
合计	466	41	7529	70	465	6746	379	949	16645	
排名	4	8	1	7	5	2	6	3		

三、研究结论

通过上面对所检索数据进行的统计分析，我们可以得出以下的研究结论：

（一）十年来我国生物制药的技术创新能力得到了持续增强

通过前面对国内授权专利总体状况进行分析发现，虽然2001和2002两年的专利数出现较大波动，但从国内申请人各年授权专利变化情况分析来看，该波动主要是由于企业申请人所获专利的波动引起的，应属于奇异值。因此我们可以认为：从总体上来看，十年来我国生物制药方面的授权专利还是出现了整体增长的发展态势，说明我们国家生物制药的技术创新能力得到了较大的提高，这与我们国家对生物技术制药的宏观政策支持及国家创新体系的建设是密不可分的，符合我国科技发展的整体趋势。

（二）创新成果主要集中于个别地区和申请人手中，垄断性质较为明显

从国内生物技术制药专利授权区域分布来看，大部分专利都属于上海、北京和广东等经济发达地区，其中前十名地区中上海所拥有的专利比其他九个省份和地区的总和还要多，体现出了高度的垄断性。另外，从国内的申请人分析来看，前十位申请人所获得的专利基本上占据了半壁江山，而个别申请人（如上海博德基因开发有限公司）更是硕果累累。而相比之下，国外授权专利尽管大部分掌握在少数发达国家手中，但申请人方面并未出现相似的垄断性，没有哪个企业的授权专利占据绝对的优势。上述现象的出现一方面体现了我国个别地区、单位及个人近几年来在生物制药领域的技术创新能力在逐渐增强，并已初步显示出了比较优势。但另一方面却间接地体现出了另外一些地区、单位及个人创新意识和创新能力的薄弱，这是令我们所担忧的。我国要想在生物技术制药领域取得突飞猛进的发展，不能单单依靠个别地区、单位及个人创新能力的提升。当然生物制药产业的发展具有较强区域性，但拥有良好资源优势的地

区远不止上海、北京和广东地区，另外一些自然资源丰富，科研基础较好，人员素质较高、生产能力较强的地区、单位和个人更应该加快技术创新的步伐，并加强保护创新成果的意识，以尽快提高生物技术制药领域专利的数量和质量。

（三）企业创新成果丰富，但近几年来增长幅度小于大学和科研院所，并未成为我国生物技术制药领域的创新主体

从图 9-4 可以看出我国生物技术授权专利中 43％为企业所拥有，比位居第二位和第三位的大学和科研院所分别高出 21 和 27 个百分点，这说明从总量上来看企业已拥有了相当丰富的创新成果。但在后面对各类专利权人经授权专利数量十年来变化情况的分析中又可以发现，尽管企业的授权专利总数高于大学和科研院所，但这主要得益于 2001 和 2002 两年间个别企业的专利大幅度提高，而在近几年里企业的授权专利数均低于大学和科研院所。因此我们认为尽管从总量上看企业的创新成果丰富，但这只是一个表象而已，个别企业创新能力的增强和创新成果的丰富掩盖了其他企业创新能力的不足，而大学和科研院所在十年里授权专利数却得到了持续稳定的增长。因此严格地讲，大学和科研院所才是我国生物技术制药领域创新的生力军。相比之下，无论从国外企业所获授权专利数占国外授权专利总数的百分比来看，还是从十年来国外企业授权专利总数的变化情况来看，企业却真正成为国外生物技术制药领域创新的主体。

（四）个别技术和产品领域创新成果丰富，发展潜力较大

从生物制药各技术和产品领域的专利数量分析来看，创新成果主要集中于个别技术和产品领域。例如，重组、蛋白和抗原技术分别名列生物技术创新成果的前三位，而 C07K、C12N 和 C12Q 等也已成为近十年来国内外创新的热点。在今后的研发工作中，我们可以以这些技术和产品为突破口，进一步加强中试、规模生产和临床试验等方面的能力，争取使我国的生物技术制药产业得到更快的发展，尽快走向国际市场。此外，生物制药领域中与基因工程相关的专利技术是国际上药物技术资源争夺的核心领域，本文中与基因工程相关的产品领域除了上面提到的 C07K、C12N 外还包括 C12P，同时 C07H 也是国外企业在华申请专利比较密集的领域[3]，因此我国也应该注意在这些领域不断提高自己的技术创新能力。

（五）国外在华授权专利数量各年稳定增长，并有逐步逼近国内授权专利数量的趋势

从图1所示的1999—2008年生物技术制药产业专利授权增速图中可以看出，国外授权专利数十年来得到了稳定的增长，并且在近几年里有逐步逼近我国专利数量的趋势，这不得不引起我国政府的高度重视。生物技术制药领域的创新成果大部分体现在专利上，而专利是具有较高垄断性质的，一旦申请成功其他企业将付出很高的代价获得该专利，甚至花再高的代价也无法获得。国外在华授权专利数量的增多不仅会给我们带来经济利益的损失，而且会因此影响许多下游技术的开发，影响整个生物制药甚至生物技术产业的发展。因此，我们应该加紧在重点优势领域的研究开发工作，加强保护创新成果的意识，在关键技术环节构建专利网，真正把握好我国生物技术制药产业发展的命脉。

第三节　现阶段我国生物技术企业发展的思路与策略

针对我国生物技术产业及生物技术创新的实际情况，我们在本节及下一节分别为我国生物技术企业发展及生物技术产业集群（园区）发展提出对策建议。

一、我国企业现阶段发展现代生物技术的主要思路

现代生物技术独特的管理特征，决定了现阶段我国企业发展现代生物技术需要采取创新的思路，主要包括：

（一）充分发挥我国的基因资源优势

我国是世界公认的基因资源大国，拥有众多独一无二的、具有巨大产业价值的基因。我国企业完全可以利用现代生物技术对基因资源高度依赖的特征，凭借我国在基因资源上优势，集中力量优先发展某些生物技术产业，而发达国家由于不具备这些必需的基因资源，其所具备的资金和技术上的优势也就无法发挥出来。以色列、巴西、古巴等少数生物技术实力并不很强的国家，采取这种思路，优先发展某些优势产业，已经取得了很大成功。同时，我国企业也可以利用我国的基因资源优势，广泛参与国际合作，通过资源换资金的方式来解决制约我国企业发展现代生物技术的资金难题，通过资源换技术的方式来加速我国现代生物技术水平的提高。

（二）挖掘和发挥“后发优势”

归纳起来，我国企业在发展现代生物技术上有三方面后发优势可供利用：

一是我国在很多现代生物技术产品上具有后发优势。目前最典型的是生物技术药品，既然国外已经确定了很多疗效确切的生物技术药物和药物靶标，并且其基础专利大部分已经过期而市场的产品更新换代速度又比较慢，因此可以利用这些基础专利或药物靶标，采用新的工艺或者技术来生产同类药物，这样可以少走很多弯路、少花很多成本，面临的不确定性和风险性也更低。资料显示，我国仿制一个国外的现代生物技术新药只需 5 年左右时间，费用仅为几百万元人民币，但利润却同样惊人。例如，PCR 诊断试剂成本仅十几元，在市场上却卖到了 100 多元。印度就是充分利用了这一特点，大量仿制美国的生物技术药品并以较低的价格出售，获取巨额利润，现已成为面向第三世界国家最主要的生物技术药品出口国。

二是作为后来者，我国企业可以“免费”利用很多现代生物技术的最新研究成果。例如，前面所述的各种基因组测序计划和 Celera 公司的研究成果，这意味着我们可以省掉大量的前期投入，而一步跨入基因定位、序列读解、功能分析、开发应用等现代生物技术前沿，利用国外花费了大量人力、物力和财力完成的基因组序列公开信息，来克隆有价值的基因。

第三，国外企业花了二十余年总结出的现代生物技术管理方面的经验和规律，经过修正和改进后，也可以为我们所用，从而在短期内迅速提高我国企业管理现代生物技术的水平，避免无谓的失误和弯路。

（三）采取“左右逢源”的发展思路

“左右逢源”组织用其“左手”经营传统业务，而用其“右手”经营新兴业务。可以将其作为一种管理思维应用于现代生物技术管理，即我国企业可以一边发展原有的传统业务，一边发展现代生物技术。

受现代生物技术及产业巨大发展潜力的吸引和我国政府政策的引导，我国有大量企业正在或准备进入现代生物技术领域，但如果采取“孤注一掷”的战略，把全部资源都投入现代生物技术领域而完全放弃原有业务，必将面临巨大的风险。采取“左右逢源”的发展思路，在发展现代生物技术的同时不放弃现有业务，并用现有业务的收益来扶持和发展现代生物技术，对于有效应对现代生物技术的高度不确定性和风险性将大有裨益。即使对于行业内的企业，“左右逢源”的发展思路也同样具有借鉴意义，企业在发展一项全新的现代生物技术时，也不应轻易放弃原有的现代生物技术和产品，以保证企业有足够的现金流和收益来支撑新技术、新产品的发展。

（四）在决策中重视运用情景思维和期权思维

现代生物技术高度不确定性的特征和较长的发展周期决定了难以对其未来发展进行精确预测，因此在进行战略规划、技术选择与评估、投资决策、市场选择等管理活动时，要注重运用情景规划方法对未来环境进行全面的分析与预见，通过对多种典型情景的分析和学习，深刻理解未来环境的发展变化，使决策有的放矢，这在现代生物技术发展的初期显得尤为重要。

同时要充分利用现代生物技术发展阶段众多的特点，在投资决策中运用期权思维，将投资现代生物技术视为创造一系列实物期权。在开发一项现代生物技术的早期阶段，最好通过只投入研发投资以保留期权，并选择多条技术道路进行研发，在保留足够期权的前提下，不成熟的技术可以延迟进一步研发。一旦不确定性降低到可以容忍的水平，则可选择最适当的技术路线进行大规模的投资（行权）。如果不确定性一直很高，可以放弃进一步投资而终止期权，或者将之延迟至情况更加明确时再做决策。这对于应对现代生物技术创新中的高风险具有十分现实的意义。

（五）产品主要立足于我国的巨大市场

我国企业发展现代生物技术首先要致力于占有本国市场，这样做的好处一是我国众多的人口和不断发展的经济水平，使我国企业坐拥巨大的现代生物技术产品市场，充分利用本国市场，有利于我国现代生物技术企业的起步和发展。例如，目前我国靠动物转基因技术生产的人血白蛋白的产量还不到需求量的万分之一，杨凌科元公司开发的人血白蛋白、人乳铁蛋白等方面的药品，主要面向我国市场进行销售，其中仅人血白蛋白基因药物一项就能为公司年增利润 2 亿元；二是针对本国市场开发现代生物技术产品，面临的市场不确定性和宏观环境不确定性较低，还容易获得本国政府与消费者的支持；三是由于我国生物技术企业开发国外市场会存在困难，在与国外企业的竞争中无明显优势；四是我国市场呈现明显的多元化，不同地区、不同细分市场的消费能力差异很大，而我国生物技术企业的产品具有明显的价格优势，国外的竞争对手虽然强大，但却也不容易在我国市场对我国企业构成激烈的竞争，总会有许多市场空间留给国内企业生存和发展。

（六）把人才引进和培养作为当前的一项重要工作

现代生物技术对人才的特殊要求是当前和未来较长时期内我国发展现代生物技术的主要瓶颈之一。我国生物技术产业起步较晚，人才培养模式不合理，人才储备不足，符合现代生物技术要求，同时具备高学历、较强动手能力和丰富实验室工作经验的研发人才已成为稀缺资源。我国企业当前要采取引进与培养并举的人才战略，引进主要解决当前的技术骨干来源，培养主要为中长期发展进行人才储备。人才引进的重点应放在相关大学、科研院所、甚至国外企业。人才培养是我国生物技术企业的一项长期任务，是企业长远发展之本，可通过引进高校毕业生、与高校定向培养和与高校、科研院所开展合作创新等途径来培养所需人才。

二、现阶段我国企业现代生物技术选择的原则

目前现代生物技术及产业正处于加速发展阶段，不仅没有形成确定的技术发展轨道，也没有现成的技术选择模式可供参照，加之基础研究不断取得突破，新技术层出不穷，这就给企业的技术选择带来了挑战。科学的技术选择是应对现代生物技术高度不确定性的重要措施，根据前述对企业现代生物技术选择的研究，结合现代生物技术物种的形成和发展规律，我们认为，我国企业在进行现代生物技术选择时主要应该遵循如下基本原则：

（一）充分运用“靠近边缘的雪先融化”的管理思维

我国企业在选择现代生物技术时，要充分考虑自身已有的基础和技术能力，选择能够最大限度发挥现有资源、能力和技术存量的路径，如果跳跃太大或贸然进入一个新领域，不仅面临的不确定性高、风险大，还可能使以前积累的资源和能力失去价值。运用“靠近边缘的雪先融化”的管理思维一是指生物技术行业内的企业在开发新技术时，要选择能够充分发挥自身技术存量的技术领域或途径。例如，一家从事抗原培养研究的企业与其去研发生物传感器，就不如去开发单克隆抗体，单克隆抗体技术可以充分发挥企业在抗原培养方面的技术存量，而生物传感器与抗原培养就大相径庭了。“靠近边缘的雪先熔化”的管理思维二是指生物技术行业外的企业在进入现代生物技术领域时，应该选择与企业原来从事的技术（或市场）有一定关联或容易产生技术融合的技术来起步。一家生产电子仪器的企业可以选择扫描仪等生物芯片的关键设备，而如果选择发展转基因作物，则可能会使原有的技术能力全部失去作用。

（二）优先选择依赖于我国优势基因资源的技术

如前所述，我国生物资源丰富、生物多样性强，拥有很多独有的、有巨大商业价值的基因资源。企业应该充分利用现代生物技术高度基因资源依赖性的特性和我国的基因优势，积极围绕我国独有的基因资源展开技术选择，优先选

择需要依赖于我国优势基因资源的技术，这样容易在未来的产业化过程中形成对相关技术和产品的事实垄断，也可以利用我国独有的基因资源作为参与国际合作的资本。

（三）重点选择我国的优势技术

我国企业在技术的产业化环节要注意选择技术相对成熟、明显具有巨大经济价值、已经有成功技术路径的技术，特别要关注我国具有一定优势的技术领域，这样容易获得必需的技术支持，并可以最大程度地避免失败的巨大风险。举例来说，笔者认为我国企业应该大力发展转基因动物乳腺反应器技术：第一，动物乳腺反应器应用范围广、经济潜力大，被誉为 21 世纪的黄金产业、钻石产业；第二，我国在体细胞克隆方面具有明显优势和较强基础，是世界上少数几个掌握体细胞克隆哺乳动物关键技术的国家之一，企业获得关键技术支持困难较小；第三，其他国家在该技术上的成功为我们提供了早期信号。英国 PPL 公司和罗斯林（Roslin）研究所的转基因绵羊乳中人抗胰蛋白酶的表达水平达到 35g/L，每克药用蛋白价值 10 万美元；荷兰的 3 头人乳铁蛋白转基因牛，每年生产的奶粉价值超过 50 亿美元。选择这样的技术对我国企业来说成功的可能性很高。

（四）积极参与我国的科研成果转化

如前所述，我国与发达国家的主要差距是在现代生物技术的产业化上，上游的基础研究和技术研发水平与国际的差距并不大，很多领域都达到了国际先进水平。因此，我国企业应该密切关注全球现代生物技术发展动态，优先选择将我国的优势技术和先进科研成果进行产业化。这不仅是一家企业应该承担的振兴民族经济的社会责任，而且可以较好克服引进技术和仿制技术所面临的知识产权制约。

（五）密切关注基础研究进展

知识基础（现代生命科学及相关学科的研究成果）不断进步带来的重大突破是现代生物技术产生和持续发展的原动力，不论技术沿着哪一条形成路径发展都离不开基础领域研究成果的支持，即使是由于技术应用领域转移而形成的技术物种，也需要利用现代生命科学的丰富研究成果，才能不断发展完善。因此企业在选择技术时应该密切关注基础领域研究的进展，这一方面可以为选定的新技术寻找技术发展所必需相关资源；另一方面可能发现有潜力的新技术，现代生物技术创新由于具有“科学商业”的突出特质，其发展呈现出“应用与理论趋向同步、科学和技术走向统一”的特征，今天的科学研究成果很可能就是明天令人侧目的新技术。

（六）为技术选择市场，而不是为市场选择技术

现代生物技术是在技术突破与市场应用的共同作用下发展起来的，一项突破性的新技术在其产生之初往往没有明确的应用领域，但企业在选择技术时，不应该因为技术没有现成的应用市场就将其放弃，反而应该深入研究该技术可能被应用于何处，将技术置于哪个市场最有利于技术的进化和成长。看似没有应用市场的新技术未来却可能创造一个新行业或者颠覆一个老行业，现代生物技术的魅力就在于此。善于为新技术设计和挖掘市场的企业更有可能是竞争中的赢家，而如果采取相反的思路，为现有的市场选择技术，实际上已经在竞争中落后了，往往只能采取追随战略，跟在市场先行者的后面前进。

（七）应用多种选择标准

一个市场内会存在着多个异质性的细分市场，不同的细分市场对同一技术会有不同的选择标准，在一个细分市场中失败的技术在另一个市场中可能会被接受。所以在选择技术时要注意研究各细分市场的异质性，利用不同细分市场所遵循的不同选择标准来为技术选择最合适的市场，进而客观评估新技术的发展潜力。如果在全球范围内对整个市场采取相同的选择标准，一些技术的潜力可能被高估，而很多有潜力的新技术则可能会被扼杀。

（八）注意汇聚或融合的机会

现代生物技术来自不同技术的融合这种现象越来越普遍，探索并适当选择那些存在于不同领域内的技术，并加以创造性的结合，就有可能洞察到新的应用领域或创造出新的技术突破，或者对已有技术的发展产生巨大推动作用。对于目前而言，管理者应该特别重视纳米、生物、信息与认知这四大技术领域之间的融合，将会诞生一系列革命性的融合技术产品。

（九）认真研究宏观环境因素

如前所述，政策法规、公众舆论、社会伦理乃至宗教习俗等宏观环境因素在现代生物技术发展过程中所起的作用是不容忽视的，因此在选择技术时要密切关注、仔细研究宏观环境因素对技术的支持或限制，以免在投入了大量资源后才发现技术面临着不可逾越的宏观环境障碍。在为技术寻找应用市场时，更要注意不同国家和地区的宏观环境因素差异。

三、对我国生物技术企业发展策略的对策建议

在本书中，笔者以美国生物制药企业为研究对象，分析了生物技术企业的

关键成功要素与典型发展路径，而我国生物技术企业与美国企业相比，在经济环境、竞争态势、法律法规等方面都存在差异，但从现代生物技术自身的发展规律和特点看，我们归纳得出的关键成功要素及其演进对我国企业而言同样是必须的，但在具体的要素获得及运用过程中，要根据我国的实际情况进行修正和创新。针对我国的实际情况，为了使我国生物技术企业迅速发展壮大，我国企业当前应该主要从如下几方面着手：

（一）将培育综合组织能力作为企业发展战略的核心

根据北京生物工程与医药产业基地、上海张江生物医药产业基地等国内典型生物技术产业园区的资料，我国生物技术企业最初主要从技术研发起步，这与美国生物制药企业初期的情况是一致的，但在后续发展过程中，大多数企业都局限于利用研发能力获得利润，而忽略了生产、营销等方面的发展。这种发展不符合世界级生物技术企业的特质，无法实现真正的发展壮大，最终这些企业逐渐演变成跨国公司的合同研究公司、研发外包企业，或者被其他跨国公司所兼并。综观近年来我国涌现出的数百家生物技术公司，真正拥有自己的生产能力和营销网络的可谓凤毛麟角，寥若晨星，这对我国企业的发展而言是一个危险的信号。前述研究提示我们，综合组织能力的培育和螺旋上升是生物技术企业获得成功的核心要素，我国企业必须将培育综合组织能力作为企业发展战略的核心，在研发、生产、营销以及管理等环节全面、均衡的发展，这样才能真正促进企业实现发展壮大。

（二）慎重选择发展路径

近年来跨国公司抓紧并购我国生物技术企业的行动已经开始，而我国很多生物技术企业在发展过程中为了解决资金难题，寻求国外大型生物企业的兼并和控股，其中有些还是国内的领头企业，这虽然促进了企业自身的发展，但却使我国失去了一批宝贵的民族企业，一定程度上削弱了培育世界级生物技术企业的基础。我国企业在培育综合组织能力的过程中，要慎重选择适合自身特点的发展路径，既保证自身的独立性又能满足必需的资金需求。比如，健赞的“纽带-核心”的渐进式发展路径，对生产设施和营销网络要求较低，对资金需求相对较小，可以把发展综合组织能力建立在不断深化和扩展产品系列的过程中，对现阶段我国企业的发展具有特殊的借鉴意义。

（三）企业发展从构建基础要素做起

虽然综合组织能力及各功能要素在生物技术企业的发展过程中更容易引起人们的关注，但各基础要素之间的作用和耦合却是产生其他要素的基础。在创建之初，我国企业要特别重视获取和配置各种基础要素：首先，要慎重选择区位。虽然我国各级政府都在积极规划建设各类生物产业园区，但我国企业要主要选择风险投资环境发达、高等学府和科研机构密集、创新网络成熟的园区作为企业的起点，以满足企业获取风险投资、研发人才、促进知识和信息流动等方面的需要。比如，上海张江生物医药产业基地的产业聚集效应显著，加之上海金融发达、人才密集、高校众多，特别是拥有复旦大学等在我国生命科学领域处于顶尖地位的高等学府，因而具有发展生物制药突出的区位优势。其次，要将遴选企业管理者作为重要工作。生物技术企业的诸多核心要素都与企业家密切相关。比如，企业的融资能力相当大程度上就与管理者的资本运作能力密不可分，如果我国生物技术企业也拥有宾德、史玉柱这样精于资本运作的杰出管理者，目前一直困扰我国企业的融资难题也就显得不是那么困难了。当前，符合生物技术企业需要，既具有成熟企业管理经验，又善于资本运作，并能从实践中不断探索和总结管理规律的企业家已经成为稀缺资源。最后，我国企业还要重视产学研合作，通过与大院大所、顶尖专家的广泛合作，一方面获得创新的技术，另一方面可以借助著名科学家的学术名誉获得风险投资的青睐。我国并不缺乏生命科学领域的顶尖科学家，企业要将这些人才充分利用起来。例如，北大未名生物工程集团、深圳科兴生物制品有限公司的发展很大程度上就与陈章良的学术地位有关。

（四）积极探索创新融资途径

现代生物技术及其企业发展的特点决定了其资金需求的特殊性，美国生物技术企业的成功离不开其融资能力的支撑。而我国现有的投融资体系是无法满足生物技术企业发展壮大的，这是短期内难以改变的，也是企业必须接受的现实。因此我国企业需要创新思维，积极探索融资新途径。美国生物技术企业在发展过程中已经创造出许多新型的融资途径，比如 SWORDS 融资、利用“天使投资者”等。我国企业关键要抓住现代生物技术高增长、高利润、高风险、高回报以及分阶段发展的特征，在企业发展的不同阶段开辟不同的融资渠道。比如，近来热烈讨论我国要逐步将地下钱庄合法化，地下钱庄丰富的资金及其对利润和风险的热烈追逐就很适合作为生物制药企业创业初期的资金来源。

（五）重视提升自主创新能力

生物技术企业的发展和成功是需要良好的研发基础和强大的持续创新能力的。我国企业要缩短与发达国家的距离，不能永远跟在领先企业的后面亦步亦趋，要高度重视提升自主创新能力。现阶段我国的生物技术企业（主要是生物制药企业）以仿制国外的产品为主，这是不利于企业的可持续发展的，对我国整个生物技术产业的发展也是一个危险的信号。为提升自主创新能力，现阶段我国企业关键要做好两方面的工作：一是重视基础研究。由于现代生物技术的发展表现出显著的理论与应用同步、科学和技术走向统一的趋势，重视积累丰富的基础研究成果，将为企业的研发活动积累雄厚的基础、提供广阔的选择空间、创建大量期权。二是加强产业化能力。我国目前在一些现代生物技术上已经具备了良好的基础，在转基因、克隆、蛋白质工程等领域还处于世界领先水平，关键是如何把这些成果转化成现实的生产力。任何科技的发展都是要与经济相联系的，否则其持续发展只能成为空中楼阁。现代生物技术未来对人类社会和经济发展的作用是巨大的，我国在该产业的发展相比于其他成熟产业来说还有很大的空间和机会，因此一定要从根本的研发和创新能力入手提高自身的实力，这是持续领先发展的根本动力。

四、我国生物技术企业的发展路径设计

选择一条正确的发展路径是企业走向成功的一个重要先决条件。笔者已经归纳分析了美国生物制药企业的三条典型发展路径，这对我国生物技术企业发展具有借鉴意义。但我们也认为，我国企业不能全盘照搬美国生物制药企业的三条典型发展途径，而需要根据实际情况斟酌选择，并加以改进和创新。比如安进的路径“自主–合作”发展路径看起来虽然完美，但对我国企业而言难度却是最大的，它需要以强大的资本运作能力和发达的资本市场作为基础。企业的资本运作能力各有差异，但我国资本市场发育尚不完善，像安进创业初期那样在没有任何新产品上市和盈利的情况下，发行股票募集资金在我国现阶段来说难度很大；基因泰克的“独立–借助传统大型企业”的发展路径对我国企业具有借鉴意义，近年来国外大型生物技术公司抓紧并购我国生物技术公司的行动已经开始，这为企业的进一步发展提供了机会，但我国企业也将因此而失去独立地位，不利于培养成功的民族企业。

根据北京生物工程与医药产业基地、上海张江生物医药产业基地等国内典型生物园区的资料，可以将我国生物技术企业归纳为两种主要类型：一是技术转化型，这类企业有些起源于大学或研究院所，是为了将有前景的项目实现产业化而形成的，有些则是依靠创业者自己的技术成果发展起来的，典型的是海归科学家和科研院所专家的自主创业。技术转化型企业的共性特点是创业之初一般拥有相关的技术专利并借助风险投资的支持，但缺乏管理经验、生产设施和营销网络。第二种我们称之为渗透型，是传统企业为寻找新的成长空间或受

现代生物技术的吸引而向生物技术产业渗透或转型的结果，它们一般通过技术模仿、引进，或并购其他生物技术公司等渠道获得技术。渗透型企业创业之初一般得到母公司的资金支持，管理能力较强，有时还可以借助母公司原有的生产能力和营销网络。针对这两类企业，根据我国现阶段的实际情况，我们认为可采取如下发展路径：

（一）技术转化型企业的发展路径

技术转化型企业在初创期可以充分利用自有资金和风险投资，而在后续发展过程中有图 9－8 所示两条路径可以选择：一是采取“授权－合作（合资）”的发展路径，即在发展初期采取基因泰克的做法，将自身拥有的专利向其他企业进行授权许可来满足较大的资金需要，而在加速发展期则可以模仿安进的做法，一方面努力开辟新的融资渠道，另一方面广泛与其他企业展开合作，在降低资金需求的同时，不断培养未来发展所必需的生产、营销与管理能力；二是可以采取健赞公司的“纽带－核心”的渐进式自主发展路径（如果公司最开始生产的是纽带产品），这符合“靠近边缘的雪先熔化”的管理思维，可以有效降低资金压力与企业发展过程中面临的风险。技术转化型生物技术企业在发展到一定规模后，可以再通过对其他企业进行并购以加速扩张。

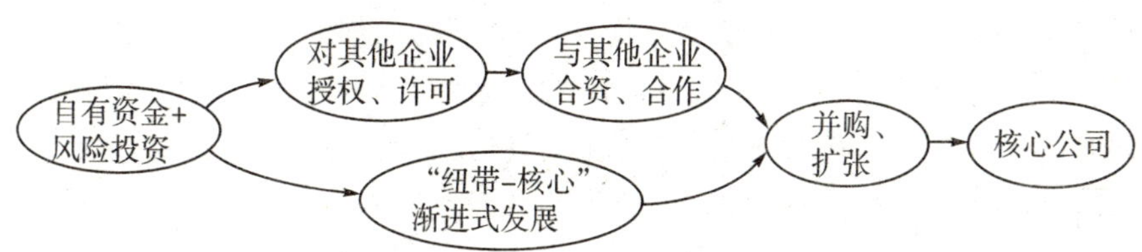

图 9－8　技术转化型生物技术企业的发展路径

（二）渗透型企业的发展路径

渗透型企业由于缺乏相关技术专利，创业之初一般无法获得风险投资的支持，创业资金主要由母公司提供。在后续发展过程中有图 9－9 所示的两条可选择的发展路径：资金雄厚、管理能力突出，可以利用母公司原有营销网络和生产能力的企业可以首先并购拥有正在研发中的创新产品的小型生物技术企业，直接进入生物技术核心产品的生产和销售。在这条路径下，到公司的加速发展期，母公司提供的资金往往也很难满足巨大的资金需求，可以在通过其他融资手段进行融资的前提下，与其他资源和能力互补的企业广泛进行联盟，走合作发展的道路。另一条路径是，如果公司的资金和管理能力有限，可以采取稳健的发展方式，研发、模仿或引进生物技术纽带产品技术，沿着健赞所坚持的"纽带—核心"的渐进式发展路径发展。而当渗透型生物技术企业已经有新产品成功上市并取得一定利润后，同样可以通过并购其他企业进一步扩张。

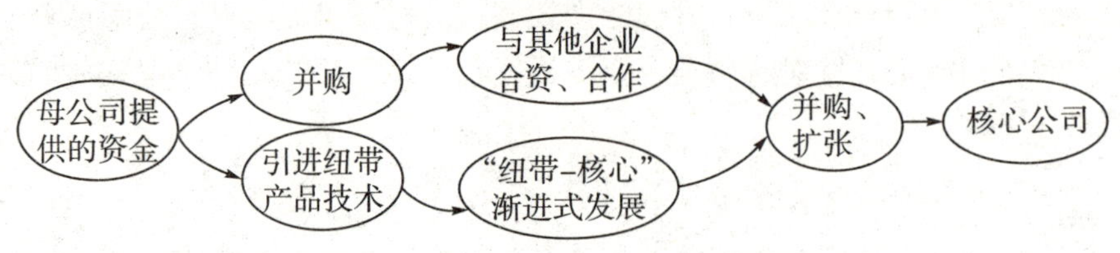

图 9—9　渗透型生物技术企业的发展路径

第四节　我国促进生物技术产业集群发展的政策与途径

集聚化发展是生物技术产业的典型特征。近年来，在国家引导和政府推动下，我国各地区各类生物技术园区如雨后春笋般发展。据不完全统计，2008年我国仅各类生物医药园区就达 60 余个，但多数园区的发展都不能令人满意。反观美国的波士顿、旧金山等地的生物技术产业集群则形成了持续创新能力和强劲的竞争优势，成为公认的全球现代生物技术创新"增长极"。形成持续、强劲的创新能力是产业集群发展到高级阶段的重要标志，作为典型的科技产业集群和创新集群，培育集群创新能力尤其是持续创新能力对于生物技术产业集群的长远发展无疑具有关键作用。故而，在产业层面上，本书主要就我国生物技术产业集群（园区）的发展，对相关的政府主管部门提出对策建议。

一、园区发展需要遵循正确的思路

（一）园区的选址必须慎重评估区域内的科研水平

与一般的高技术产业集群相比，生物技术集群对于科学的倚重是罕见的，科学研究不仅提供生物技术创新最宝贵的资源——人才和技术，还直接衍生创新主体——生物技术企业，从而使生物技术集群表现出一种少有的以高校、科研机构等为中心的创新架构。因此建设生物园区时要选择区位条件出众，高等学府和科研机构密集，现代生命科学研究发达的地区，如果区域内的风险投资水平较高，则是更好的选择。例如，上海金融发达、人才密集、高校众多，特别是拥有复旦大学等在我国生命科学领域处于顶尖地位的高等学府，因而具有发展生物园区的突出优势。我们特别强调，道路、通信、基础设施等硬件环境容易在短期内发展起来，而一个地区的科学研究水平是需要长时间的积累和沉淀才能形成的，当前有些地方并不具备形成集群持续创新能力的基本科研条件，都希望花大力气建立生物园区，是难以真正取得效果的。

（二）抓紧培育或引进一批世界级生物技术企业

目前我国生物技术园区在形成集群优势方面的主要障碍之一是缺乏大型龙头企业，因而很难完成从集群生成到集群发展的质变过程。这已成为制约我国生物技术产业发展的关键障碍之一，也是造成我国现代生物技术研究水平很高（如在转基因、体细胞克隆、蛋白质工程等重要领域处于世界领先水平），而产业化水平却很低的主要原因之一。当前各级地方政府应该首先着力筛选一些有发展潜力的企业，依据生物技术企业自身的发展规律，从资金、政策等方面大力支持和培养，尽快培育出一批对集群发展有关键拉动作用的龙头企业。本论文在第二章已经对生物技术企业的关键成功要素和相关发展规律进行了一些研究，可供参考。同时，由于专家型公司发展成核心公司需要经历较长的周期，为了尽快加速我国生物技术产业发展，还应积极引进和利用国外的大型生物技术公司。近年来国外大型生物制药公司对我国市场表现出浓厚的兴趣，积极并购我国生物技术企业，政府主管部门应该力争早日将它们纳入我国生物技术创新体系内。

（三）改进引导和支持方式

在对生物技术园区的支持、引导方式上，各级地方政府要遵从生物技术集群的内在发展规律，积极改进引导和支持方式：第一，针对我国风险投资发展缓慢、融资渠道不够丰富顺畅的实际情况，要尽全力建设、完善和创新融资渠道，重点为生物技术产业的风险投资提供宽松的政策环境、运用政府财政科技投入为风险投资基金注资、设立专门的生物技术研发资金、创业资金与产业发展基金等。还应研究组织引导天使投资者（自发形成的非正规的风险投资群体）、私募基金等投资群体向生物技术企业投资的机制（后面还将对这个问题详细分析）。第二，积极牵线搭桥，加强生物技术企业与科研院所和大学的联系，强化集群的科学研究基础（后面还将对这个问题详细分析）。第三，不拘一格，针对国内外广开人才引进途径，提供促进高水平研发人才流动的顺畅通道、优惠政策和自由环境；最后，在发挥引导和支持作用时，政府要紧紧抓住“软环境”建设重于“硬环境”的根本原则，特别要重视园区在制度、投资、人才、中介和信息服务等方面的发展，目前很多园区局限于利用优惠的土地政策和加强基础设施建设等途径吸引企业的空间集聚是不全面的，形成创新网络和持续创新能力的可能性微乎其微。

（四）引导大型传统公司与专家型公司合作

传统制药公司与传统化学公司一直是现代生物技术创新的重要力量，美国生物制药创新最初的产业化动力主要就是来自传统制药公司，基因泰克、奇龙等当今的生物制药巨头也是借助传统制药企业的力量发展起来的。近年来IBM、通用电气（GE）、微软（Microsoft）等信息技术产业巨头也纷纷将大量资源投入到生物技术产业，为新兴的生物技术企业提供了更广阔的融资渠道及更多的战略投资者选择。

受生物技术产业巨大发展潜力的吸引，我国一些大型传统公司正在或准备进入现代生物技术领域，它们在资金、生产和营销等方面同样具备较强的综合能力，必须成为我国生物技术园区发展和现代生物技术创新网络中一股需要高度重视和有效利用的力量。但从现实的情况看，传统公司与专家型公司之间的合作在我国现阶段还不多见。因此，政府主管部门要大力引导生物技术企业与传统大企业之间的联系，鼓励二者建立联盟，兼并重组，充分利用传统大企业的资金、生产能力和营销网络，对于培养龙头企业、促进传统企业发展转型、解决生物技术集群发展的资金障碍都具有显著作用。为达到这一目的，首先要教育专家型公司与传统公司认识生物技术创新的内在规律和普遍模式，积极引导二者之间的合作；第二要充分发挥政府主管部门信息资源丰富的优势，在二者间起中介作用，挖掘二者的不同需求，汇通信息、为合作牵线搭桥；第三要抓紧研究、创造良好的政策环境，为专家型公司与传统公司之间的兼并收购、技术转让、合作开发等开辟顺畅的通道。

（五）有针对性的打造硬环境

我国很多地方在发展高技术产业园区的过程中，都非常注意土地、交通等硬环境建设。对于生物制药集群而言，要改变思维惯性，不能生搬硬套对传统产业和电子信息产业园区的培育政策，把园区建设成工厂林立、钢筋水泥遍布的纯工业区，而要建设成及学习、工作、生产、社交、休闲娱乐为一体的，文化氛围浓厚、人居环境优良的综合体。

换句话说，在完善土地、交通等基础环境的前提下，要针对生物制药企业的特点，有针对性地发展一些特定的配套硬环境，主要是适应生物制药对高层次研发人才的需要，建设高品质住房和公寓，建设美好的人居环境，大力建设高雅的休闲场所、社交会所等，以满足高层次研发人才对生活品质、社会交往、休闲娱乐等方面的需求，这种环境也非常适合生物制药研发过程中，科研人员之间需要通过大量非正式交流来把握现代生命科学发展前沿、解决各类疑难问题、获取和利用市场信息、寻找和建立正式合作关系等方面的需要。比如，在旧金山和波士顿的生物技术集群内普遍存在“咖啡厅沙龙”“酒吧社交”等非正式合作和沟通方式，众多科学家在闲暇时间聚在一起，信息快速流通和扩散，使很多在公司内无法解决的技术问题迎刃而解。

（六）高度重视优化综合软环境

有利的硬环境对生物制药企业发展具有重要作用，但是针对生物制药企业在区位方面的需求，优良的软环境对生物制药企业发展的意义更加重大，而这一点还没有被很多地方政府认识到。因此，我国政府在培育生物制药集群的过程中，要重视优化区域软环境。这里说的软环境是包括了人居环境、社会环境、社会文化氛围、自然环境、产业创新体系等在内的综合环境，要依据生物制药企业在区位环境方面的需求促进各种软环境协调发展，单独发展一种环境是不够的。

（七）引导园区差异化发展

在发展到一定阶段后，各地方政府主管部门要挖掘集群自身的资源优势和产业优势，慎重思考集群发展方向，引导集群差异化发展，不能形成自身特色的集群是很难具有长久发展潜力的。比如，北京生物工程与医药产业基地以疫苗为突出特色，建立中药及天然药物、化学药、医疗器械、生物制品等多元化的产业格局，上海张江生物医药产业基地重点发展基因工程药物、研发外包和生物医学工程，而湖南浏阳生物园则依托其生物基因资源优势和杂交育种的技术优势，重点发展现代中药、生物医药和生物农业，就是较好的发展战略，当然这些集群还需要进一步提炼自身特色和发展方向。

二、高度重视构建产业创新平台体系[2]

产业创新平台是集群创新支撑体系的重要组成部分。从实践看，产业创新平台已经引起各级政府的高度重视，但对于生物制药产业创新平台的研究则几乎是空白。可以肯定地说，由于生物技术创新所面临的高度不确定性及其接力创新的特点，产业创新平台体系在生物技术产业集群的发展过程中具有非常重要的地位，它事实上将集群发展所需的各种资源很好的整合和集聚到了一起。

虽然我国不同地区的生物制药产业发展水平和基础存在差异，但根据我们对成都、珠三角、上海、北京等典型生物医药园区的实地调研和资料分析，我国目前在生物制药产业创新环境方面的共性特点主要是：基础研究成果较为丰富，拥有一批专家型公司；但创业意识和创新氛围相对美国等发达国家不够浓厚，创业环境有待发育，融投资体系较为单薄；缺乏世界级大型制药公司；科研成果主要集中在大学和研究院所，科学和产业间的衔接不够紧密；等等。针对我国的实际情况，依据本书归纳的生物制药产业“接力创新”的特质，结合现代生物技术的相关特征[①]，我们认为我国构建生物制药区域产业创新平台应该遵循如图 9—10 所示的思路，并在实践中根据不同地区的实际情况进行适当修正。

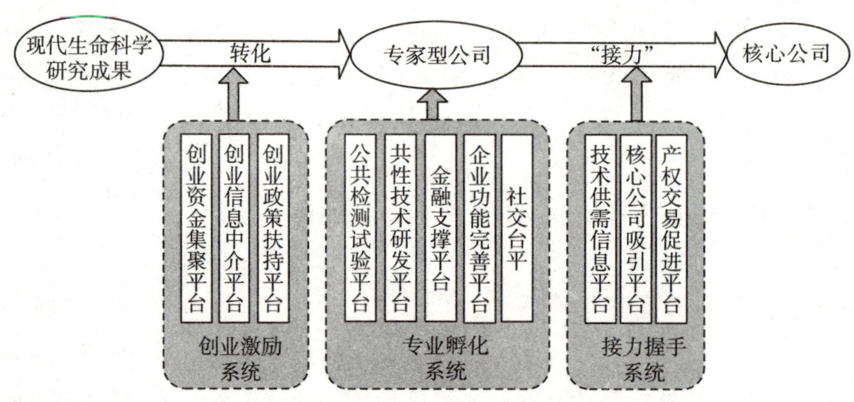

图 9—10　我国生物制药区域产业创新平台体系模型

由图 9—10 可知，生物制药区域产业创新平台是由创业激励、专业孵化和接力握手三个系统构成的平台体系，分别为生物制药创新的三个关键环节提供支撑，该体系主要由生物制药创新所独有的平台构成，另有一些平台虽然在其他产业中也存在，但其功能却需要针对生物制药创新专门设定。

（一）创业激励系统

创业激励系统的目的是激励科学家自主创业，促进“科学”与“资本”广泛结合，以衍生大量专家型公司。通常认为，产学研合作是这一阶段的主要途径，但生物制药创新具有“科学商业”的特质，最优的途径是激励携带基础研究成果的科学家自主创业，使“科学”直接进入“产业”，这已被美国生物制药产业的发展历程所证明。当前我国必须将提高科学家的创业激励水平作为一项紧迫任务。该系统包括：

① 现代生物技术在技术、企业、产业及管理等方面的特征，我们在以前的研究中进行了系统分析，由于篇幅所限，在本文中不再列举，仅在必要的地方引用。

1. 创业资金集聚平台

针对生物技术公司的“科学家+风险投资”的创业特征，为科学家创业提供充足发展资金。创业资金集聚平台以聚集风险资本为主，但我国目前风险投资还不发达，因此也要大力吸纳具有类似性质的其他资本，并引导资本投向生物制药创新。

2. 创业信息中介平台

科学家和风险资本之间存在信息不对称，创业信息中介平台在科学家和风险资本之间建立桥梁和纽带，提高二者结合的概率。该平台还承担科学家与市场、政府、人才等与创业相关的要素之间信息沟通的作用。

3. 创业政策扶持平台

生物制药创新失败率极高，使大多数极富冒险精神的企业家成了“失败英雄”，强有力的扶持政策对于提高专家型公司的创业成功率，提升科学家创业激励水平具有不可替代的作用。创业政策扶持平台除了支持高技术产业创业所需的一般政策外，重点是集聚专家型公司创业所需的特殊政策，比如生物制药企业对研发人才有特殊需求[3]，就需要针对这个特征专门制定人才政策。

（二）专业孵化系统

专业孵化系统是为专家型公司发展提供支撑，促进研发更多创新产品，或按阶段推进研发进程。该系统的作用与孵化器类似，但其功能和特点却明显不同，主要包括：

1. 公共检测平台

生物制药研发离不开高精度的检测活动，比如在表达物鉴定、成分纯化等环节都需要极高检测水平。而一些检测设备价格高昂，且具有“一家吃不饱，千家离不了”的特点，公共检测平台对于无力购买这类设备的大多数专家型公司而言，是满足其研发需求的关键手段。

2. 共性技术研发平台

现代生物技术是依赖通用的平台技术、研究方法和分析技术发展起来的，生物制药研发所必需的染色体萃取、PCR（聚合酶链反应）、蛋白质表达、基因组技术、蛋白质组技术等都属于这类共性技术。但研发这类技术难度大，每家企业在研发过程中又离不开，建设共性技术研发平台有助于帮助专家型公司攻克研发中的技术难关，对于区域生物制药技术的整体水平提升也具有直接作用。

3. 金融支撑平台

专家型公司创办后，伴随研发进程的深入对资金的需求更加迫切，仅靠风险投资已经无力为继。金融支撑平台为专家型公司提供更加丰富、灵活的融资选择，平台不仅进一步吸纳各类风险投资，还要集聚财政科技投入、核心公司的资金等更多资金，以及为专家型公司提供股票上市等资本运作的融资帮助。

4. 企业功能完善平台

专家型公司在企业运营方面的能力不够健全，将成为进一步发展的障碍。企业功能完善平台为专家型公司提供政策、管理、法律、财务、融资、市场推广和培训等方面的服务，有力促进公司发展壮大。

5. 社交平台

生物制药研发过程中的信息交流十分关键，尤其是科学家之间的非正式交流和沟通，促进信息快速流通和扩散，使很多在公司内无法解决的技术问题迎刃而解[5]。社交平台建立各种正式和非正式的交流渠道，对于促进区域内专家型公司之间的交流会起到非同寻常的作用。美国生物技术集群内普遍存在的“咖啡厅沙龙”“酒吧社交”等就是典型例证。

（三）接力握手系统

接力握手系统是为促进和推进专家型公司与核心公司接力合作而构建的，是适应生物制药产业创新特点所独有的一个系统。该系统包括：

1. 技术供需信息平台

专家型公司渴望寻找核心公司将其研究成果商品化，核心公司也需要专家型公司的成果填补其研发管道。事实上，不断推出具有自主知识产权并适合市场需求的创新产品是生物制药企业的生命线。但根据我们了解，专家型公司与核心公司之间的信息不对称是影响二者接力合作的一个重要原因。技术供需信息平台针对这一实际情况，收集两类公司之间的技术研发供需信息，并在两类公司之间广泛交流，为两类公司接力奠定基础。

2. 核心公司吸引平台

该平台主要针对我国目前缺乏大型一体化核心制药公司的现状，广泛招徕和吸引区域外的核心公司加入本区生物制药创新网络，也包括国外的大型制药公司，促进区域生物制药接力创新的实现。

3. 产权交易促进平台

生物制药接力创新最后一个关键环节是专家型公司与核心公司实现握手，“握手”主要是完成知识产权交易或公司产权交易。这个平台主要为两类公司的握手提供辅助，如参与谈判、提供政策解释、为技术商品或公司定价、规范交易过程、创造公平交易环境等。

三、政府层面采取行政手段促进集群发展

（一）统筹规划、立足长远

促进生物制药企业集群发展，首先要完善集群发展环境。而完善集群发展环境，不仅要满足生物制药企业对区位条件的特殊需求，还要充分考虑到各区位条件之间互相影响，密切相关的特点，因而要统筹规划，顶层设计，使各类区位条件能够协调发展，这是促进生物制药企业集群发展的基本思路之一。当前我国很多地方都在花大力气打造集群发展环境，但采取的政策措施要么是孤立的满足一个或几个区位条件，要么是各政策措施之间条块分割，甚至政出多门、互相掣肘，难以达到促进生物制药集群健康发展的目的。

同时发展生物制药需要漫长的周期，生物制药企业从弱到强也需要较长的培育期，在时间上通常远超我国政府主管领导的任期，这就造成对生物制药企业以及集群的培育可能出现“前人栽树，后人乘凉”的结果，显著降低地方政府的投入热情，也可能造成培育政策的“朝令夕改”，不仅不利于生物制药集群发展，而且政策措施一旦中断或改变，前期的投入效果还可能付之东流。因而我们特别建议，我国在对生物制药集群的培育中，必须要注重政策的持续性和一贯性，不能因为主管领导的更替而随意或频繁的变动相关政策。就政策的稳定性而言，美国生物制药产业在这方面为我们做出了榜样。

（二）敢于创新以促进科学向产业转化

我国在现代生命科学研究方面在全球都是处于前列的，制约我国生物制药集群发展的一大障碍是科学向产业的转化能力，而这种制约主要是由制度方面的障碍带来的，因而需要大胆创新，突破制度障碍。需要明确，在生物制药领域，科学向产业转化不是简单的技术商业化，也不是简单的“产学研”合作，而是涉及科技、人才、创业等的全面转化，促进这种转化的思路应该包括四个“创新”：

第一，创新用人机制。在人事制度和人才政策上鼓励高校和研究院所的专家（包括研究团队）在工作之余自主创业或到生物制药企业任职，并保留原来的职务、待遇。

第二，创新知识产权分配。专家携带在原单位取得的科研成果自主创业或者到企业任职，会涉及知识产权的归属问题，应本着支持专家创业的原则，优化知识产权管理和分配制度，减少阻碍，顺畅渠道。

第三，创新支持政策。除了常规的支持政策之外，对专家携带科研成果自

主创业应给予专门的政策和资金支持。

第四，创新信息交流。建立开放的生物技术专家（科研成果）信息库、专门的中介机构和信息平台，引导专家与生物制药企业之间的互动交流，主动介绍专家携带研究成果进入企业、引荐专家帮助企业解决科研难题（详见后面关于生物制药产业创新平台体系的分析）。

（三）着力建设专门的科技金融体系

金融是生物制药企业发展的另一基石。为支持高技术产业发展，目前我国一些地方已经在建设和研究科技金融体系。但是，一般意义上的科技金融无法满足生物制药企业发展的需要，必须针对生物制药企业的实际需求，建设专门的科技金融体系，主要包括：

第一，建立生物制药发展基金。生物制药企业创业需要充裕的资金支持，在我国现行条件下，仅靠风险投资显然不够，需要政府设立专门的生物制药发展基金予以补充和引导，即便是在风险投资发达的美国，美国卫生科学研究院（NIH）等专门资助也是生物制药企业发展的有力推手。曾有专家指出我国应该建设生物技术产业基金，我们认为这是很好的建议，但是近年来国内在这方面并无明显动作。我们建议将生物制药发展基金尽快落到实处，而且该基金不同于一般的产业发展基金，根据生物制药的特点，它应该重点支持基础研究和共性技术研发环节，一般的产业发展基金支持的重点则是产业化环节。

第二，引导利用社会资金。生物制药企业对资金的巨大需求仅靠政府资金是无法满足的，要充分利用我国丰富的社会资金（包括民间资本）促进生物制药企业发展，比如在经济发达的江浙、广东地区，社会资金规模庞大，完全可以为生物制药企业所用。目前的难点在于社会资金（甚至包括一部分政府资金）对房地产、采矿等传统行业趋之若鹜，对高技术产业则不甚感冒。解决这一难题，一方面要发挥政府资金的“种子”作用，对社会资金发出引导信号；二是要大力宣传生物制药企业高风险、高投入、高收益、高增长并存的特点，给予社会资金信心和信息；三是要积极在传统大型企业与生物制药企业之间牵线搭桥，采取各种可行方式，使一些传统大型企业所积累的充裕资金有机会进入到生物制药企业，这种做法已经被美国生物制药企业证明了其重要作用。

第三，为生物制药企业上市融资提供支持和便利。生物制药企业发展到一定阶段，上市融资是必然选择，而生物制药企业在发展前期由于在财务报表上大都处于亏损，在 IPO 审批中处于不利地位。事实上，对生物制药企业，投资者看中的是其高成长性，因而应该针对生物制药企业的实际特点，对其 IPO 特征进行分析，灵活处理，为其上市融资提供支持和便利。例如，Amgen 公司发展初期，在现金流岌岌可危，又没有任何产品上市销售的情况下，正是通过连续三次公开股票发行解决了资金障碍，顺利开发出 EPO 等重磅药品，如果没有美国灵活的股票发行政策，恐怕也就不会有今天这个年销售额数百亿美元的生物制药巨人。

（四）依据科学规律淘汰一批不符合生物技术集群发展规律的园区

我国现有的大多数生物园区其实并不具备建设生物技术集群的基础条件，其发展也不甚符合生物技术集群的内在规律，并且几乎所有的园区都把生物制药作为主攻方向，发展严重同质化。因此，政府主管部门要慎重评价园区的发展潜力，主动淘汰一批没有潜力的园区，而将节约下来的资源重点支持那些有潜力的园区建设。这种“有所为有所不为”的思路对我国生物园区发展大有裨益。实际上，即使国家不去淘汰，不符合规律的集群自己也会被市场淘汰。以基因工程制药为例，一头转基因奶牛的产药量就等同于一家现代制药厂，在全国建设数十个乃至上百个生物医药园区只会造成资源的浪费。

（五）大力促进科研成果产业化

现阶段我国政府主管部门还要大力促进高校和科研院所的科研成果产业化，催生更多专家型公司，扩大、夯实创新金字塔的基础，这一方面有利于产生对生物技术集群创新可持续发展具有根本作用的新知识和新技术，另一方面，专家型公司的增加可以提高创新速度、效率和成功率。可参考的做法包括：一是营造创业氛围，政府牵线搭桥，大力促进产学研合作，推动科研成果向产业转化；二是从资金、税收和政策等方面着手，支持和引导大学和科研院所的科学家自主创业；三是鼓励大院大所的科学家和研究人员到企业中开展科研工作，比如可以从政策上允许研究期间保留原单位的职务和工资，并对研究成果出色的予以奖励。

（六）引进竞争机制，促进集群发展

德国在 1995—1996 年开展了 BioRegio 竞赛活动，最终“生技河”等三个园区从全国 17 个生物园区中脱颖而出，入选为“模范区”，获得了政府的重点支持，现在这三个园区已成长为德国生物技术产业的中坚力量。由此可见，竞争对于集群的成长和发展是具有明显促进作用的，我国政府应该效仿这种做法，主管部门要尽快引入竞争机制，依据一定的规范和标准，对竞争力强的生物园区重点支持和培养，使全国各地的众多园区在竞争中求发展，促进集群的优胜劣汰。本书所研究的生物技术集群的关键动力要素和持续创新机理可以作为评价生物园区竞争力的参考指标。

本章参考文献

[1] 王静波，王萍. 国际商务技术产业发展政策研究［J］. 中国生物工程杂志，2003，23（11）：95－99.

[2] 李天柱，银路，石忠国等. 生物制药创新中的专家型公司与核心公司研究［J］. 中国软科学，2011，（11）：108－116.

[3] 李天柱，银路. 现代生物技术的管理特征及我国企业现阶段的发展思路［J］. 科学学与科学技术管理，2009，30（06）：130－134.